数字孪生前沿开发和应用系列

Unity 数字孪生开发入门与实战

胡唯哲　编著

北京航空航天大学出版社

内 容 简 介

本书首先介绍了在实际数字孪生项目开发中，经常会用到的 Unity 基础知识，包括：3D 场景构建、模型导入、常见模型格式转换、材质系统、UI 系统以及 C# 脚本编程等。接着通过一个完整的实战案例，介绍了数字孪生项目中的常见功能，包括：UI 弹窗、摄像机视角切换、构件交互、网络数据接入与呈现、物联网硬件数据接入与物联网硬件控制、项目打包等。

本书可以帮助初学者全面了解数字孪生开发的相关知识，并培养其数字孪生研发能力。本书分享的所有经验，都是作者在实际项目开发中总结出来的，可以帮助读者提高学习效率，解决实际开发中遇到的问题。

本书适合智能建造、智慧城市、智慧交通、智慧水利、智慧林业、智慧农业、智慧能源、数字媒体等专业的在校学生、高校教师，新能源、低空经济、建筑、土木、水利、农业、林业、航空、制造业等行业从业人员，以及数字孪生开发、IT 开发、Unity 开发、GIS 开发等人员阅读使用。

图书在版编目(CIP)数据

Unity 数字孪生开发入门与实战 / 胡唯哲编著.
北京 ：北京航空航天大学出版社，2025. 8. -- ISBN
978-7-5124-4794-3

Ⅰ. TP311.5

中国国家版本馆 CIP 数据核字第 2025Z5V937 号

Unity 数字孪生开发入门与实战

胡唯哲　编著

策划编辑　陈守平　　责任编辑　陈守平

*

北京航空航天大学出版社出版发行

北京市海淀区学院路 37 号(邮编 100191)　http://www.buaapress.com.cn

发行部电话：(010)82317024　传真：(010)82328026

读者信箱：bhrhfs@126.com　邮购电话：(010)82316936

北京富资园科技发展有限公司印装　各地书店经销

*

开本：787×1 092　1/16　印张：11.5　字数：294 千字

2025 年 8 月第 1 版　2025 年 9 月第 2 次印刷　印数：1 001-2 000 册

ISBN 978-7-5124-4794-3　定价：59.00 元

前　言

现在是数字时代，各个传统行业都在进行数字化转型，数字孪生技术作为一种新的数字化转型手段，得到了越来越多的应用，比如近几年十分火热的智慧城市、智慧交通、智慧园区、智慧工厂等都用到了数字孪生技术。但是目前市面上很少有关于数字孪生开发相关的书籍，本书的出现就是为了帮助各个传统行业的从业人员更好地了解和学习数字孪生技术，为完成数字孪生项目的开发打下坚实的基础。

本书将以 Unity 开发数字孪生项目为例，介绍数字孪生项目开发中所需要的基础知识，并带着读者完成一个实战项目的学习。前 5 章，讲解了数字孪生开发的基础知识模块：Unity 基础、3D 模型与渲染、材质、编程脚本、UI。后 4 章，讲解了数字孪生项目中，常见功能的实现：UI 交互、场景交互、网络请求、物联网硬件对接。

笔者在研二时开始接触 Unity，第一次接触的时候觉得好神奇，其像魔法一样可以实现各种各样的功能。后来因为从事数字化开发工作，也用它完成了很多大大小小的数字孪生项目，中间也遇到过各种各样的问题，踩过各种各样的坑，所幸因为热爱，所有问题都被圆满解决了。因此，我也希望通过这本书能把第一次接触 Unity 时的那种神奇、如魔法般的感觉分享给读者。

为了让零基础的读者也能快速地上手学习，书中为每个案例都配备了教学视频及案例源文件。**读者可以关注微信公众号“工程数字化趣玩实验室”，回复“Unity 数字孪生开发入门与实战”获取。也可以关注微信公众号“北航融合出版”，回复“4794”获取。如在过程中遇到任何问题，可发送电子邮件至 bhrhfs@126.com 或致电 010－82317738 咨询处理。**

由衷感谢北京航空航天大学出版社的编辑们，是你们的支持和鼓励，让本书得以顺利与读者见面。同时也要感谢一直支持我的工程行业的粉丝朋友，是你们让我不断向前！

在本书的编写过程中，虽经反复斟酌，但由于笔者水平所限，难免出现错误和疏漏，恳请读者批评指正，作者微信号 KnightPoNight，欢迎读者就书中内容与笔者交流讨论。

胡唯哲

2025 年 1 月 1 日成都

目　录

第1章 Unity 的安装与基本认识

Unity 是创作实时 3D 互动内容的平台，知名游戏《王者荣耀》《原神》就是由这款游戏引擎制作的。除了游戏制作外，Unity 在 AR/VR/MR 开发及本书将要介绍的数字孪生开发中也有很广泛的应用。本章将介绍 Unity 软件的安装、Unity 界面的基本认识以及开发环境的搭建。

1.1 Unity 软件安装

1.1.1 Unity 安装

第一步，在 Unity 官网注册一个 Unity 的账号。

第二步，在 Unity 官网下载 Unity Hub，如图 1.1－1 所示。Unity Hub 可以理解为一个 Unity 引擎安装、管理以及项目创建、启动的工具。

图 1.1－1 Unity Hub 下载页面

第三步，选择一个 Unity 版本进行安装，为了和本书保持一致，推荐读者使用 Unity 2022.3.34f1c1 版本，如图 1.1-2 所示，这也是本书编写时的最新版本。当版本有更新时，在长期支持版本中，找到和本书对应的版本即可。长期支持版本是最稳定的版本，建议读者不管在学习还是工作中都使用长期支持版本。可以选择"从 Unity Hub 下载"进行下载，如图 1.1-2 所示，这样就可以通过第二步中下载的 Unity Hub 来安装长期支持版本。当然，读者也可以直接通过 Unity Hub 来进行 Unity 编辑器的安装。通过网页和 Unity Hub 安装的区别在于，网页上的版本是最全的，Unity Hub 通常只会推荐部分版本，当没有所需要的版本的时候，还是需要去从网页上下载。

图 1.1-2 Unity 版本页面

在 Unity Hub 的 Install Unity Editor 界面中，可以看到 Unity Hub 的长期支持版本中同样也默认推荐了 2022.3.34f1c1 版本，如图 1.1-3 所示。

第四步，单击 Install 按钮后，在出现的安装界面的 Add modules 中，将 WebGL Build Support 及 Windows Build Support 勾选上，这里不需要勾选 DEV TOOLS 里面的 Microsoft Visual Studio Community 选项，将在后面单独安装 Visual Studio，如图 1.1-4 所示。然后单击 Install 按钮，就进入下载界面了，如图 1.1-5 所示。

提示

WebGL Build Support：当项目做完后，可以发布成网页端。

Windows Build Support：当项目做完后，可以发布成 Windows 桌面可执行的 EXE 程序。

通常会根据数字孪生项目需求，选择交付网页端还是桌面端，如果需要其他（如移动端）的程序，勾选 Android Build Support 和 IOS Build Support 即可。通常来说，数字孪生项目交付基本上都要求是网页端或者桌面端的，较少有移动端。

第五步，安装完成之后，界面上就会出现安装好的 Unity 版本，如图 1.1-6 所示。

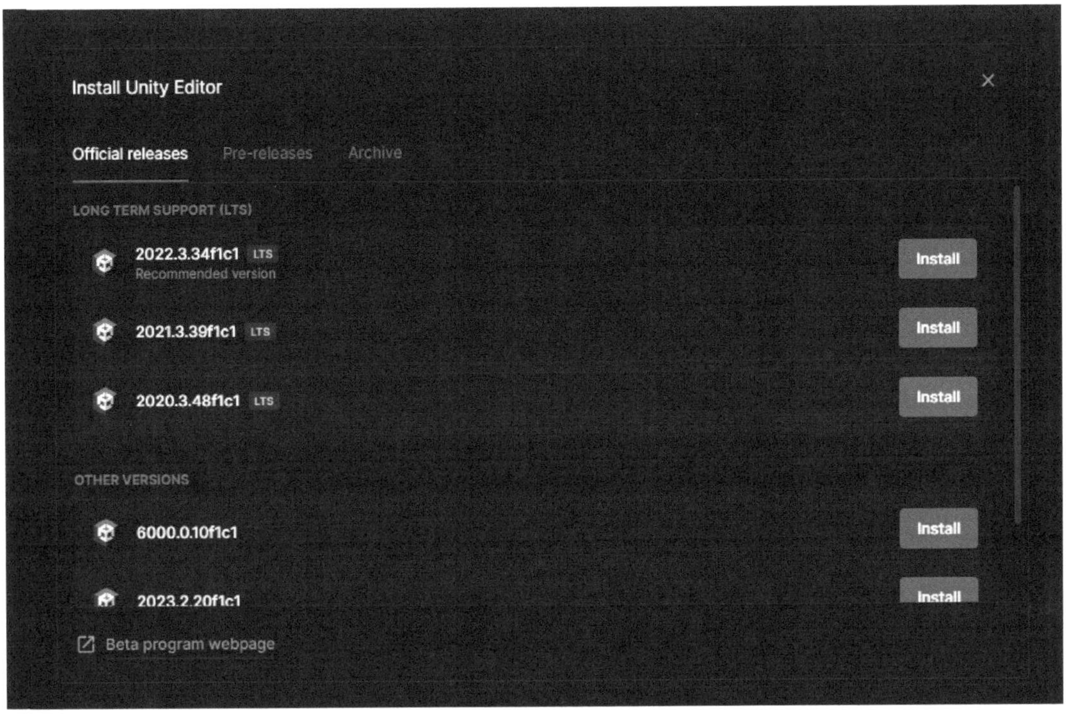

图 1.1－3　Unity Hub 安装页面

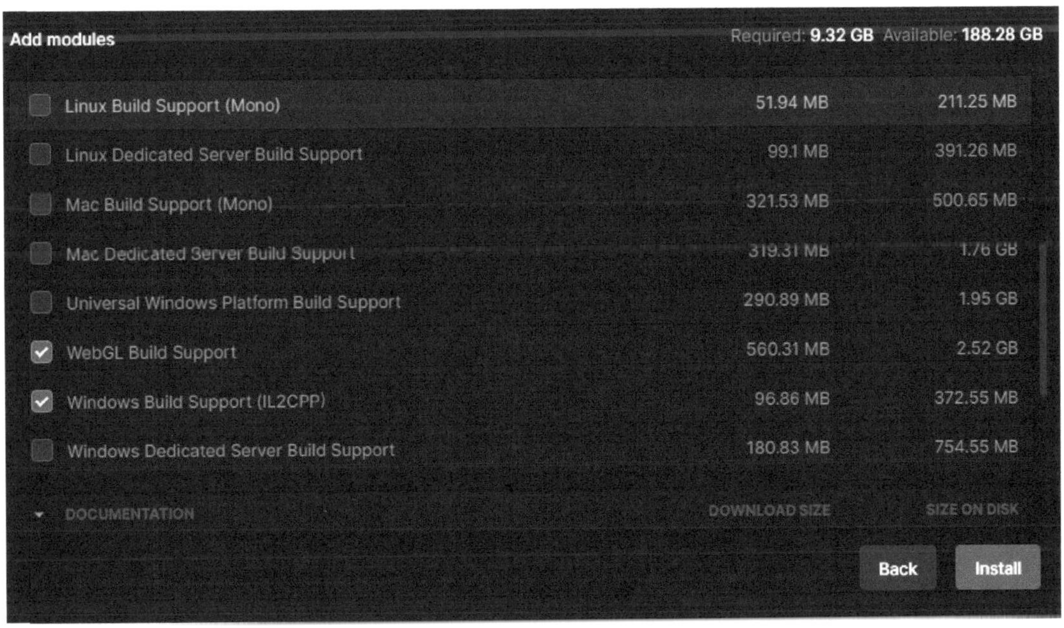

图 1.1－4　添加模块页面

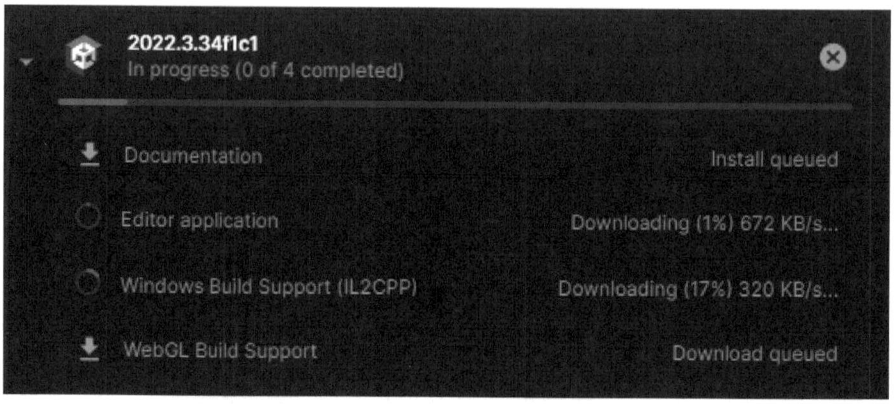

图 1.1－5　Unity Editor 安装过程

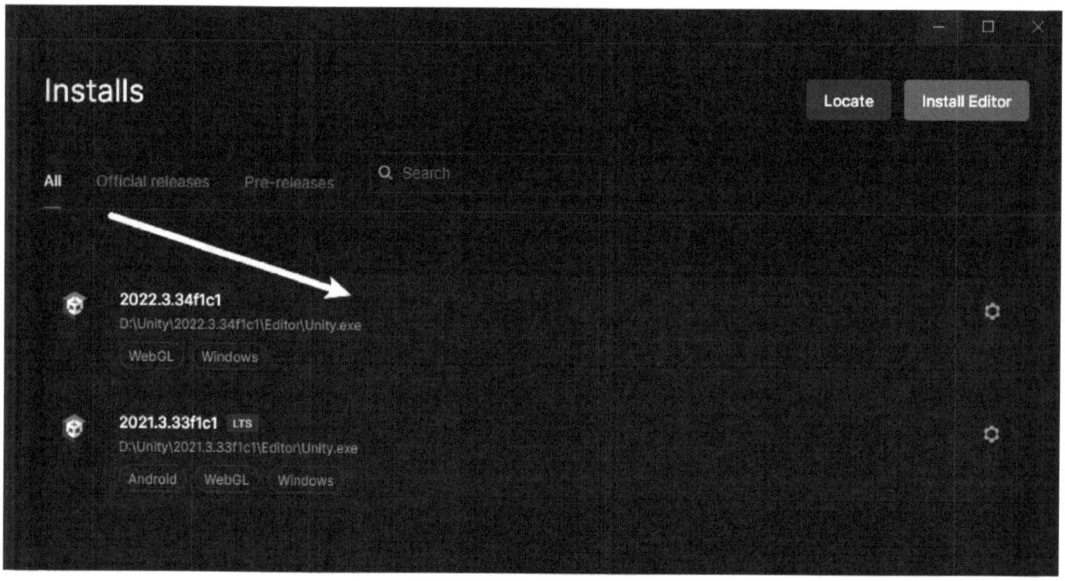

图 1.1－6　安装完成后的界面

1.1.2　个人版激活

安装完 Unity 编辑器后，需要进行 Unity 的激活，这里主要有四种版本，相关区别如图 1.1－7 所示，图片来源于官网。对于本书的学习，激活个人版即可，此版本在低盈利的情况下可以免费使用。

第一步，在 Unity Hub 主页面选择 Manage licenses，如图 1.1－8 所示。

第二步，选择 Sign in 进行登录，这里的原理是登录账号后再去申请 license，如图 1.1－9 所示。

登录后，会自动跳转到网页账号密码输入界面，输入之前注册好的 Unity 账号即可，登录成功后，会出现如图 1.1－10 所示界面。单击 Add license 按钮，添加 license。

第三步，在弹出的 Add new license 界面中选择 Get a free personal license，如图 1.1－11 所示。

图 1.1-7 Unity 版本介绍

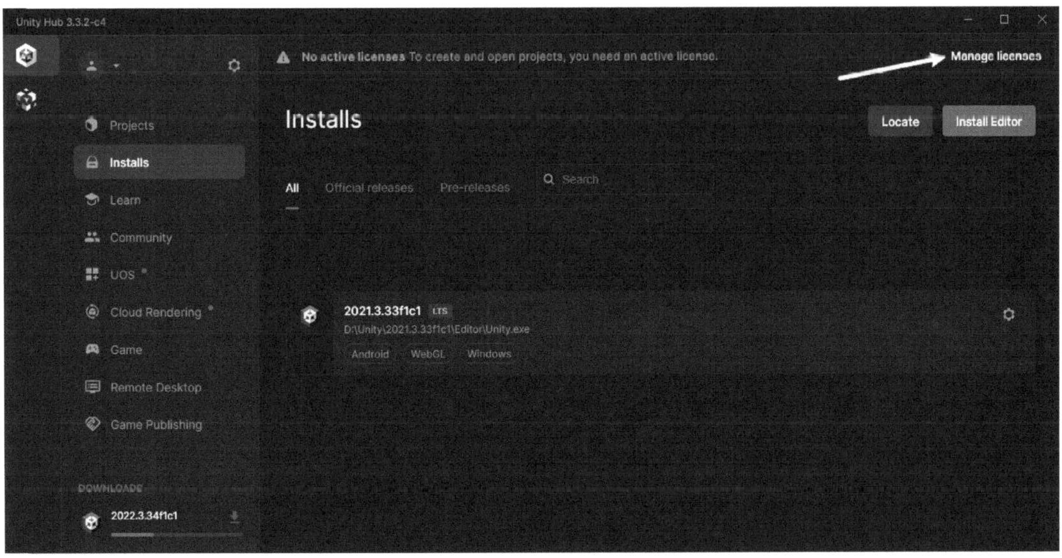

图 1.1-8 Manage licenses 页面

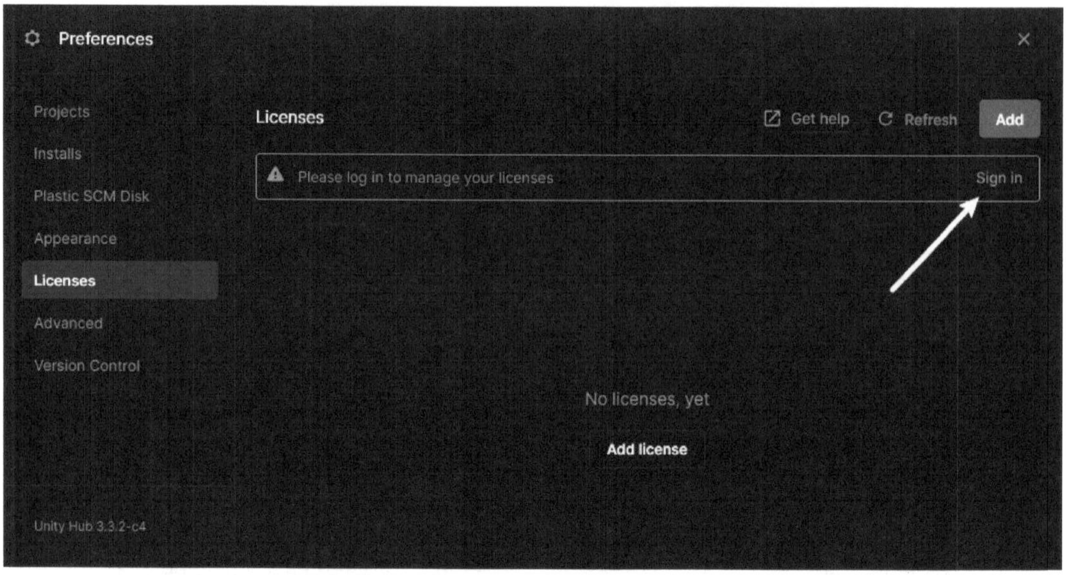

图 1.1－9　Sign in 页面

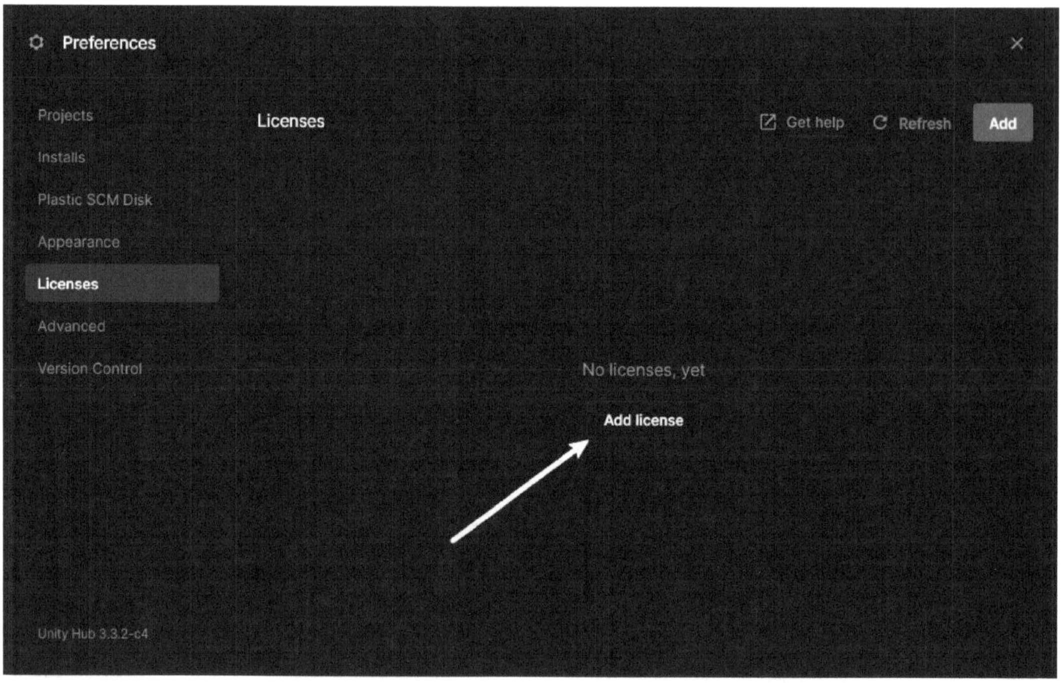

图 1.1－10　添加 license 界面

第四步，单击 Agree and get personal edition license 按钮，这样就完成了个人版的激活，如图 1.1－12 所示。

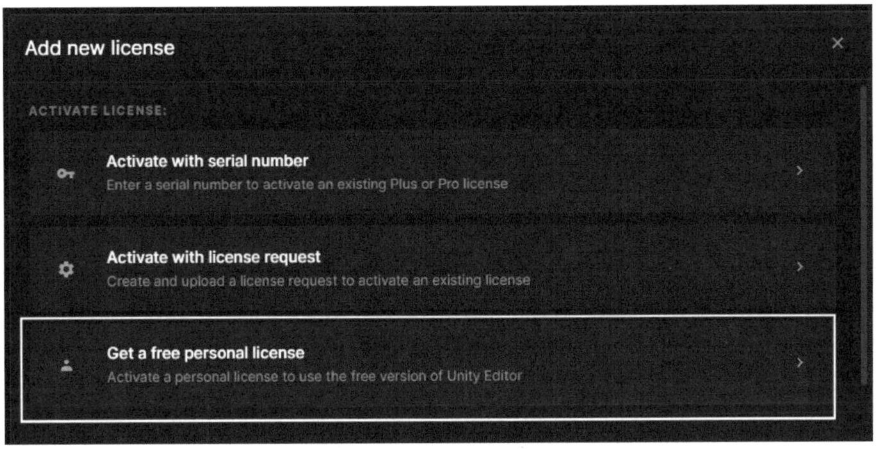

图 1.1-11　获取个人 license 界面

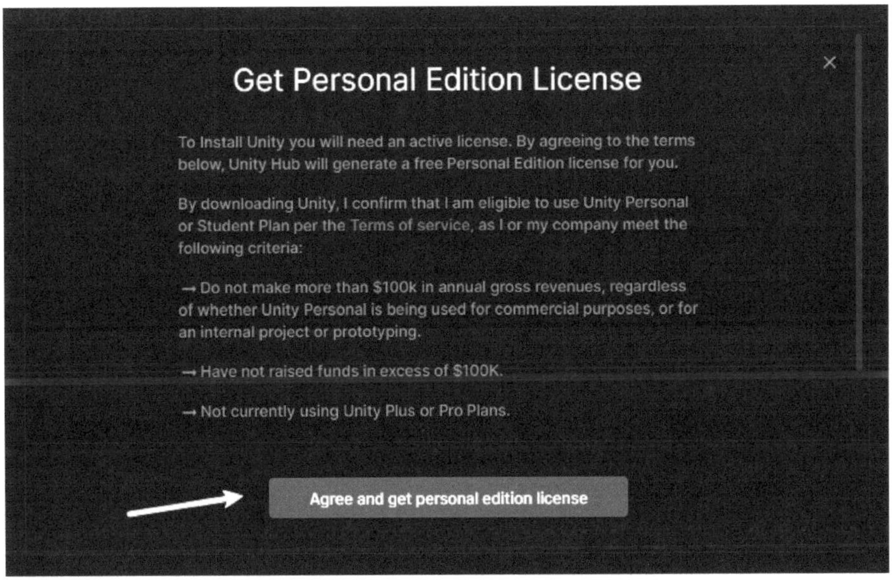

图 1.1-12　同意和获取个人版许可页面

1.1.3　注意事项

1. 版本选择

Unity 版本是向下兼容的，高版本的 Unity 编辑器可以打开低版本 Unity 编辑器创建的项目，但是当版本跨度比较大时，也会出现不兼容的情况，所以在打开已有项目时，建议选择与创建项目版本相同或者高不是很多的 Unity 编辑器版本，对于本书的学习，建议选择与本书一样的 Unity 版本。

2. 后续模块的安装和维护

当后续需要对现有 Unity 编辑器增加功能的时候，可以在 Unity Hub 中，选择对应的编辑器版本，然后单击右侧的小齿轮，通过 Add modules 添加之前没有安装的模块，如图 1.1－13 所示。

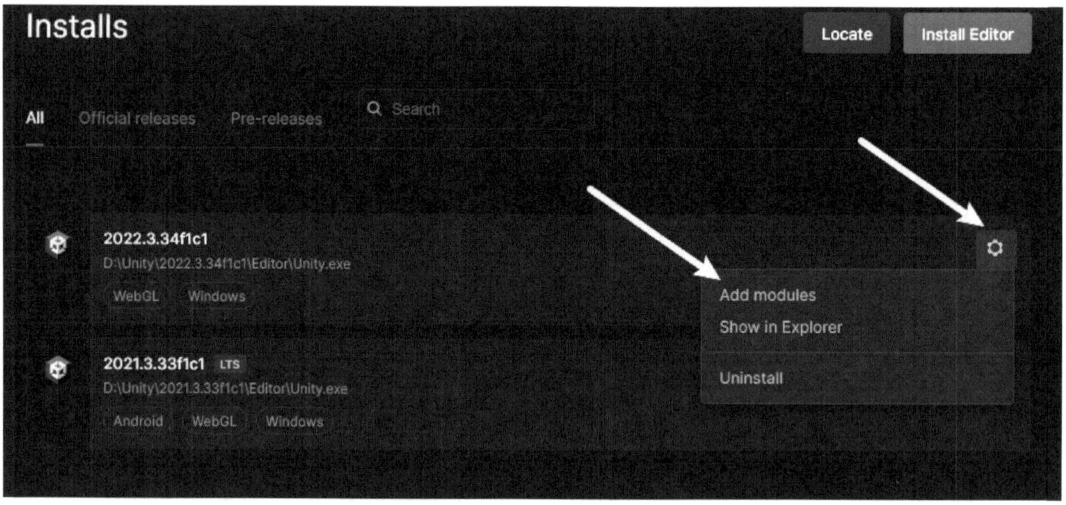

图 1.1－13　添加模块

3. 个人版激活不成功问题

在实际激活过程中，可能会遇到单击 Agree and get personal edition license 按钮后没有反应的情况。这个时候，可以多点几次，如果还是不行，就重启 Unity Hub 多试几次或者下载最新的 Unity Hub，基本上就可以解决激活失败的问题。

1.2　项目创建

1.2.1　新建项目

第一步，在 Unity Hub 主页面的右上角，单击 New project 按钮，如图 1.2－1 所示。

图 1.2－1　新建项目

第二步，选择 Unity 编辑器版本，这里选择 1.1 节中安装好的 Unity 编辑器版本，如图 1.2－2 所示。

第三步，选择模板，这里选择普通渲染管线 3D(Built-In Render Pipeline)选项。对于其他的模板，读者可以选中它，在右方看到关于该模板的介绍。

第四步，给项目取一个名字，建议不要使用特殊字符和中文去命名，否则在引入一些插件时，容易出现编译报错的问题。

图 1.2-2　项目创建

第五步，给项目选择一个路径，同样建议路径中不要有特殊字符和中文，并希望读者养成良好的命名习惯。

然后，单击 Create project 按钮，就会出现 Unity 加载的页面，如图 1.2-3 所示，等加载完毕，就可以看到项目打开后的页面了，如图 1.2-4 所示。

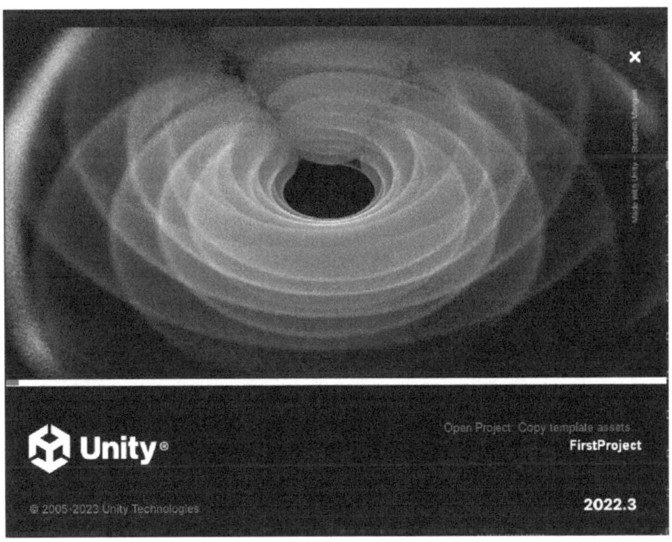

图 1.2-3　Unity 加载界面

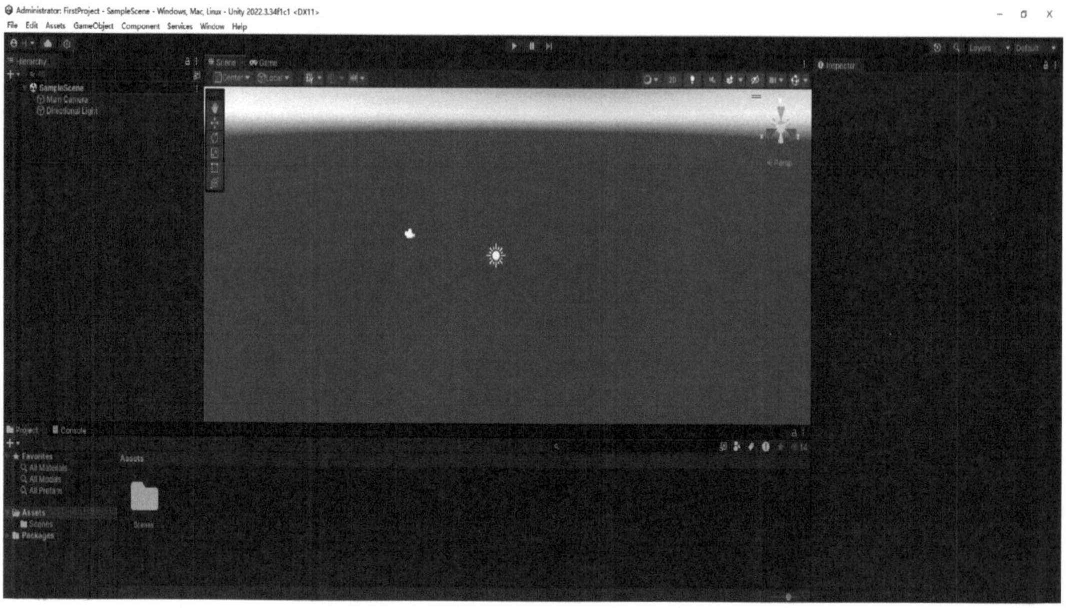

图 1.2-4　项目打开后的页面

注意　对于初学者而言，不要勾选创建项目时界面右下角的 Enable Version Control，一般来说，该项功能使用频率不高，勾选后，会影响项目的创建和打开速度。

1.2.2　打开项目

1.2.1 节介绍了如何新建项目，那么如何打开已有的项目呢？分为两种情况。

第一种是已有项目是通过用户自己计算机上的 Unity Hub 创建的，这种情况下，用户可直接通过 Unity Hub 的主页面进行打开，即双击 FirstProject 即可，所有通过 Unity Hub 创建的项目都会自动出现在 Projects 下面，如图 1.2-5 所示。

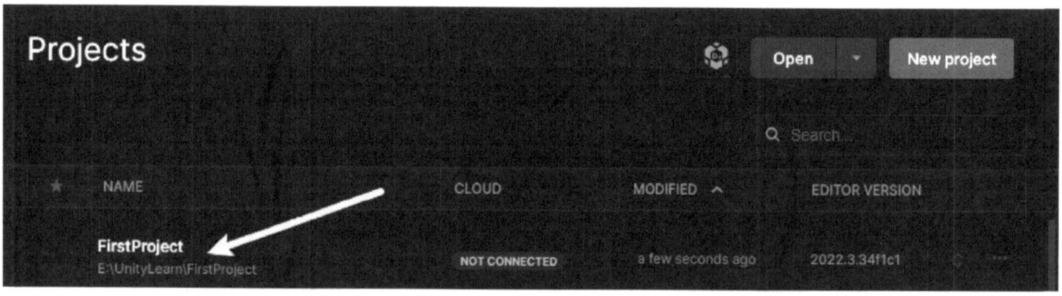

图 1.2-5　打开 Unity Hub 中的项目

第二种是打开别人创建的项目，这里单击 Unity Hub 主页面右上角的 Open 按钮，如图 1.2-6 所示。然后找到包含有 Assets、Library 等的文件夹，这里以 TestProject 项目为例，打开即可，如图 1.2-7 所示。

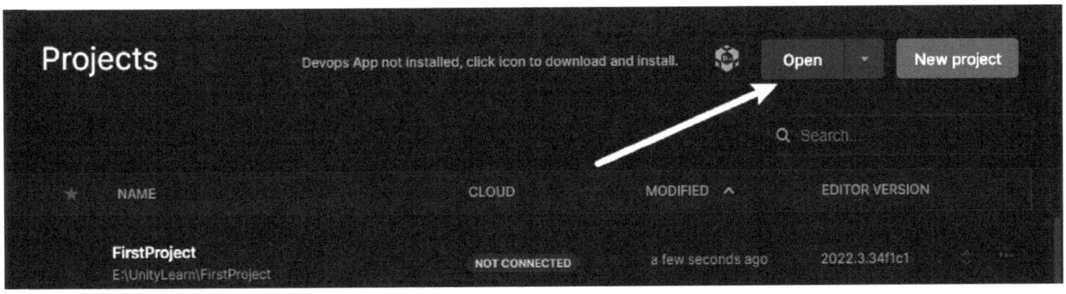

图 1.2-6　打开本地项目

图 1.2-7　选择本地项目

1.2.3　保存项目

在项目窗口，选择菜单栏中的 File→Save 即可保存项目，如图 1.2-8 所示。

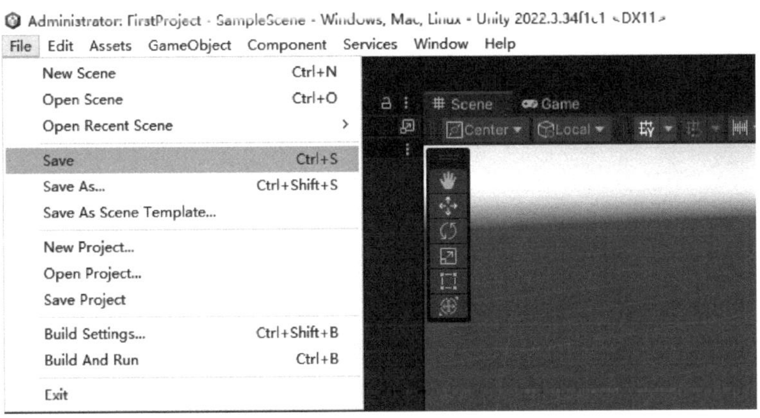

图 1.2-8　保存项目

1.3 基本界面认识

Unity 编辑器的常用视图如图 1.3－1 所示。

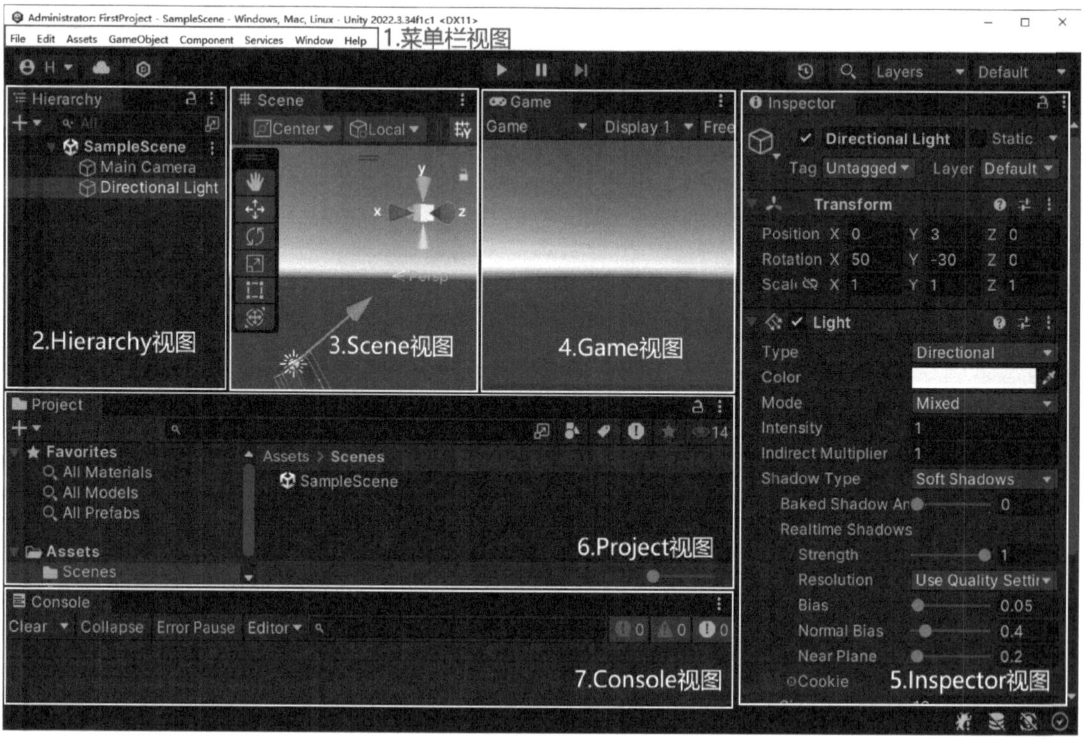

图 1.3－1 基本界面介绍

1.3.1 菜单栏视图

- File:处理项目的新建、打开、保存以及项目的打包和发布。
- Edit:对场景中的物体进行复制、粘贴、删除以及对编辑器和项目进行设置。
- Assets:对资源的创建、删除、导入、导出等进行操作。
- GameObject:创建和设置场景中的对象。
- Component:添加各式各样的组件。
- Services:获取服务。
- Window:管理项目视图、资源商店、包管理器等窗口。
- Help:获取帮助文档以及学习资源等。

1.3.2 Hierarchy 视图

通过 Hierarchy 视图可以方便地选中场景中的物体并查看它们之间的层级关系。

1.3.3　Scene 视图

Scene 视图用于显示、编辑和调整场景对象，是数字孪生项目搭建过程中的工作视图。

技巧　Scene 视图的交互方式有如下 3 种：

移动视图　在 Scene 视图中，按住鼠标右键，然后使用键盘的 Q（下），E（上），W（前），A（左），S（后），D（右），就可以移动视图了，同时按住 Shift 键，可以加速移动。

旋转视图　在 Scene 视图中，按住鼠标右键，然后上下左右移动鼠标，就可以旋转视图了。

缩放视图　使用鼠标滚轮，可以放大或者缩小视图范围。

1.3.4　Game 视图

在 Scene 视图中单击▶按钮后，可在 Game 视图中看到数字孪生项目完成后最终呈现的效果。

1.3.5　Inspector 视图

当在 Hierarchy 视图或者 Scene 视图中选中对象后，可以通过 Inspector 视图查看和修改所选对象的属性。

1.3.6　Project 视图

Project 视图可呈现和管理整个项目的资源文件。

1.3.7　Console 视图

Console 视图可以显示 Unity 自带的日志输出，比如错误和警告，同时可以自己输出日志，方便信息查看和排查问题。

1.3.8　实用技巧

1. 界面恢复技巧

当在开发项目时，不小心关闭了一些窗口，如何重新打开呢？如果只是打开某一个窗口，比如想打开 Game 视图，可以选择菜单栏中的 Window→Panels→Game 重新打开，如图 1.3-2 所示。

如果想快速恢复成默认的窗口布局，可以选择菜单栏中的 Window→Layouts→Reset All Layouts 进行恢复，如图 1.3-3 所示。

2. 物体快速定位技巧

在 Hierarchy 视图中选中一个物体，可以通过双击或者按 F 键，快速让物体在场景中居中显示。在 Scene 视图中选中一个物体，可以通过按 F 键，快速让物体在视图中居中显示。

3. 摄像机快速调整技巧

将 Scene 视图调整到较好的角度后，可以选中 Hierarchy 视图中的 Main Camera（摄像机),如图 1.3-4 所示,选择菜单栏中的 GameObject→Align With View,可以快速将 Game 视图中摄像机视角调整为 Scene 视图中的效果,如图 1.3-5 所示。

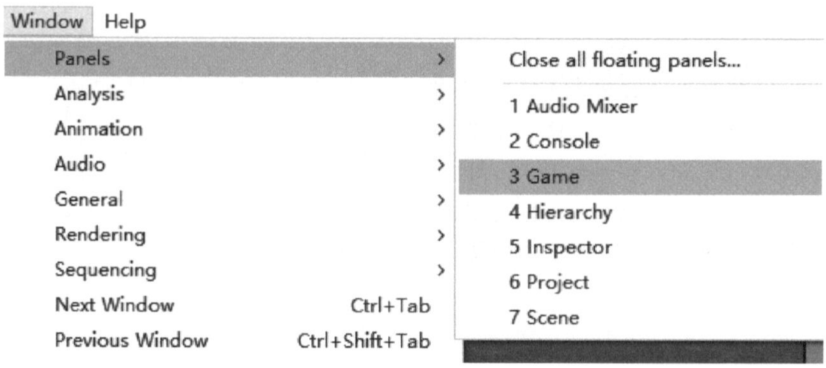

图 1.3-2　打开指定窗口

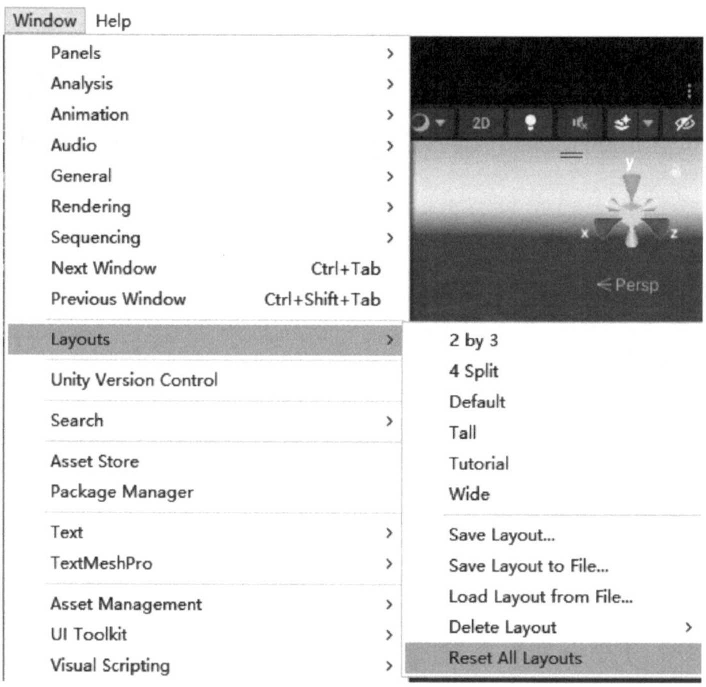

图 1.3-3　窗口恢复

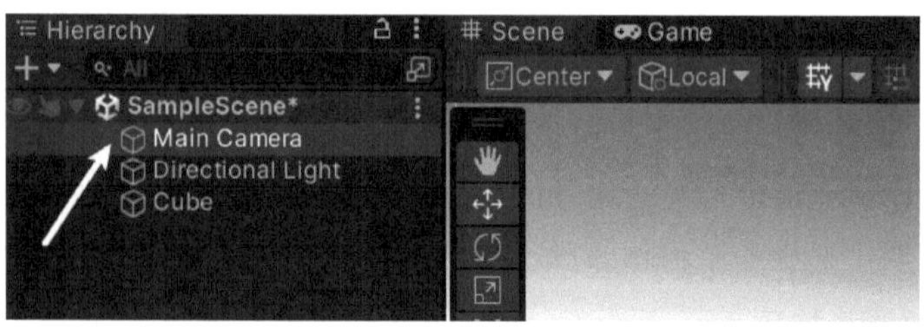

图 1.3-4　选中摄像机

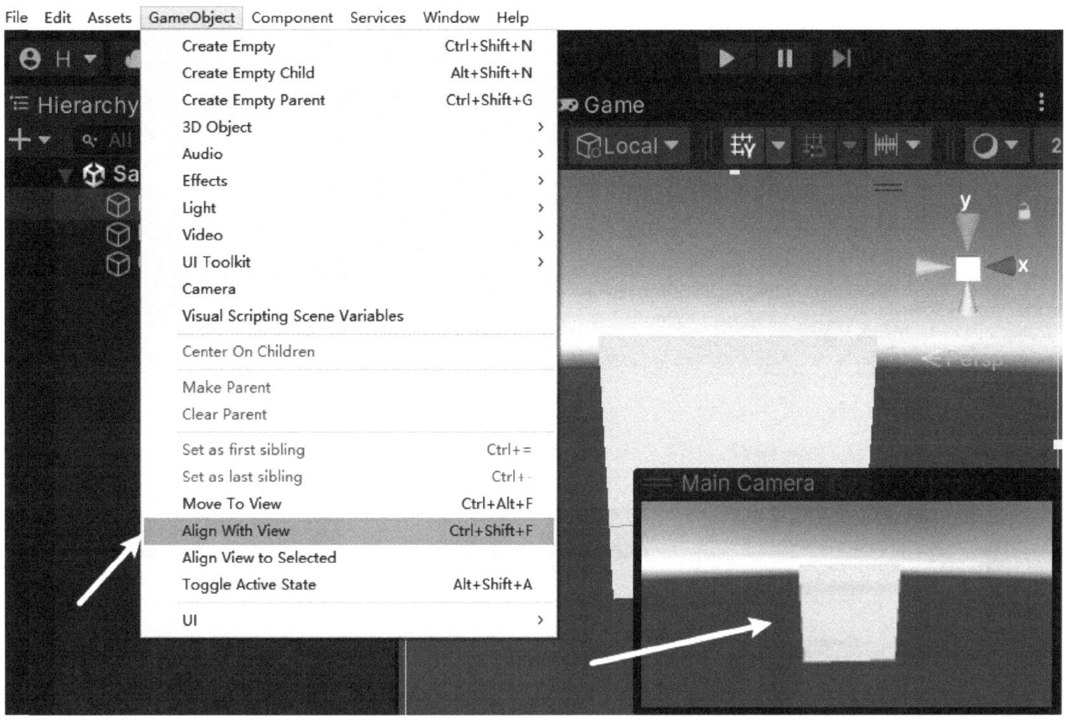

图 1.3－5　设置摄像机视图对齐

1.4　C# 开发环境搭建

1.4.1　Visual Studio 下载

为了方便使用 C# 脚本对 Unity 进行开发，推荐使用 Visual Studio，在微软官网下载 Visual Studio，然后进行安装。对于个人开发者来说，推荐选择可免费使用的社区版本，如图 1.4－1 所示。

1.4.2　Unity 开发模块安装

在安装界面，勾选“使用 Unity 的游戏开发”，然后进行安装，如图 1.4－2 所示。

1.4.3　Unity 开发环境配置

在 Unity 编辑器的菜单栏选择 Edit→Preferences→External Tools，将 External Script Editor 选为 1.4.1 节已安装好的 Visual Studio 2022，这样就完成了 C# 开发环境的配置，如图 1.4－3 所示。

图 1.4-1　Visual Studio 下载页面

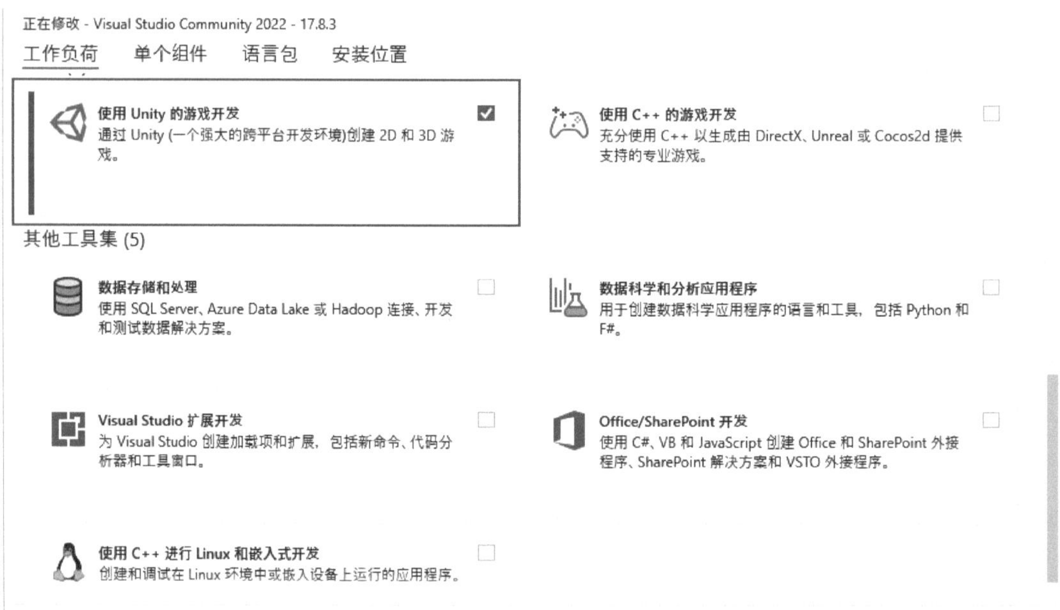

图 1.4-2　Visual Studio 安装 Unity 模块

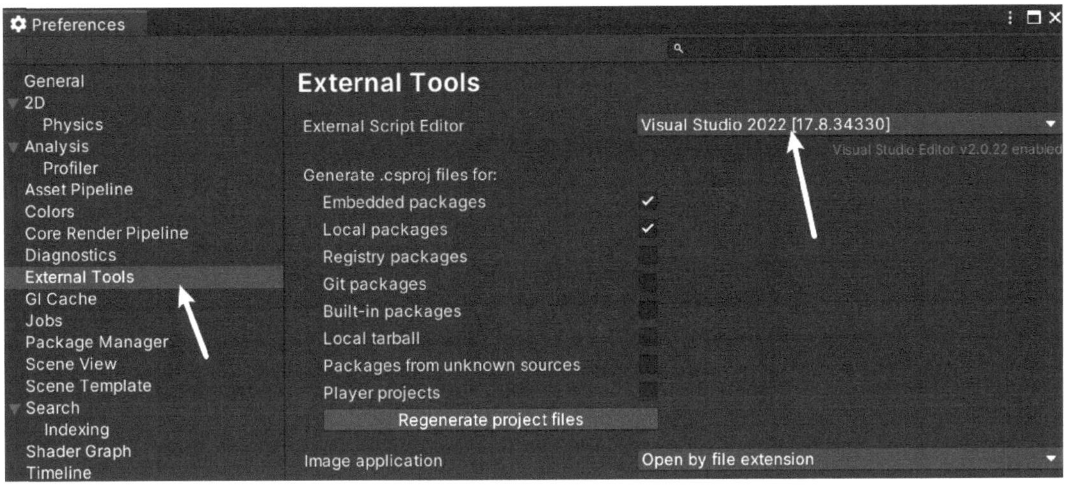

图 1.4-3　脚本编辑器设置

1.4.4　实例:写出第一行代码"Hello Unity Digital Twin"

第一步,新建一个项目,选择 3D(Built-In Render Pipeline),将项目命名为"ProjectCsharp",如图 1.4-4 所示。

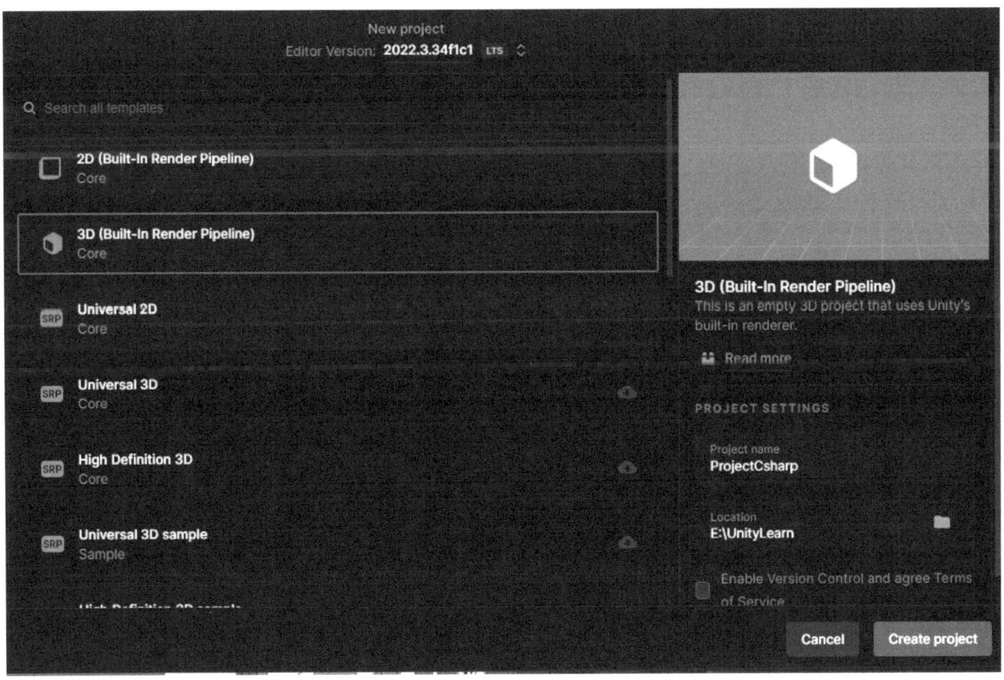

图 1.4-4　新建项目

第二步,选中 Project 视图下的 Assets 文件夹,右击,选择 Create→Folder,如图 1.4-5 所示。

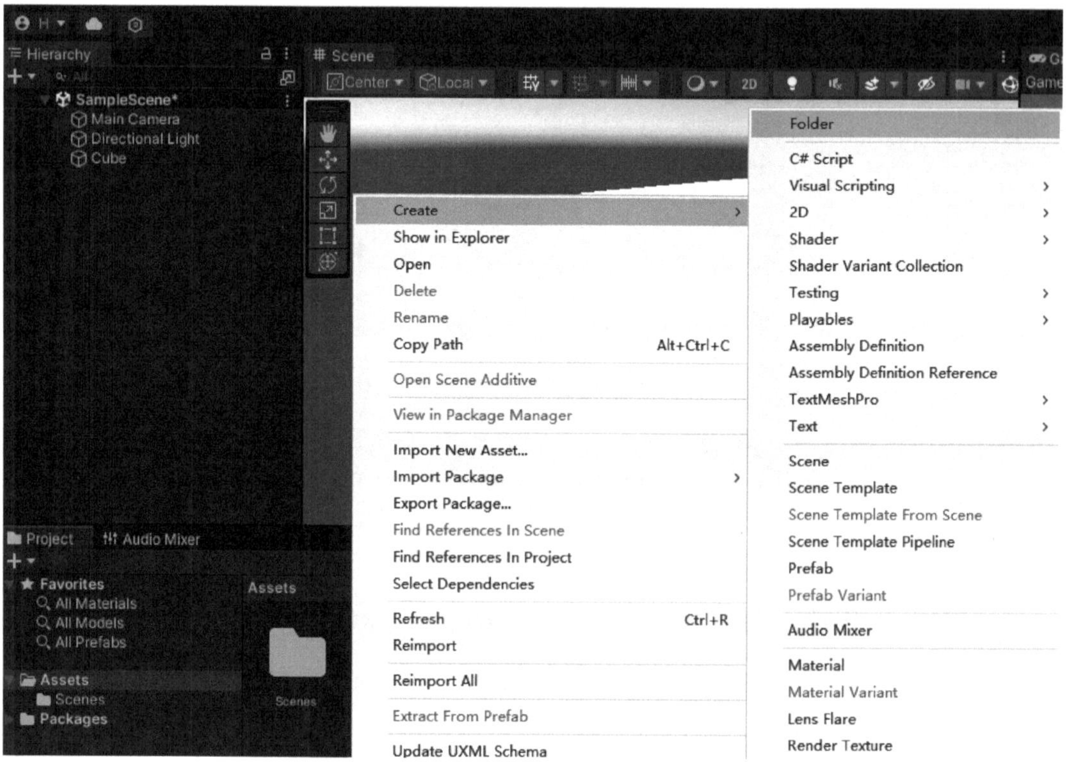

图 1.4-5　创建文件夹

第三步，将创建的 Folder 改名为 Scripts，这个文件夹将用于存放 C# 脚本文件，如图 1.4-6 所示。

图 1.4-6　修改文件夹名称

第四步，选中刚才创建的 Scripts 文件夹，右击，选择 Create→C# Script，创建 C# 脚本文件，如图 1.4-7 所示。

第五步，选中刚才创建好的脚本文件，将其名字改为 MyFirstCode，如图 1.4-8 所示。

第六步，双击打开 MyFirstCode 脚本文件，打开之后将看到如下的代码：

```
using System.Collections;
using System.Collections.Generic;
using UnityEngine;
public class MyFirstCode: MonoBehaviour
```

```
{
    //Start is called before the first frame update
    //Start 方法将在第一帧更新前开始执行
    void Start()
    {
    }
    //Update is called once per frame
     //Update 方法每一帧都会更新
    void Update()
    {
    }
}
```

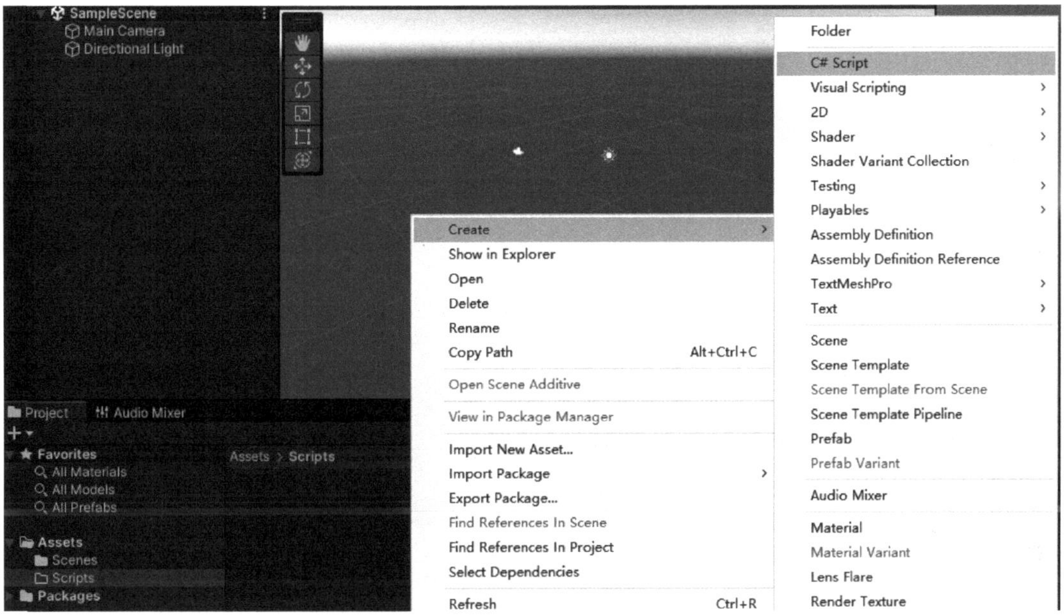

图 1.4－7　创建 C ＃脚本文件

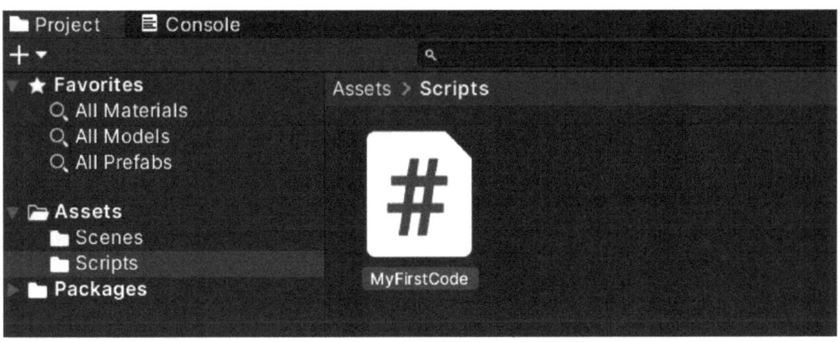

图 1.4－8　修改 C# 脚本名称

第七步，在 Start()方法中，输入以下代码：

```
void Start()
{
    Debug.Log("Hello Unity Digital Twin");
}
```

第八步，按 Ctrl+S 键保存刚才编写的代码，保存后，Unity 会自动编译写好的代码。

第九步，在 Hierarchy 视图中右击，选择 Create Empty，如图 1.4－9 所示。

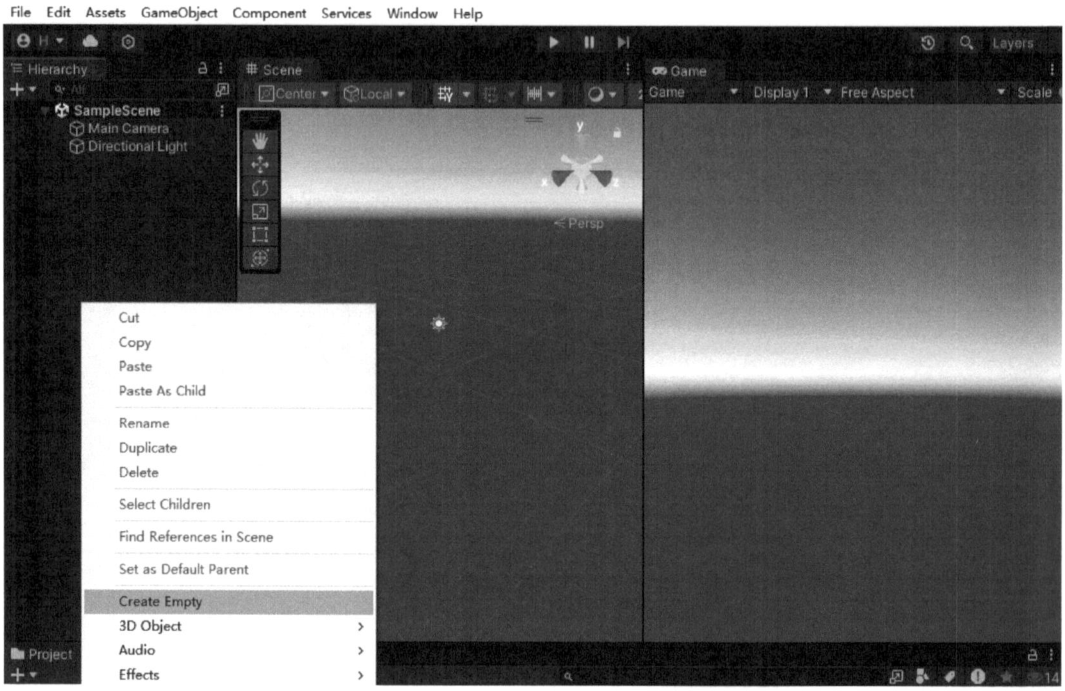

图 1.4－9　创建 Empty

此时在场景中会得到一个 GameObject 对象，如图 1.4－10 所示。

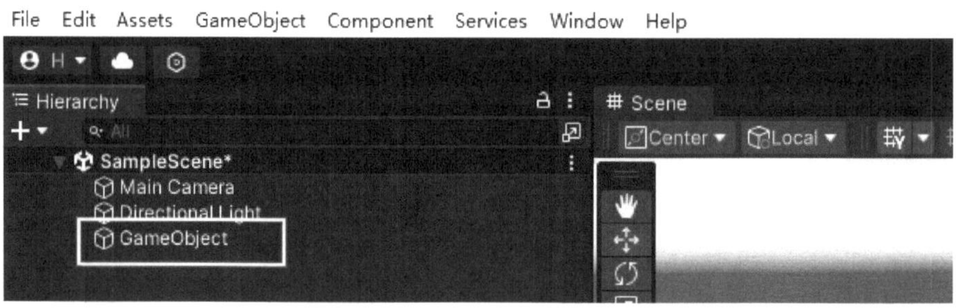

图 1.4－10　Empty 对象

第十步，选中 MyFirstCode 脚本对象，将其拖放到 GameObject 上，如图 1.4－11 所示。选中 GameObject，可以看到 Inspector 中，就多了一个脚本的属性，如图 1.4－12 所示。除了拖拽以外，也可以通过在 Add Component 中搜索 MyFirstCode 脚本进行添加。

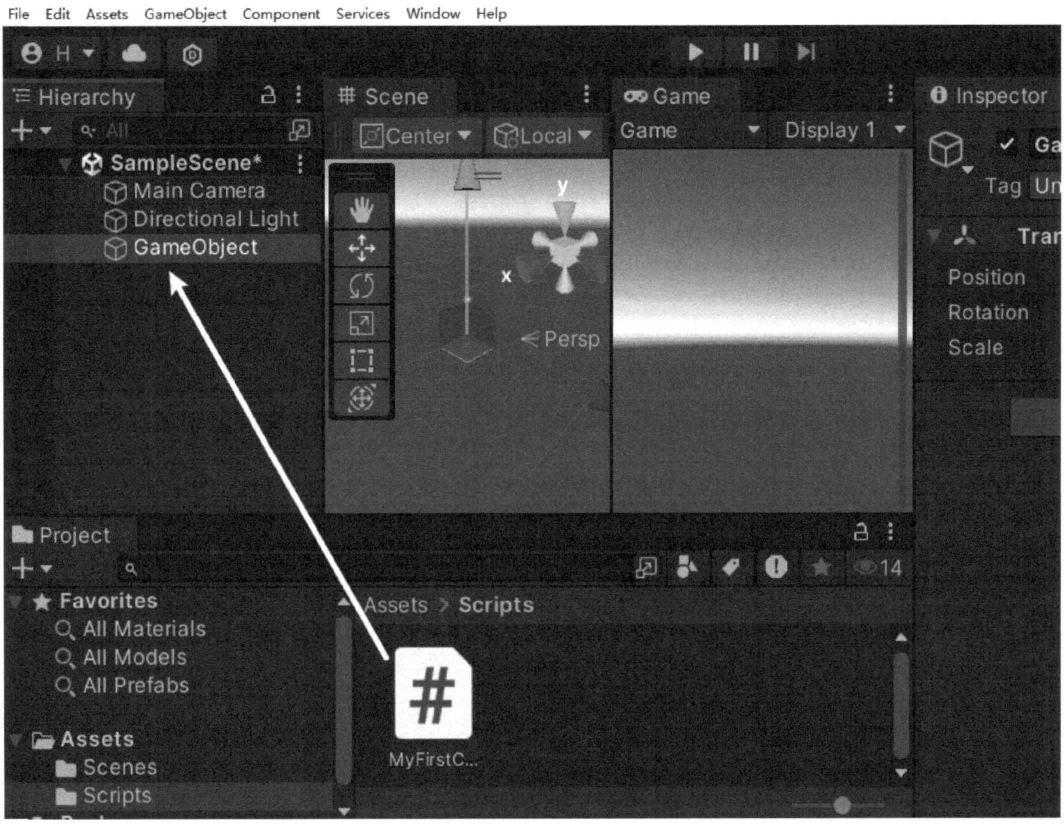

图 1.4-11　拖入脚本

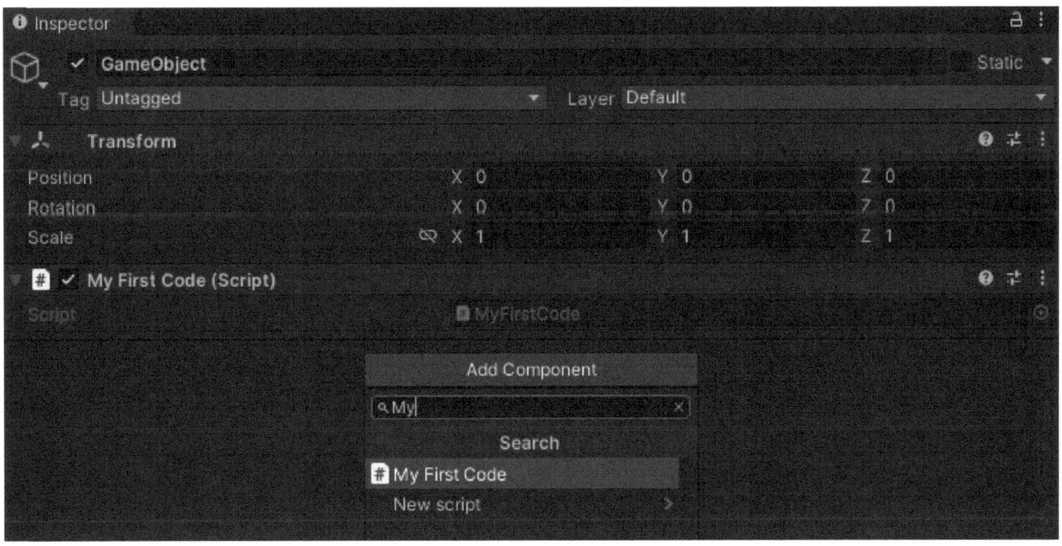

图 1.4-12　脚本查看与搜索添加

第十一步，单击▶按钮，运行程序，如图 1.4－13 所示。在控制台中就可以看到脚本运行后的结果了，如图 1.4－14 所示。

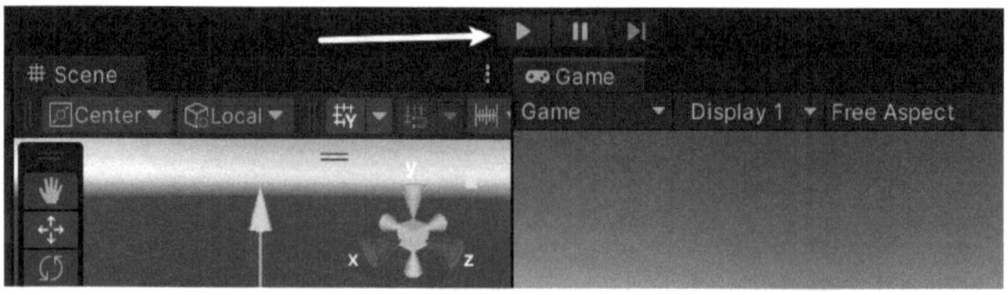

图 1.4－13　运行程序

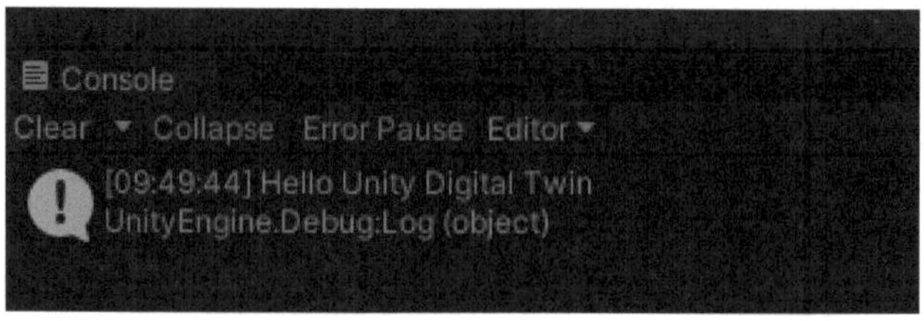

图 1.4－14　控制台输出

第2章

基础知识篇之 3D 场景构建

在做数字孪生项目时，首先需要搭建 3D 场景，通常会使用 3ds Max、Maya、BIM 等 3D 建模软件创建好模型，然后导入 Unity 进行场景的搭建。本章将介绍 Unity 渲染管线的使用及第三方模型的导入。

2.1 渲染管线介绍

Unity 本身有 2D 和 3D 两种开发模式，数字孪生项目通常采用 3D 模式进行开发。在 3D 模式下，渲染模式分为内置渲染管线（Built-In Render Pipeline，BRP）、通用渲染管线（Universal Render Pipeline，URP）、高清渲染管线（High Definition Render Pipeline，HDRP），如图 2.1－1 所示。接下来介绍这三种渲染管线的特点。

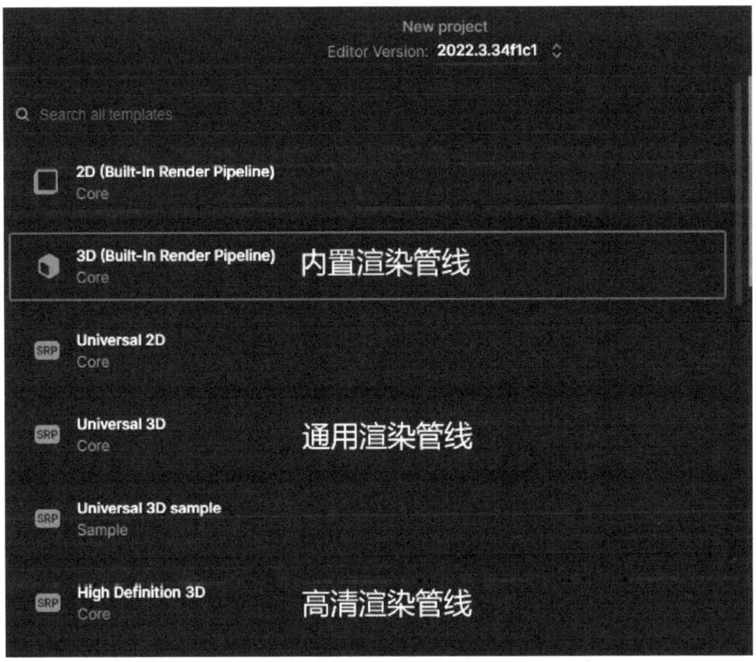

图 2.1－1　创建项目时的三种渲染管线

2.1.1 内置渲染管线(BRP)

内置渲染管线是 Unity 最早的渲染管线，支持手机端、桌面端、网页端。当数字孪生项目的画面质量要求不太高且需多端兼容时，可以采用此种渲染管线。

2.1.2 通用渲染管线(URP)

通用渲染管线是一种轻量级的渲染管线，在提高图形效果的同时，减少了性能的开销，支持手机端、桌面端、网页端。当数字孪生项目对画面有一定要求时，可以采用此种渲染管线。

2.1.3 高清渲染管线(HDRP)

高清渲染管线是一种针对高清场景的渲染管线，对硬件要求比较高，性能的开销也比较大，主要用于开发桌面 3A 大作，支持桌面端，不支持直接发布至手机端、网页端，如果要做成网页端，需要使用 Unity 提供的云渲染技术。当数字孪生项目需要有很好的效果时，可以采用此种渲染管线。

注意 通常来说，BRP 可以通过 Unity 的设置自动升级为 URP 和 HDRP，但是 URP 和 HDRP 不能通过 Unity 的设置自动降级为 BRP，且 URP 和 HDRP 之间不能自动转换，需要手动完成。所以在创建新项目时，应该根据项目特点选择合适的渲染管线，避免后期的管线转换。

经验分享

对显示效果要求不高、且需多端兼容的项目，选择 BRP；

需要效果好且多端兼容的项目，选择 URP；

需要最好的效果，且桌面端就行的项目，选择 HDRP。

2.2 模型导入

选择了合适的渲染管线后，就可以开始搭建 3D 场景了。场景中的 3D 模型通常通过第三方建模软件导入 Unity。

2.2.1 Unity 支持的常见模型格式

要想将第三方建模软件完成的模型导入 Unity，首先需要知道 Unity 支持哪些模型的导入。Unity 支持直接导入的主要模型格式如下：fbx、dae、dxf、obj、……

2.2.2 3ds Max 模型如何导入 Unity

3ds Max 创建的模型默认格式为. max，不能将其直接导入 Unity，需要将其转换为 Unity 支持的格式，如. fbx 格式。

第一步，需要在 3ds Max 中导出模型，选择菜单栏中的【文件】→【导出】，如图 2.2－1 所示。

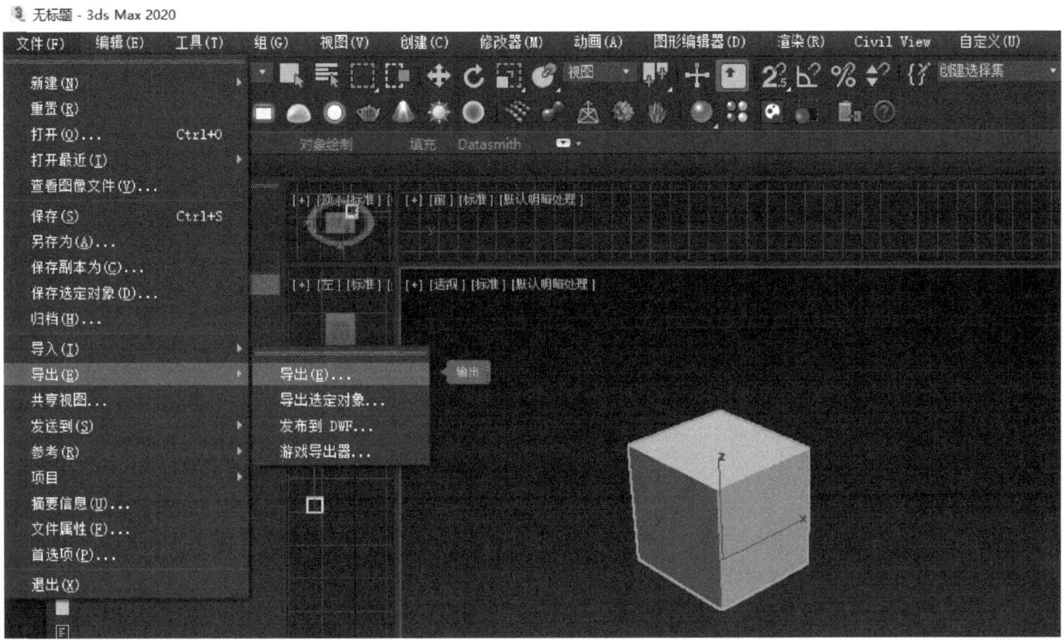

图 2.2－1　模型文件导出

第二步，给导出的模型文件取一个名字，比如“maxexport”，如图 2.2－2 所示，保存类型选择.FBX 文件。

图 2.2－2　导出文件改名

第三步，设置导出参数，如图 2.2－3 所示。

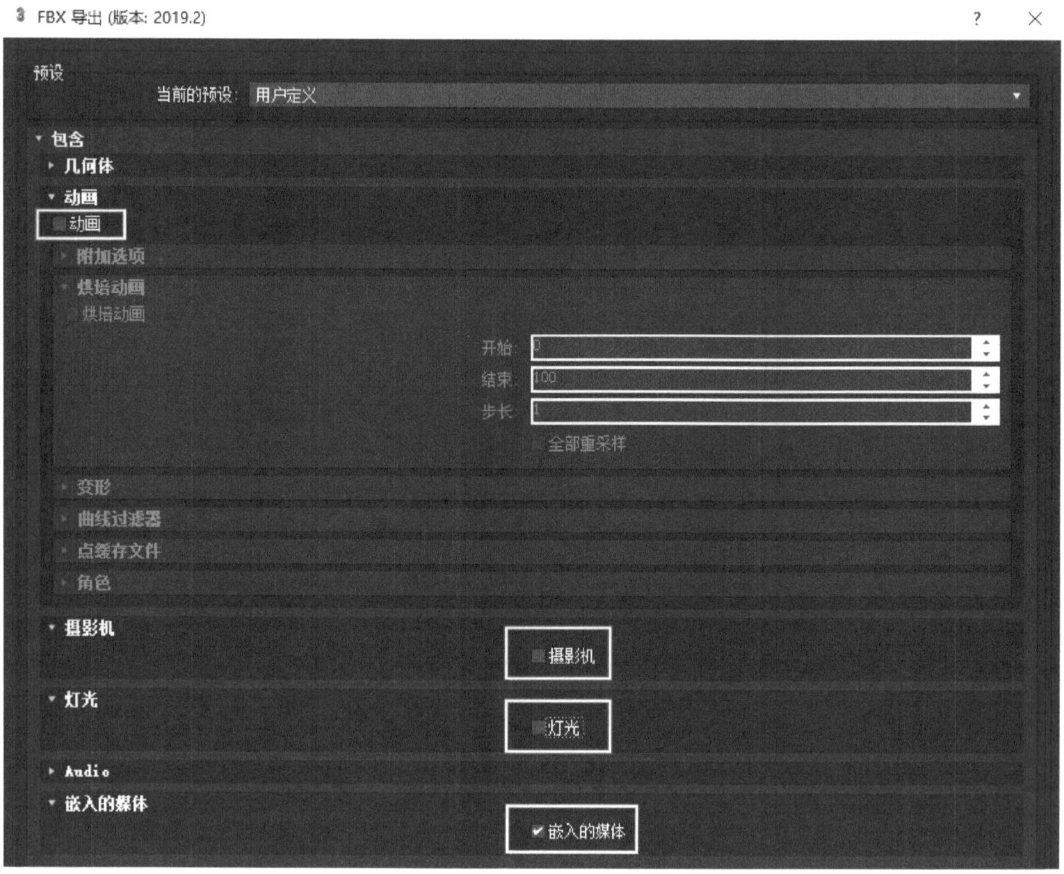

图 2.2－3　导出参数设置

- 几何体：保持默认设置即可。
- 动画：不勾选，一般需要的是模型，即使是动画，也是在 Unity 中开发完成的。
- 摄影机：不勾选，一般会在 Unity 中设置自己的摄像机。
- 灯光：不勾选，一般会在 Unity 中完成模型的灯光设置。
- Audio：不勾选，一般会在 Unity 中完成声音的设置。
- 嵌入的媒体：勾选，勾选后 3ds Max 模型的材质才能正常导入 Unity。

除了以上基本设置，还需要调整高级选项，如图 2.2－4 所示。

- 高级选项：一般需要将单位改为米，因为 Unity 中默认的单位是米，这样才能保证 3ds Max 中创建的模型和 Unity 场景匹配。

第四步，单击【确定】按钮进行导出，导出完成后，将会得到对应的. FBX 文件，如图 2.2－5 所示。

第五步，创建一个新的 3D(Built-In Render Pipeline)项目，取名为“ProjectModelImport”，如图 2.2－6 所示。

第六步，在 Assets→Models 文件夹下创建一个 3Dmax 文件夹，通过 3ds Max 导出的模型文件就可以放在这个文件夹中，如图 2.2－7 所示。

图 2.2－4　高级选项

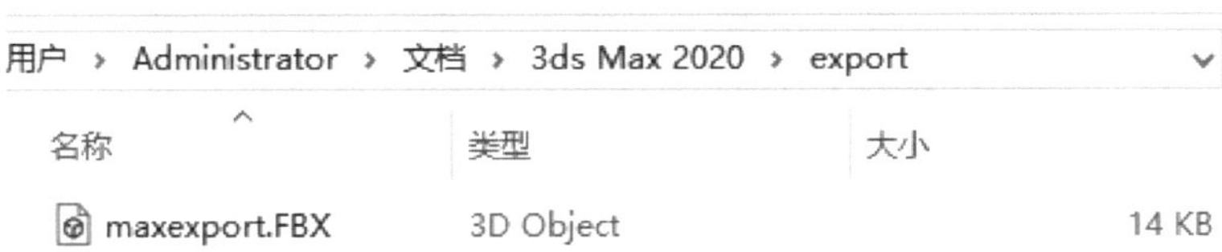

图 2.2－5　导出结果

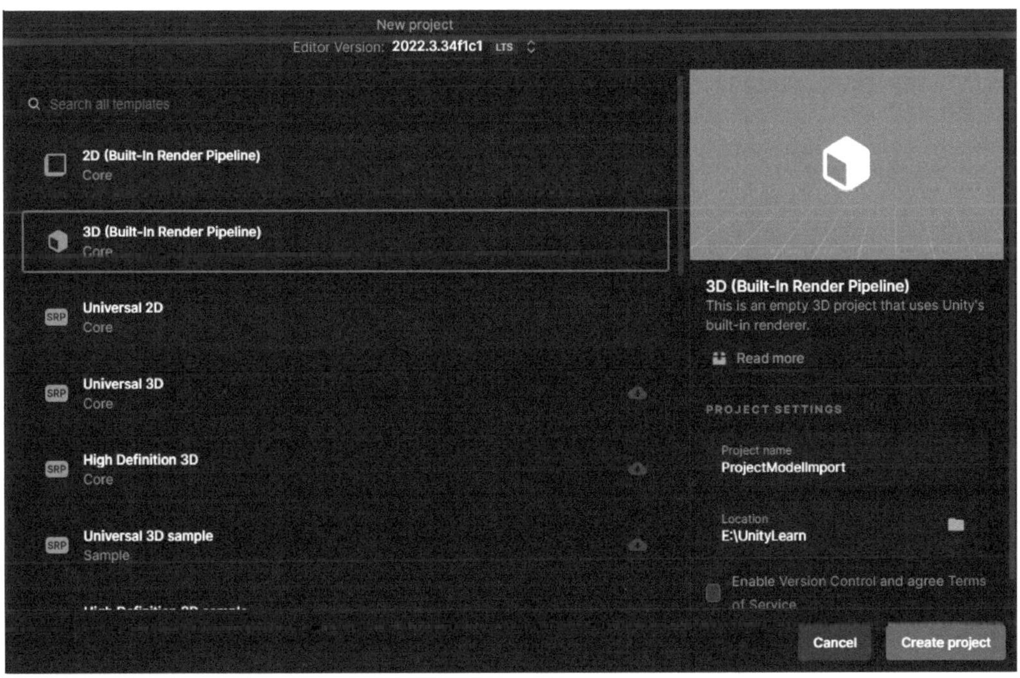

图 2.2－6　创建项目

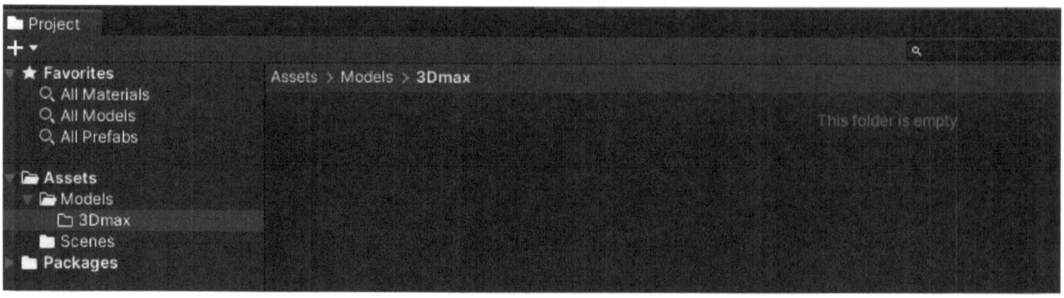

图 2.2－7　Project 文件目录

第七步，选中文件夹中导出的 maxexport. FBX，将其拖入 3Dmax 文件夹窗口空白区域，如图 2. 2 － 8 所示。除了手动拖入以外，也可以在 Windows 的文件资源管理器下，将 maxexport. FBX 文件复制到该项目中 3Dmax 文件夹所在的计算机路径下。

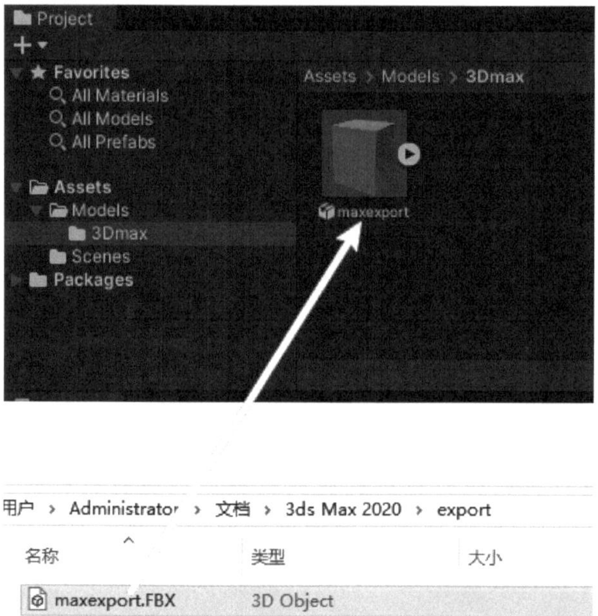

图 2.2－8　拖入 FBX 模型

第八步，选中 maxexport 模型，将其拖入 Scene 视图中，就可以看到带有材质的 3ds Max 模型导入 Unity 中了，如图 2. 2－9 所示。

单击模型右侧的▶，展开得到显示材质的界面，此时材质是无法修改的，如图 2. 2 － 10 所示。

第九步，选中模型，在 Inspector 视图中，将 Location 设置为 Use External Materials (Legacy)，再单击 Apply 按钮，即可将材质分离出来，如图 2. 2－11 所示。

分离出材质后，3Dmax 文件夹下会自动创建一个 Materials 文件夹，可在此文件夹下对材质进行修改，如图 2. 2－12 所示。

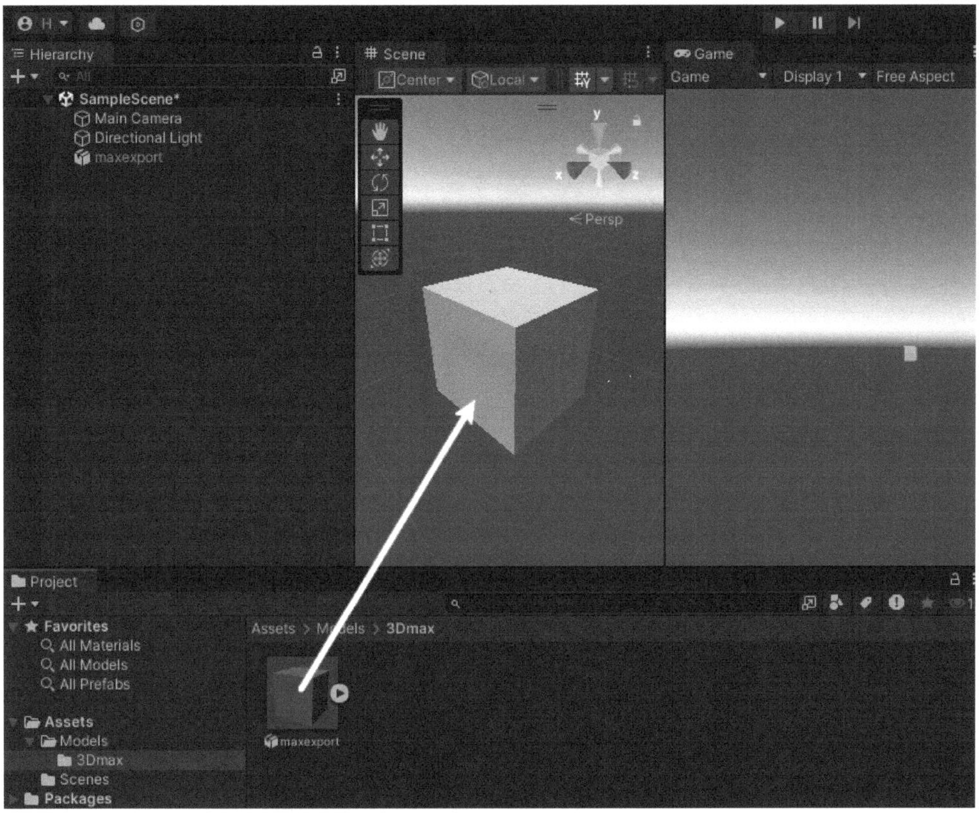

图 2.2－9　将模型拖入 Scene 视图中

图 2.2－10　展开材质

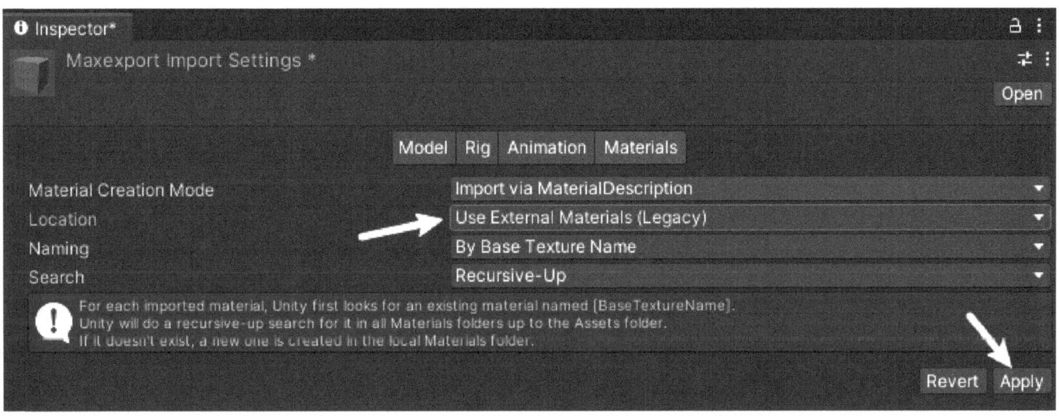

图 2.2－11　分离材质

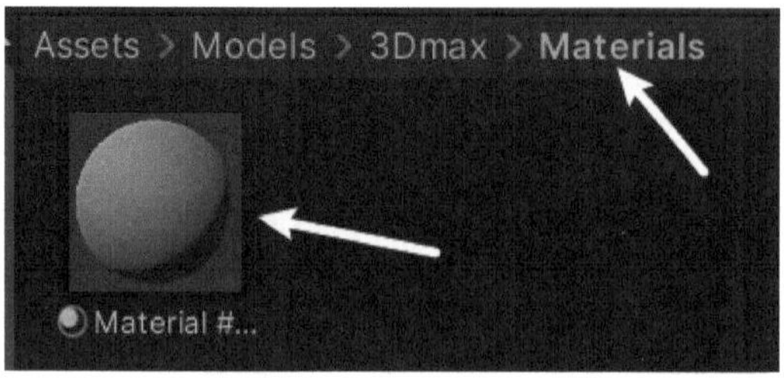

图 2.2-12　材质分离后的效果

2.2.3　SketchUp 模型如何导入 Unity

SketchUp 文件的后缀名为.skp,将其导入 Unity 有两种方式。

第一种类似于 3ds Max 模型的导入。在菜单栏选择【文件】→【导出】→【三维模型】,如图 2.2-13 所示。将保存类型修改为 FBX 文件,如图 2.2-14 所示,然后将导出来的 FBX 模型拖入 Unity 即可。后续操作可参考 3ds Max 模型的导入步骤。

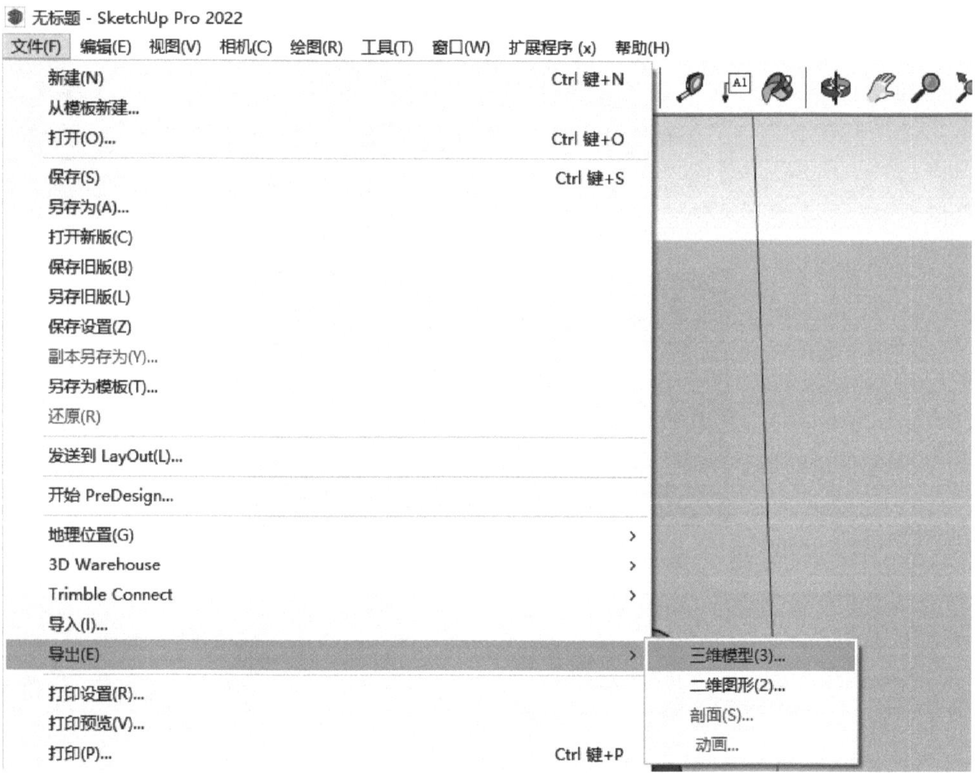

图 2.2-13　SketchUp 模型导出

第二种方式则更加简单,可以直接将.skp 文件拖入 Unity 中。虽然官方文档没有介绍这种方式,但是经过笔者的尝试也是可行的,这里需要注意的是将模型直接拖入后,须选中模型,单击 Apply 按钮执行材质的导出操作,如图 2.2-15 所示。不然模型被拖入场景后,会出现材质丢失的问题。

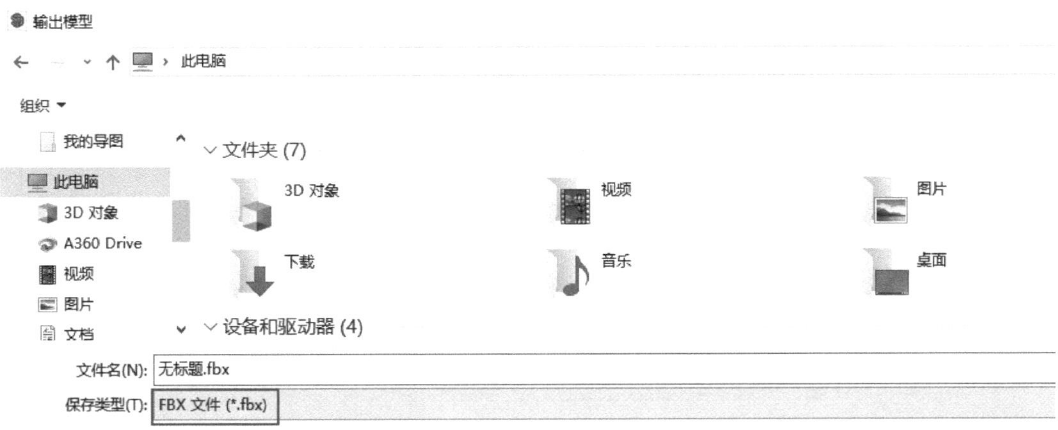

图 2.2 - 14　模型存储为 FBX 文件

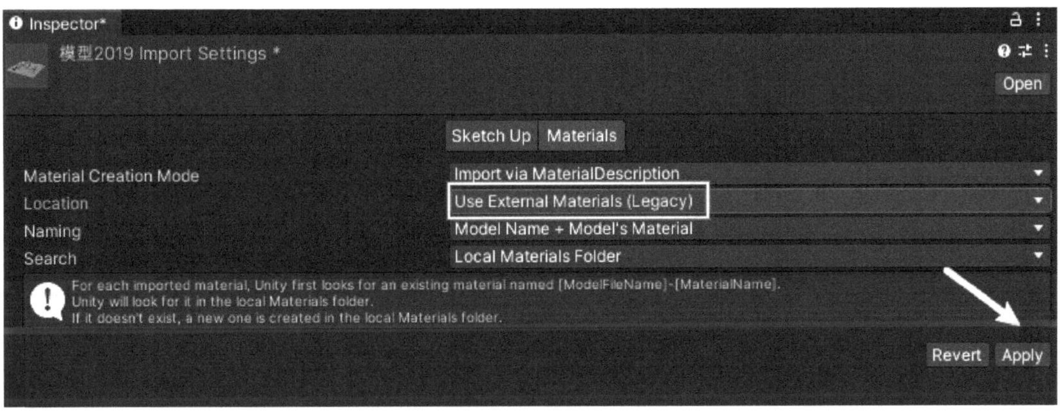

图 2.2 - 15　skp 文件材质提取

2.2.4　BIM 模型如何导入 Unity

有三种方式可将 BIM 模型导入 Unity。

第一种是在 Revit 软件的菜单栏中，选择【文件】→【导出】→FBX，如图 2.2 - 16 所示，然后将导出的 FBX 模型拖入 Unity 即可。但是这里会存在一个问题，因为 Revit 自带的 FBX 导出时，无法导出材质，所以在 Unity 里也获取不到材质，需要重新手动贴材质。

第二种是用 Unity 的 Unity Reflect 工具来实现，这个可以保留 Revit 的材质，相关教程可以在 Unity 官网上找到。

第三种是通过 Revit 二次开发的形式，将 Revit 模型转为 Unity 支持的格式，可以包含材质以及属性等信息。

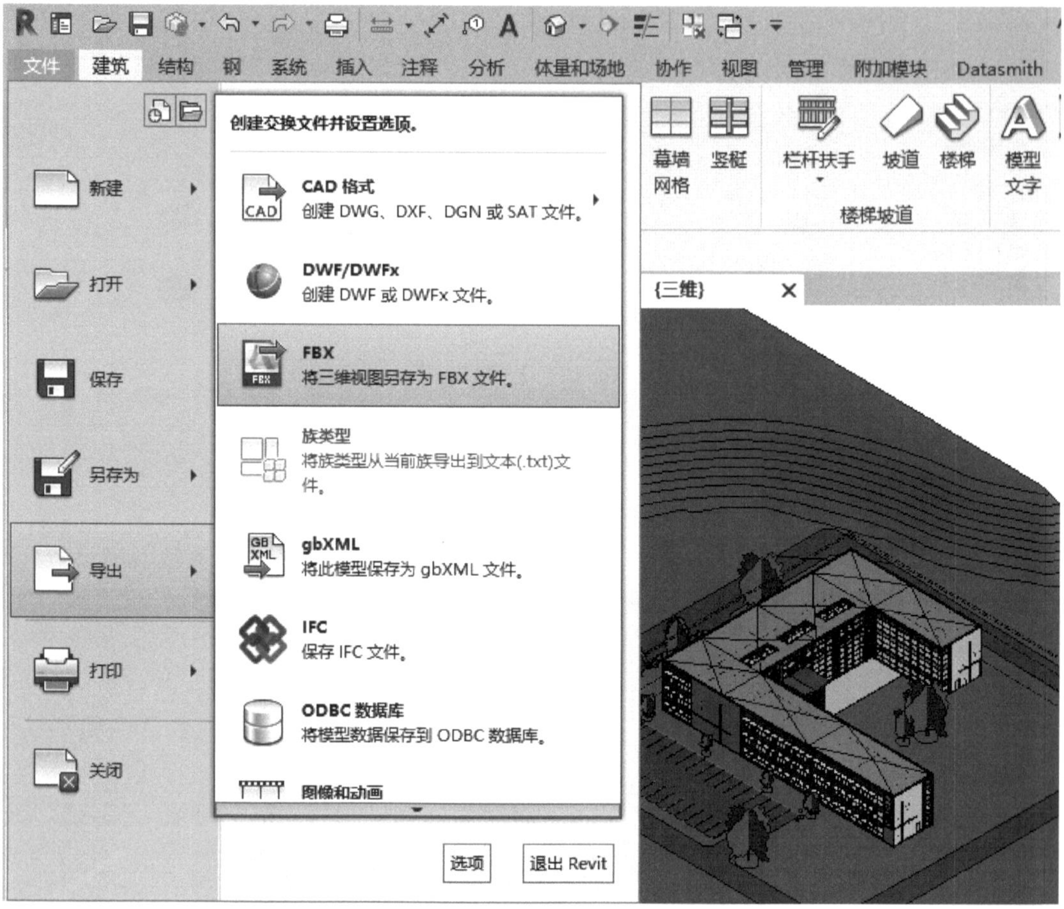

图 2.2-16　Revit 导出为 FBX 文件

2.2.5　官方资源包模型如何导入 Unity

除了上面介绍的第三方建模软件的模型的导入，Unity 还提供了一种资源包导入的方式。

打开 Unity 官方商店网站，如图 2.2-17 所示。在首页搜索栏输入 Tiny Kart - Karting Microgame Add-Ons，搜索 Unity 官方提供的免费模型(若搜索不到此模型，可以用其他免费 URP 模型代替)，选择模型后进入资源界面，如图 2.2-18 所示。

第一步，新建一个 Universal 3D 渲染管线的项目，如图 2.2-19 所示。

注意　在创建 Unity 项目时，要看使用版本是否支持图 2.2-18 中模型的原始 Unity 版本，通常来说高版本 Unity 编辑器可以打开低版本创建的项目，反过来则不行；同时由于这个项目是在 URP 环境下创建的，所以在新建项目的时候，要选择 URP。

第二步，创建好 URP 的项目后，返回图 2.2-18 所示界面，单击【添加至我的资源】按钮，添加完成后，单击【在 Unity 中打开】按钮，如图 2.2-20 所示。

图 2.2－17　Unity 官方商店网站

图 2.2－18　资源界面

第三步，在 Unity 打开后，单击 Download 按钮，下载该资源，如图 2.2－21 所示。

第四步，下载完成后，就会出现 Import 按钮，单击该按钮导入资源包，如图 2.2－22 所示。

第五步，在 Import Unity Package 界面单击 Import 按钮，导入所有资源文件，如图 2.2－23 所示。

第六步，可以看到资源包已经导入到 Assets 里面，将模型拖动到场景中，效果如图 2.2－24 所示。

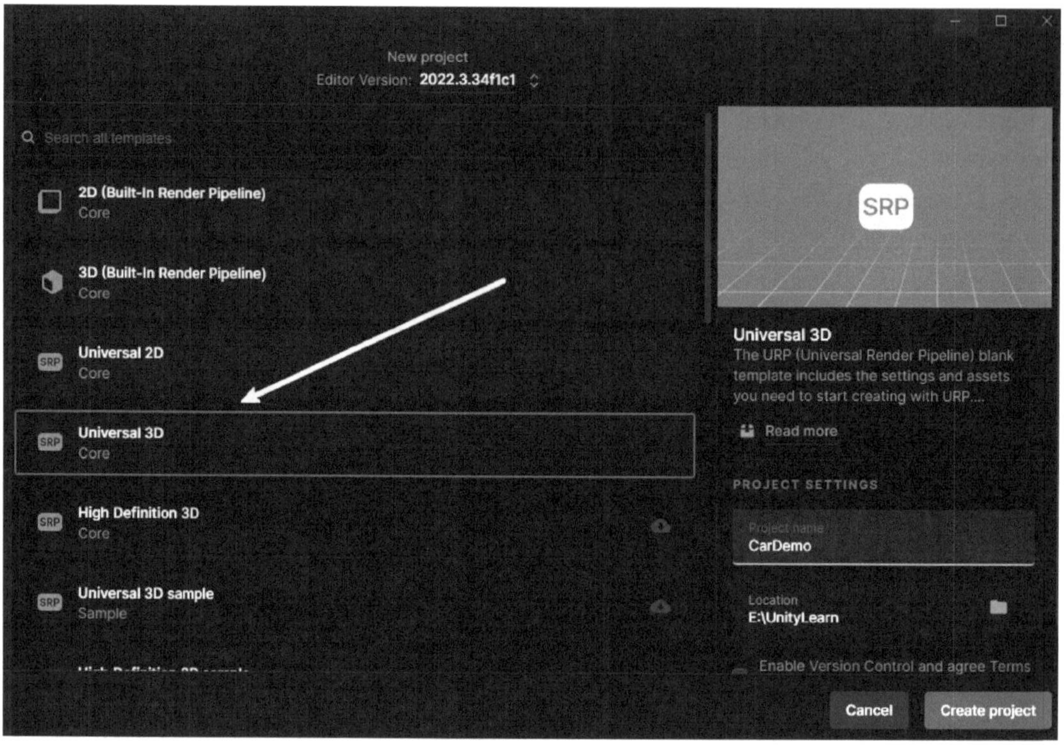

图 2.2-19　新建项目

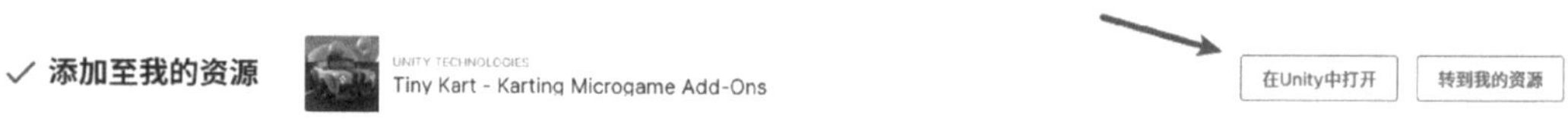

图 2.2-20　在 Unity 中打开

图 2.2-21　下载界面

图 2.2-22　导入界面

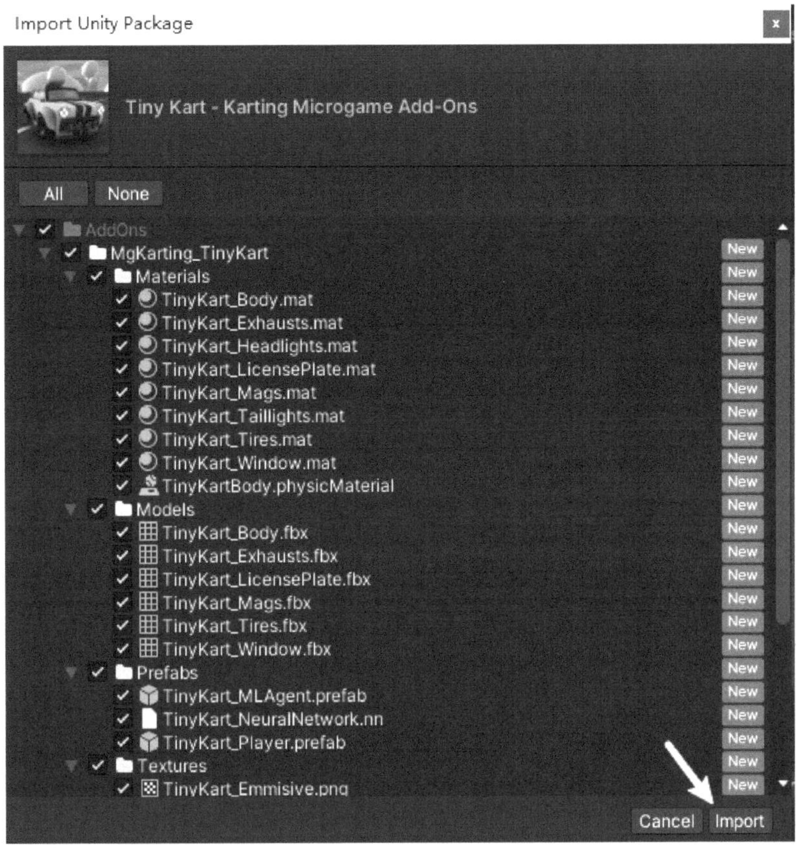

图 2.2-23　导入所有资源

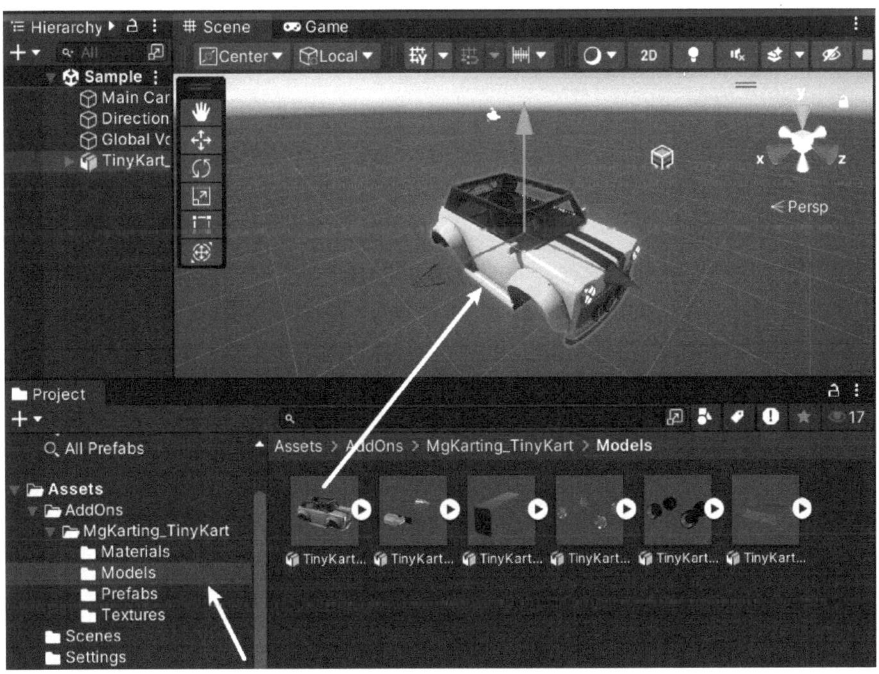

图 2.2-24　模型拖入效果

2.2.6 如何使用 Unity 自带建模工具创建常规模型

除了可以从外部导入模型，Unity 本身也提供了几种常见的几何模型，如立方体、圆柱、球体、平板等，可以在 Hierarchy 视图空白处右击，选择 3D Object→Cube，创建一个立方体，如图 2.2-25 所示。在做数字孪生项目需要补充一些基本的几何元素时，可以通过这种方式快速添加。

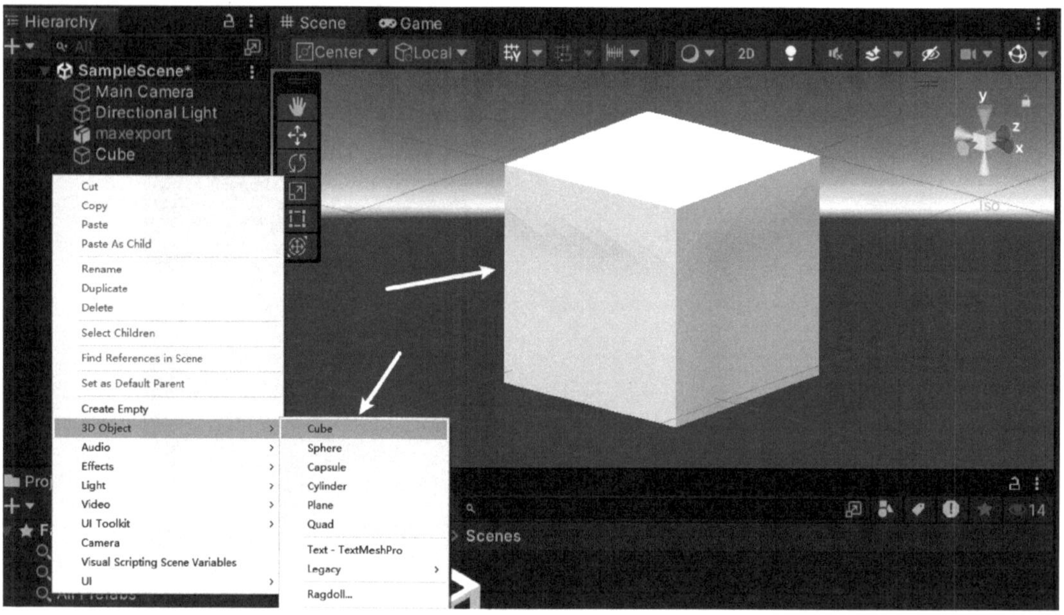

图 2.2-25 添加内置几何元素

选中立方体后，可以在右侧的 Transform 属性中，设置其位置、旋转角度以及尺寸，如图 2.2-26 所示。

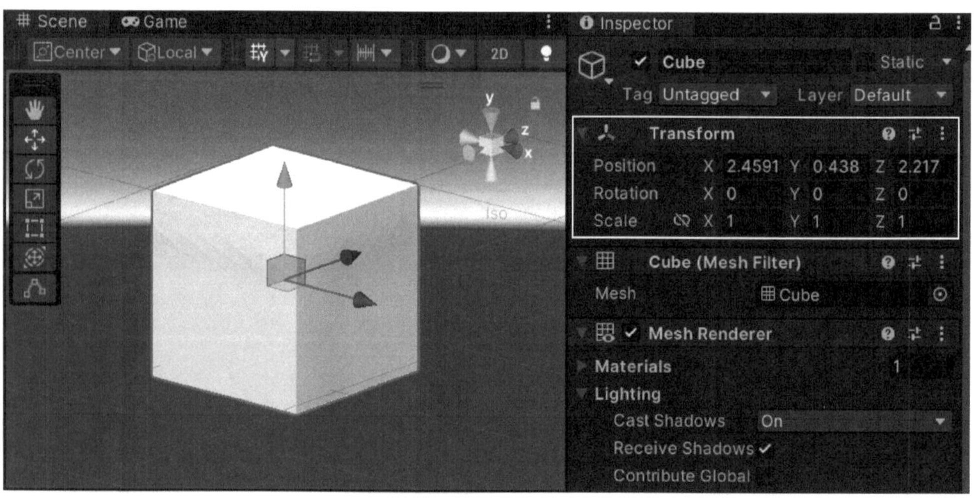

图 2.2-26 Transform 属性调整

除上述方法外，还可以通过界面交互的方式进行调整。选中立方体，按 W 键，移动鼠标即可在场景中直接拖动立方体；按 E 键，移动鼠标即可旋转立方体；按 R 键，移动鼠标即可放大或缩小立方体。

2.2.7　注意事项

1. 其他建模软件如何导入 Unity

主要把握两个原则：第一个，将建模软件导出为 Unity 支持的格式；第二个，学会搜索，可以在搜索网站里输入"XX 软件如何导入 Unity"找到相应的答案。

2. 官方资源导入场景后材质丢失变红

在实际开发中，可能会遇到官方商店资源导入到场景中，但是材质为红色的情况，如图 2.2-27 所示。这种问题通常是因为创建项目的渲染管线和导入资源的渲染管线不匹配导致的，如图 2.2-27 所示材质变红就是因为用 BRP 创建的项目打开了用 URP 创建的资源包。

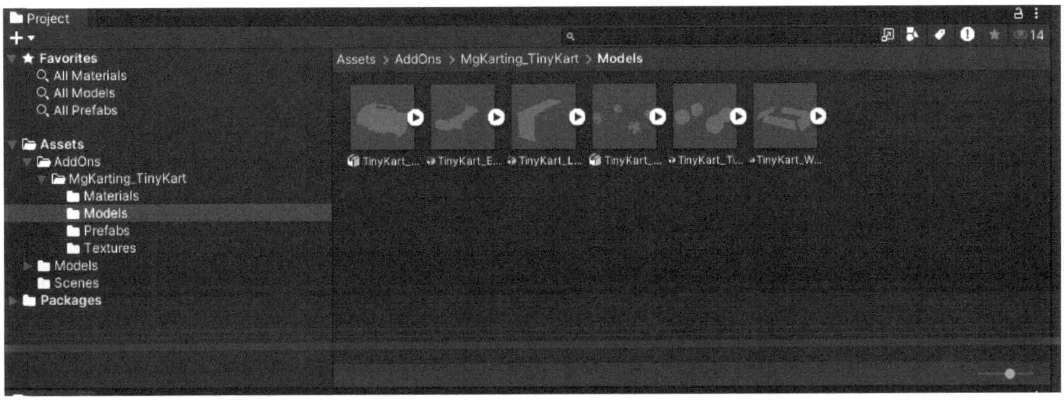

图 2.2-27　材质变红

2.3　场景渲染

在模型导入 Unity 后，需要去对场景做一个渲染，这里介绍三个常用的渲染组件，光源、天空盒、后处理。本节将以 URP 举例进行说明，其他渲染管线思路与之类似。

2.3.1　光　源

光源通常用于照亮场景，主要有以下四种：

① Directional Light：方向光，是常用于模拟太阳光的光源。

② Point Light：点光源，光源位于一个点，向四周发光。

③ Spot Light：聚光灯，光源位于一个点，类似于手电筒锥形发光。

④ Area Light：面光源，光源在一块板上，类似于平板灯。

在 Hierarchy 视图右击，选择 Light，就可以看到这四种光源了，如图 2.3-1 所示。

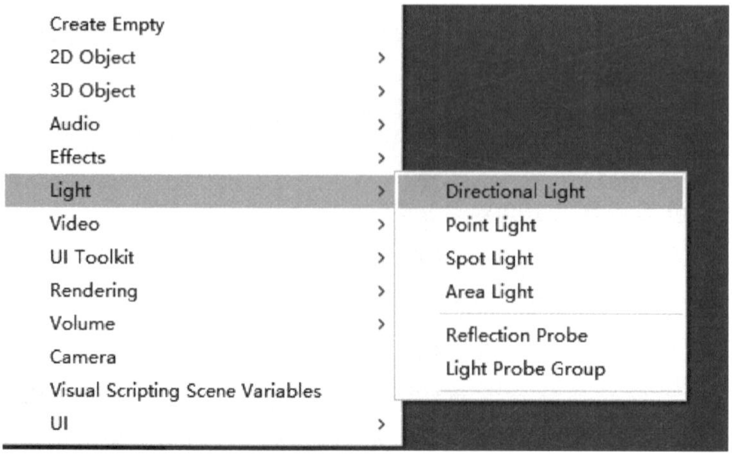

图 2.3-1 四种光源

2.3.2 天空盒

仅有光源，是很难模拟较为精细的照明情况的，在数字孪生项目开发中常使用天空盒来模拟天空的情况，辅助照明。图 2.3-2 所示就是创建 URP 后，Unity 默认提供的天空盒效果。

图 2.3-2 URP 默认天空盒效果

选择菜单栏中的 Window→Rendering→Lighting 打开照明设置，如图 2.3-3 所示。

在弹出的照明设置界面中，选择 Environment，可以看到默认的天空盒为 Default-Skybox，如图 2.3-4 所示。

2.3.3 后处理

如果想让整个场景更加好看一些，可以使用后处理功能进行调整。在 Hierarchy 视图空白处右击，选择 Volume→Global Volume，添加后处理模块，如图 2.3-5 所示。

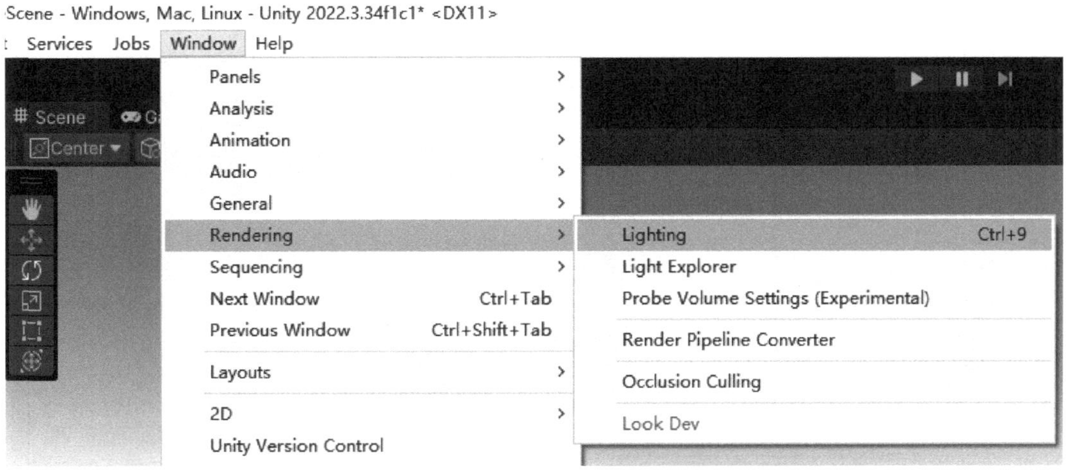

图 2.3 - 3　打开照明设置

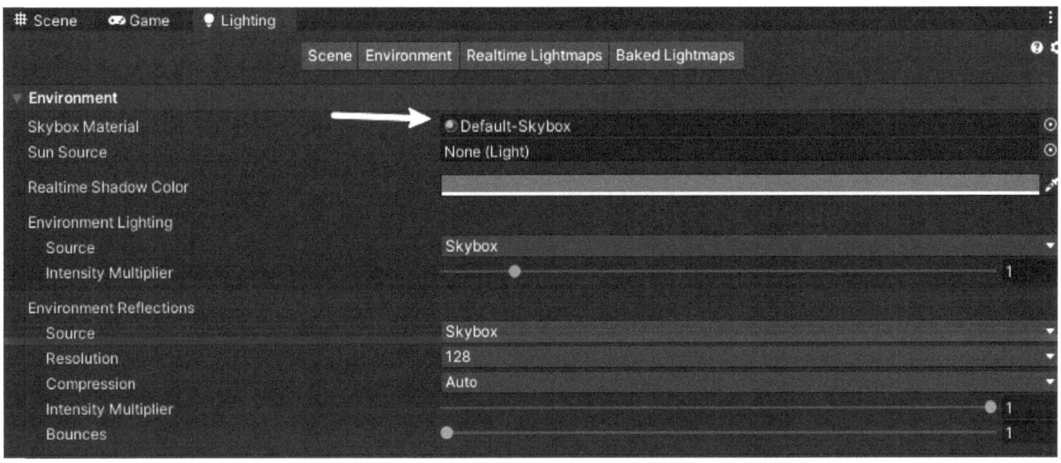

图 2.3 - 4　默认天空盒

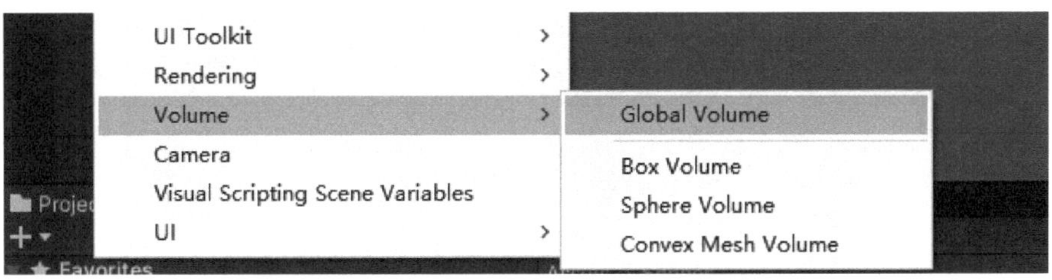

图 2.3 - 5　创建 Global Volume

选中刚刚添加的 Global Volume，在 Inspector 视图中，单击 New 按钮，如图 2.3 - 6 所示。

单击如图 2.3 - 7 所示的 Add Override 按钮，会弹出如图 2.3 - 8 所示的界面，继续单击 Post-processing 选项，可在图 2.3 - 9 所示的界面中选择各种各样的后处理效果。

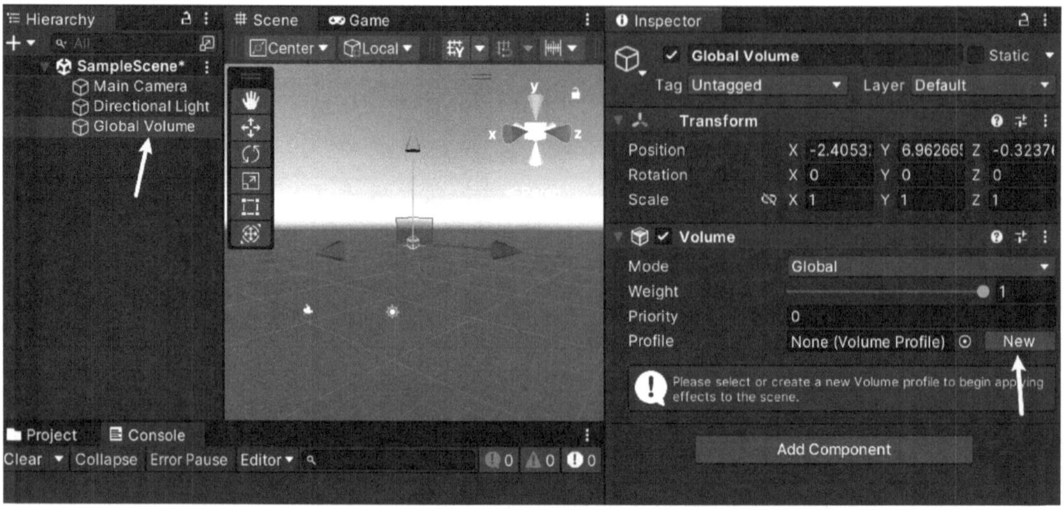

图 2.3－6　新建 Profile

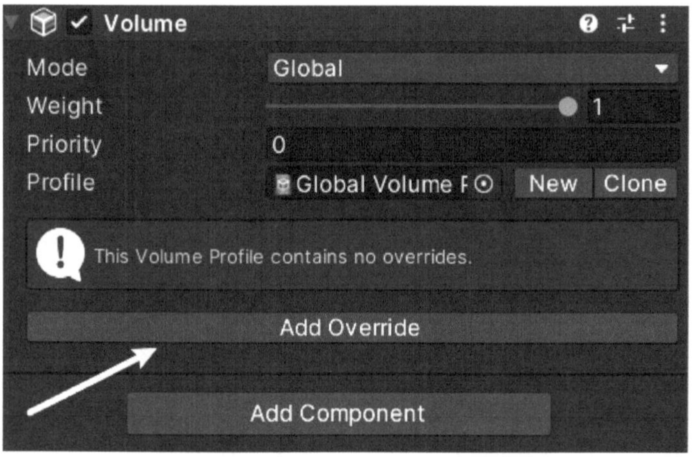

图 2.3－7　添加 Override

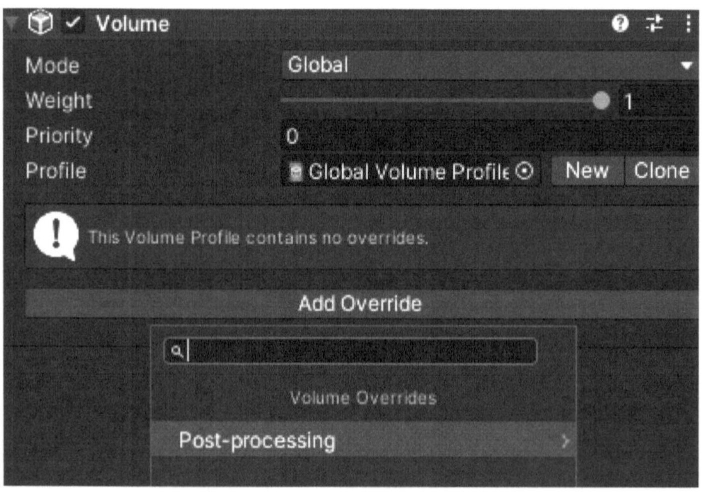

图 2.3－8　添加 Post-processing

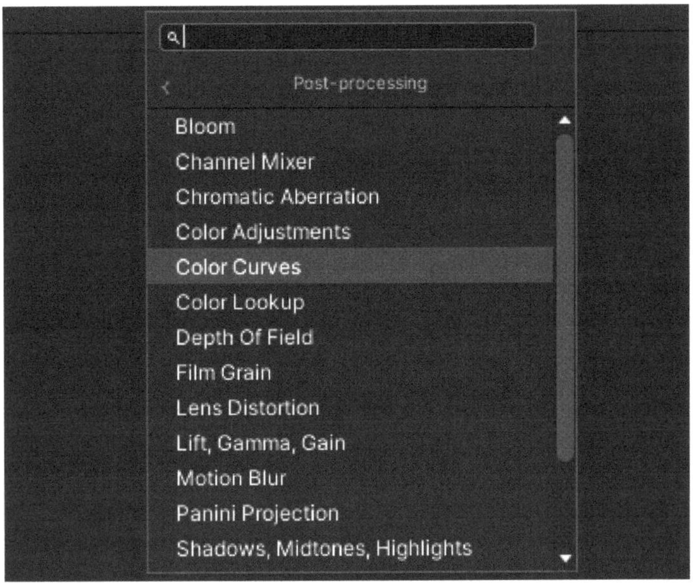

图 2.3-9　后处理效果

2.4　综合实例 1:完成一个场景的照明设置

本综合实例将带着读者从零开始完成一个场景的照明设置。

第一步,新建一个项目,选择 3D(Universal 3D),将项目命名为"ProjectRender"。

第二步,在 Assets 文件夹下新建 Models 文件夹,将本书配套资源中的 house 文件夹及 house.fbx 文件拖入 Models 中,如图 2.4-1 所示。

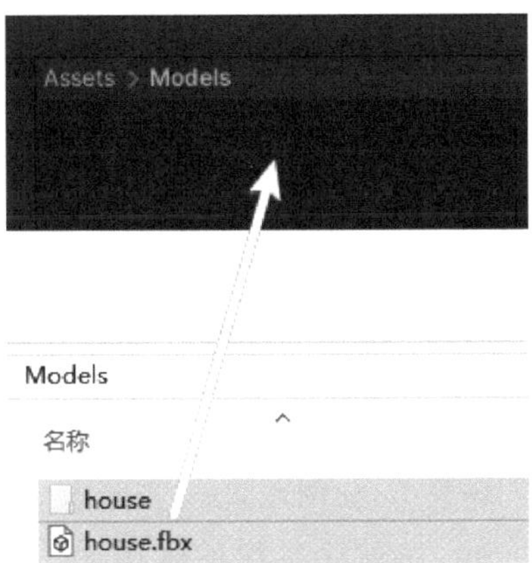

图 2.4-1　拖入资源文件

提示　在微信公众号"工程数字化趣玩实验室"回复"Unity 数字孪生开发入门与实战",即可自动获得本书配套资源及案例视频。

第三步，提取模型材质。选中 house 缩略图，将其 Material Creation Mode 属性选为 Import via MaterialDescription（这种模式提取的材质最精准），将其 Location 属性选为 Use External Materials(Legacy)，如图 2.4－2 所示。

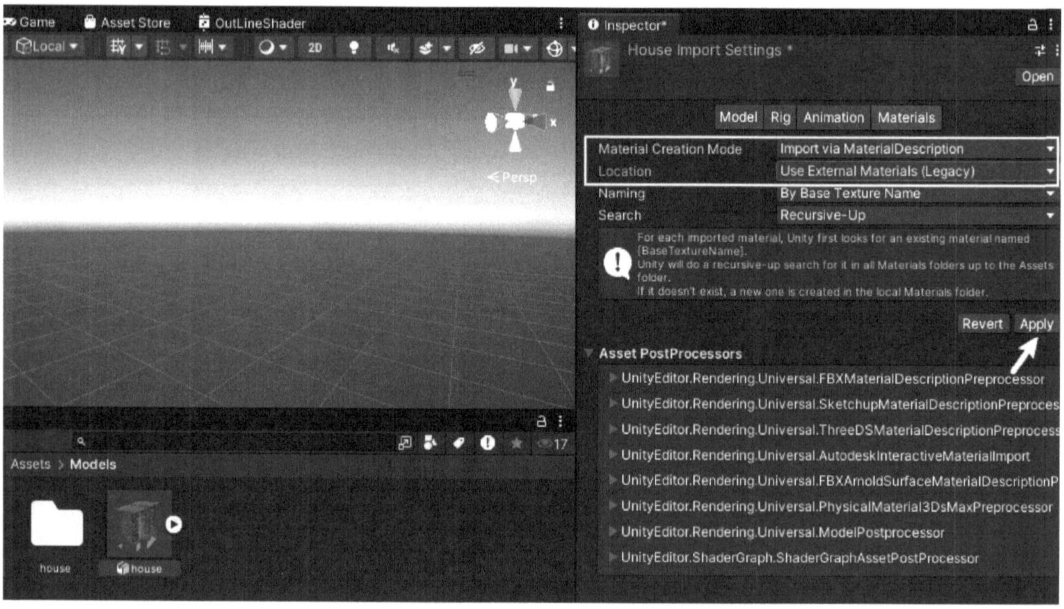

图 2.4－2 提取材质

第四步，单击 Apply 按钮，这里就可以看到分离出来的材质了，如图 2.4－3 所示。分离出来的材质可以根据实际情况进行调整修改。

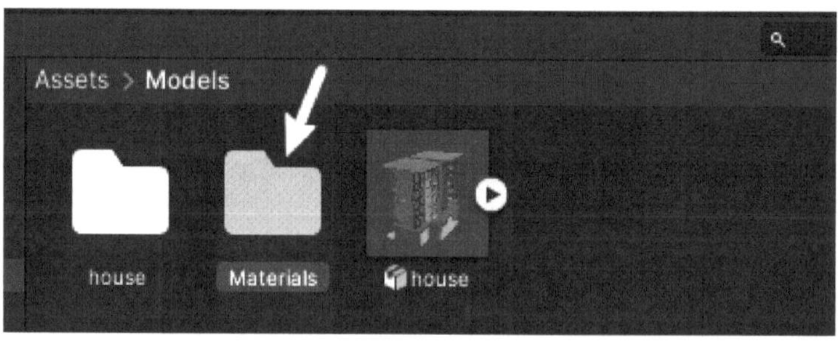

图 2.4－3 分离后的材质

第五步，选中模型，将其拖入场景中，如图 2.4－4 所示。

第六步，添加 Directional Light，也就是常说的太阳光。这里可以看到在创建项目时，Unity 已经默认创建好 Directional Light 了，如图 2.4－5 所示。所以这里无须再次添加，只需要根据实际情况手动调整右侧的照明参数即可。

第七步，添加天空盒。场景中有一个默认的天空盒效果，实际开发中，有时候会需要更好看的天空，这里给读者介绍如何添加自定义的天空盒。在 Assets 文件夹下，新建一个文件夹取名为“Materials”，右击该文件夹，选择 Create→Material，如图 2.4－6 所示，创建用于做天空盒的材质。

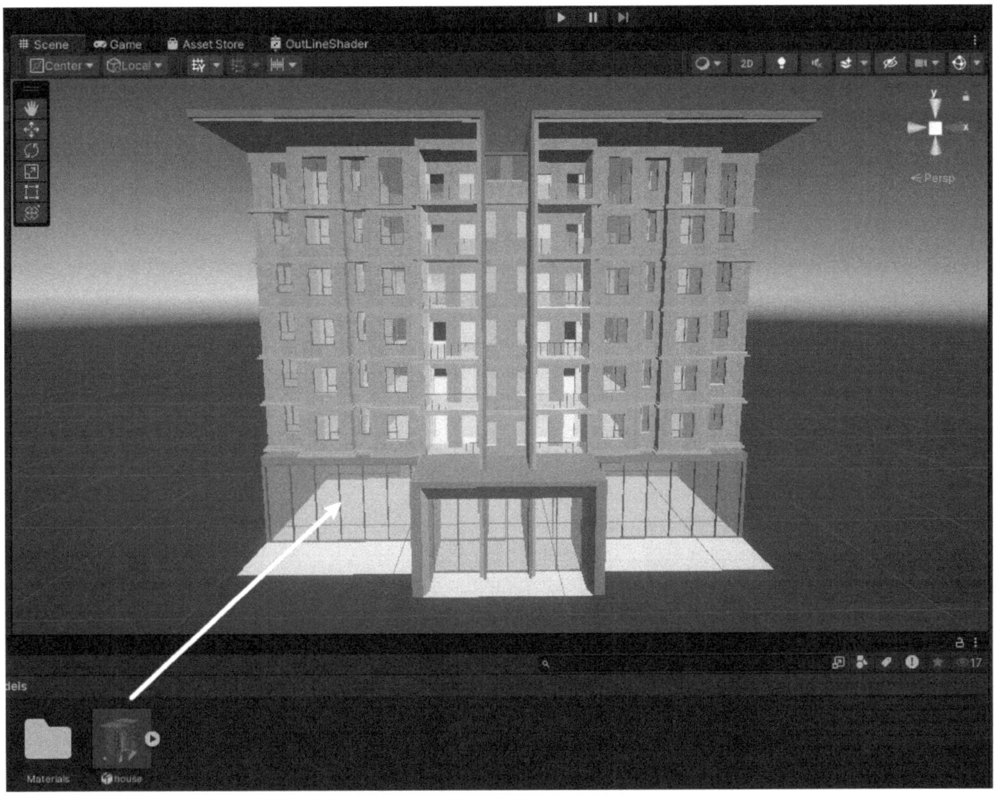

图 2.4-4　模型拖入场景后

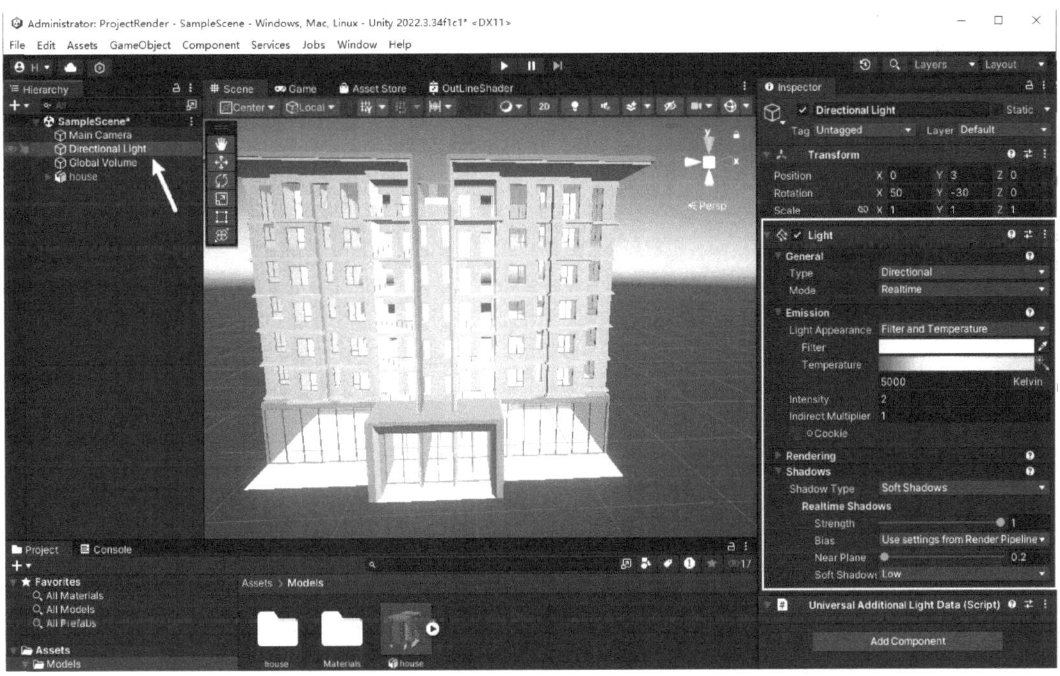

图 2.4-5　灯光设置

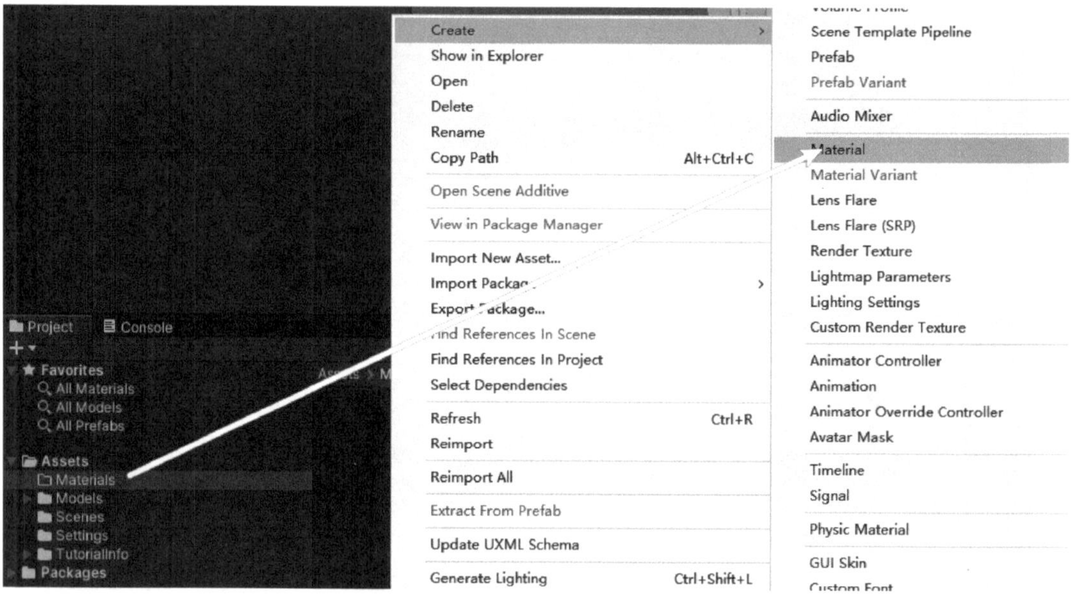

图 2.4-6　添加材质

第八步，修改材质名称为“SkyMaterial”，并将其 Shader 类型改为 Skybox/Cubemap，如图 2.4-7 所示。

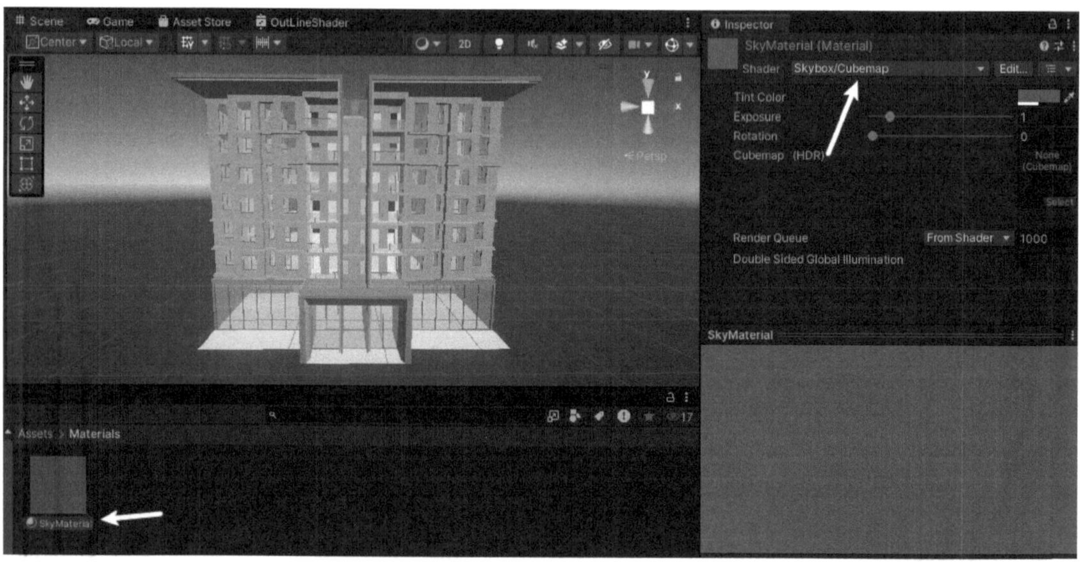

图 2.4-7　修改材质

第九步，将素材中的 sky. hdr 拖放到 Materials 文件夹下，如图 2.4-8 所示。

第十步，选中 sky. hdr 文件，将其 Texture Shape 属性改为 Cube，单击 Apply 按钮，这样就可以得到一张立方体贴图了，如图 2.4-9 所示。

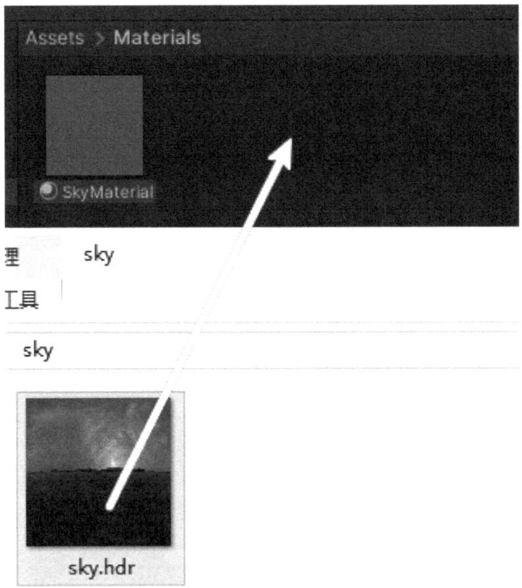

图 2.4-8　拖入 sky. hdr

图 2.4-9　修改 Texture Shape

第十一步，选中 SkyMaterial 文件，将第十步中得到的 sky 立方体贴图拖放到 Cubemap 插槽中，如图 2.4-10 所示，就可以得到设置好的天空盒材质了，如图 2.4-11 所示。

第十二步，在菜单栏选择 Window→Rendering→Lighting 打开灯光设置面板。

第十三步，将之前创建好的 SkyMaterial 拖放到 Environment 设置下的 Skybox Material 插槽中，如图 2.4-12 所示。

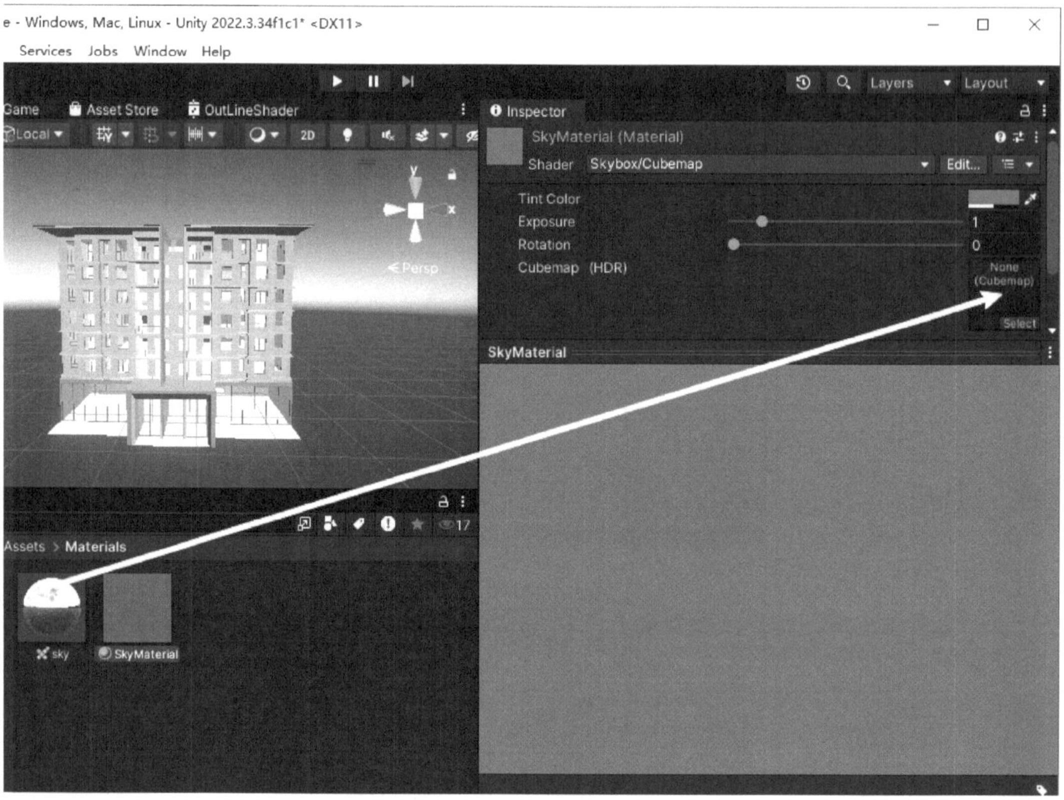

图 2.4-10　设置 Cubemap

图 2.4-11　完成后的效果

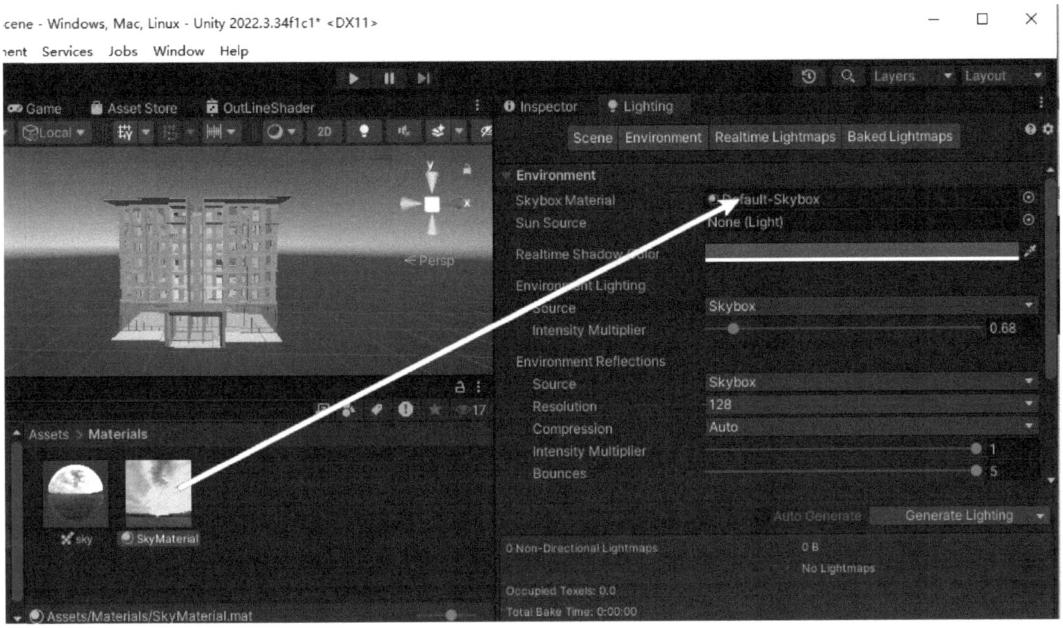

图 2.4－12　设置天空盒

第十四步，这时就可以看到背景为新的天空背景。此外，还可以通过 Intensity Multiplier 属性来调整天空盒光照的强度，如图 2.4－13 所示。

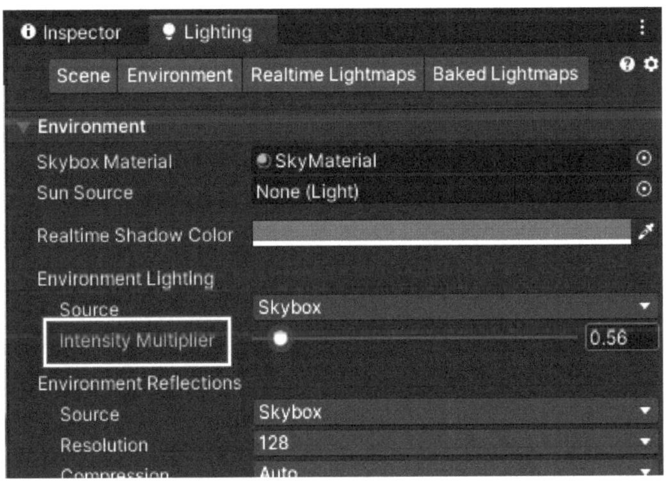

图 2.4－13　天空盒参数调整

第十五步，完成了上面的灯光和天空盒的参数设置之后，就基本上实现了场景中的照明，如果需要进一步的调整，如添加场景滤镜等，就可以用到后处理功能。本案例在创建项目时，Unity 已经默认创建好一个 Global Volume 了，所以无须再次添加，具体 Global Volume 的添加方式可以参考 2.3.3 节内容，即选中 Global Volume，单击 Add Override 按钮，添加 Color Adjustments，如图 2.4－14 所示。这里通过 Color Adjustments 来举例说明后处理的使用。

第十六步，勾选 Contrast 和 Color Filter，这样就能够调整场景中的对比度和颜色了，如

图 2.4-15 所示，实际开发中可以根据项目需求选择合适的后处理效果。

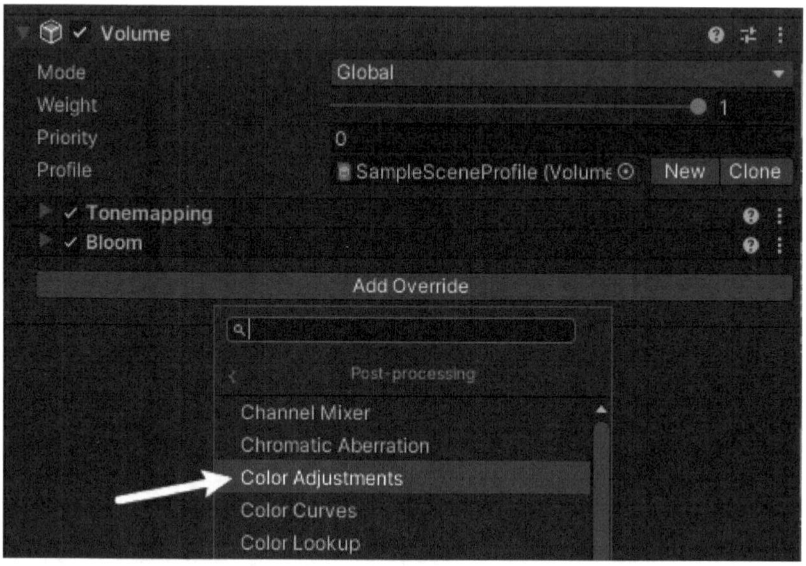

图 2.4-14　添加后处理效果

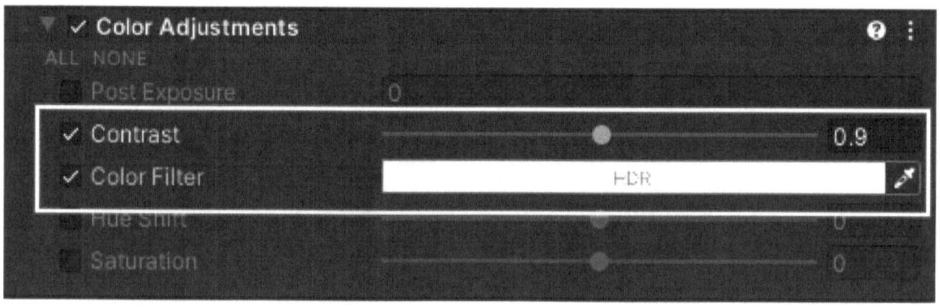

图 2.4-15　颜色参数调整

通过以上步骤，可以快速完成一个场景的照明设置流程。

注意　在实际项目开发中，对于更加精细的场景照明，通常由专业的美术人员完成。

第3章 基础知识篇之材质

在 Unity 中搭建了 3D 场景后，为了使场景的显示效果更好，通常需要对模型的材质进行调整和修改。

3.1 材质系统介绍

Unity 中为读者提供了多种材质类型，在制作数字孪生项目时，为了和现实环境接近，通常采用 PBR(Physically Based Rendering，基于物理的渲染)材质，其通过模拟光与材质之间的交互，从而实现更真实的材质渲染效果。PBR 材质在三大渲染管线中通常选择如下：

- BRP，对应 Standard 和 Standard(Specular setup)两种材质类型。
- URP，对应 Lit 材质类型。
- HDRP，对应 Lit 材质类型。

接下来的介绍，将以 URP 中基于 PBR 原理的 Lit 材质举例进行说明，其他渲染管线原理类似。

3.2 PBR 材质的制作

3.2.1 材质的创建

第一步，新建一个项目取名为“ProjectMaterial”。

第二步，在 Assets 文件夹下创建一个空白的文件夹取名为“Materials”，如图 3.2-1 所示。

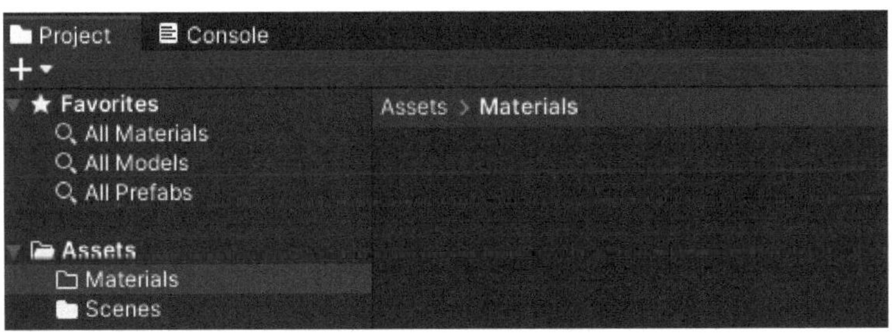

图 3.2-1 Project 目录

第三步，右击 Materials 界面空白区域，选择 Create→Material，如图 3.2－2 所示。

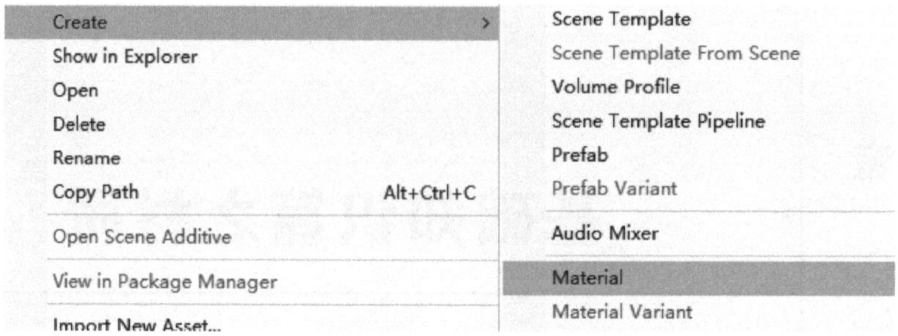

图 3.2－2　创建材质

3.2.2　PBR 材质的选择

选中 3.2.1 节创建好的材质，在 Inspector 视图的 Shader 下拉框中选择 Universal Render Pipeline，如图 3.2－3 所示。然后选择 Lit，如图 3.2－4 所示。

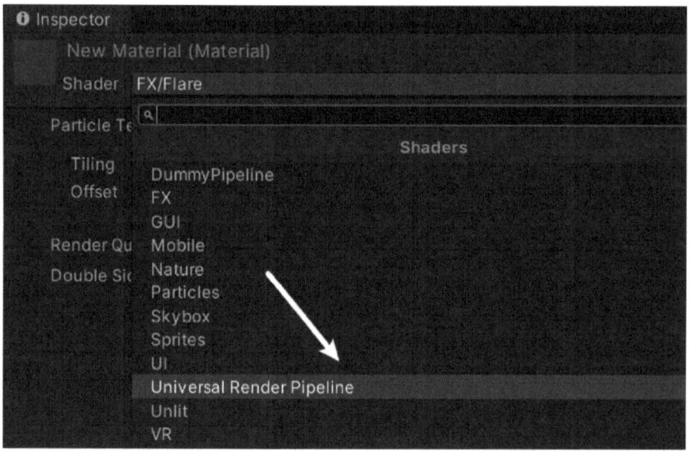

图 3.2－3　修改 Shader

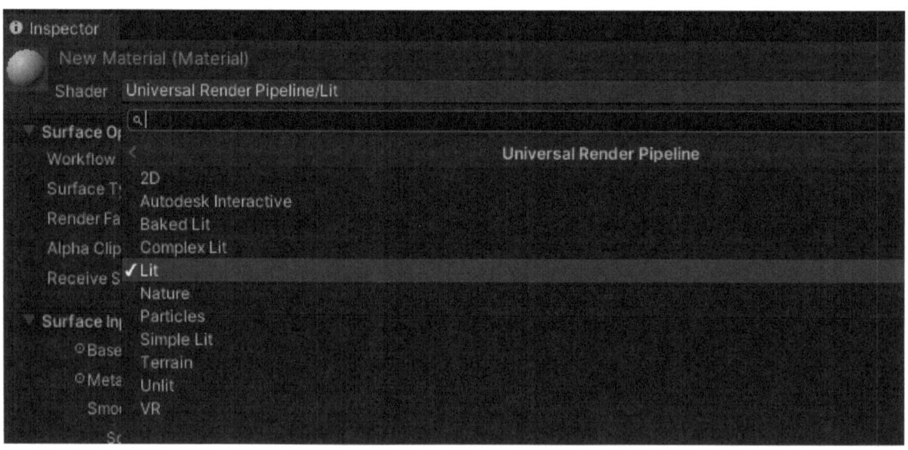

图 3.2－4　选择 Lit

这样一个带有 PBR 渲染功能的材质就创建完成了，选中创建好的材质，即可在 Inspector 的材质属性面板中查看它的属性，如图 3.2－5 所示。

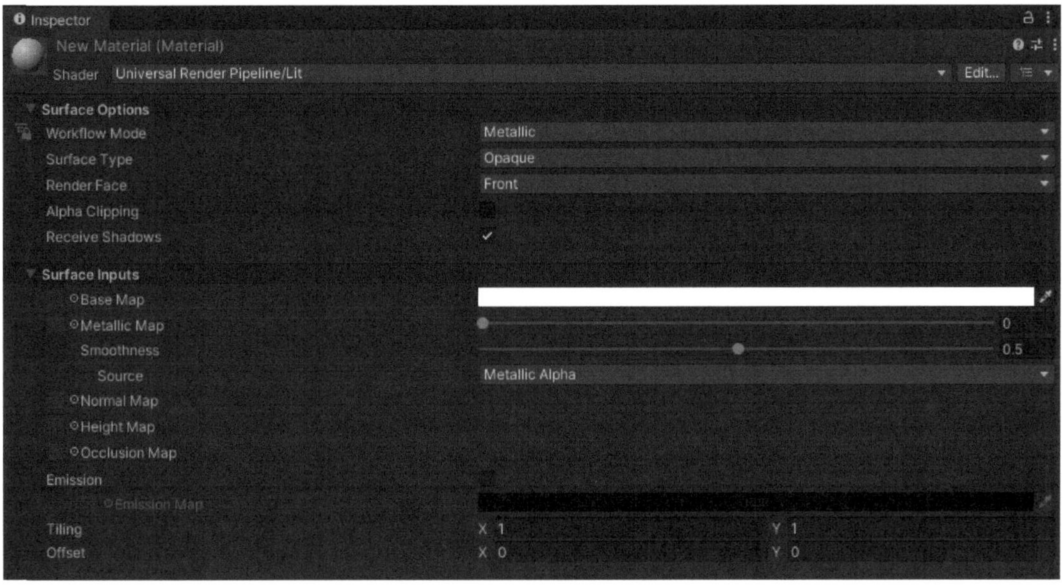

图 3.2－5　材质属性面板

3.2.3　PBR 材质中常用参数介绍

常用的 PBR 材质参数介绍如下：

- Surface Type(表面类型)：Opaque，用于不透明的材质；Transparent，用于透明材质。
- Base Map(漫反射贴图)：表面颜色，可以用贴图或者纯颜色来控制。
- Metallic Map(金属贴图)：物体表面的金属化程度，使用贴图及滑块参数来控制。
- Normal Map(法线贴图)：通过法线矢量数据的纹理模拟物体表面的凹凸情况。
- Height Map(高度贴图)：通过视差技术，形成表面的遮挡。
- Tiling：用于缩放纹理。
- Offset：用于偏移纹理。

3.2.4　实例：制作墙的表面材质

第一步，在 3.2.1 节创建的 ProjectMaterial 项目中新建一个立方体，如图 3.2－6 所示。

第二步，将 3.2.2 节创建好的 PBR 材质拖放到这个立方体上，如图 3.2－7 所示。

拖入成功后，选中立方体，在 Shader 选项中就可以看到立方体被赋予了 PBR 材质，如图 3.2－8 所示。

第三步，在 Assets 下新建一个名为“Textures”的文件夹。

第四步，将本书配套资源中准备好的三张贴图拖入该文件夹中，如图 3.2－9 所示。

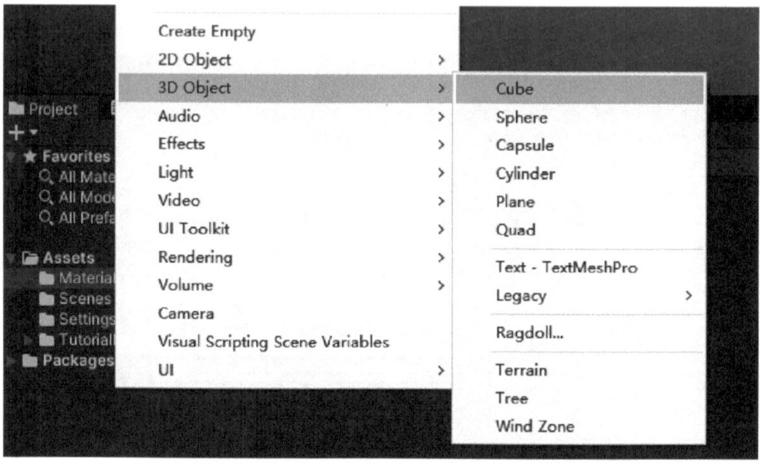

图 3.2-6　创建立方体

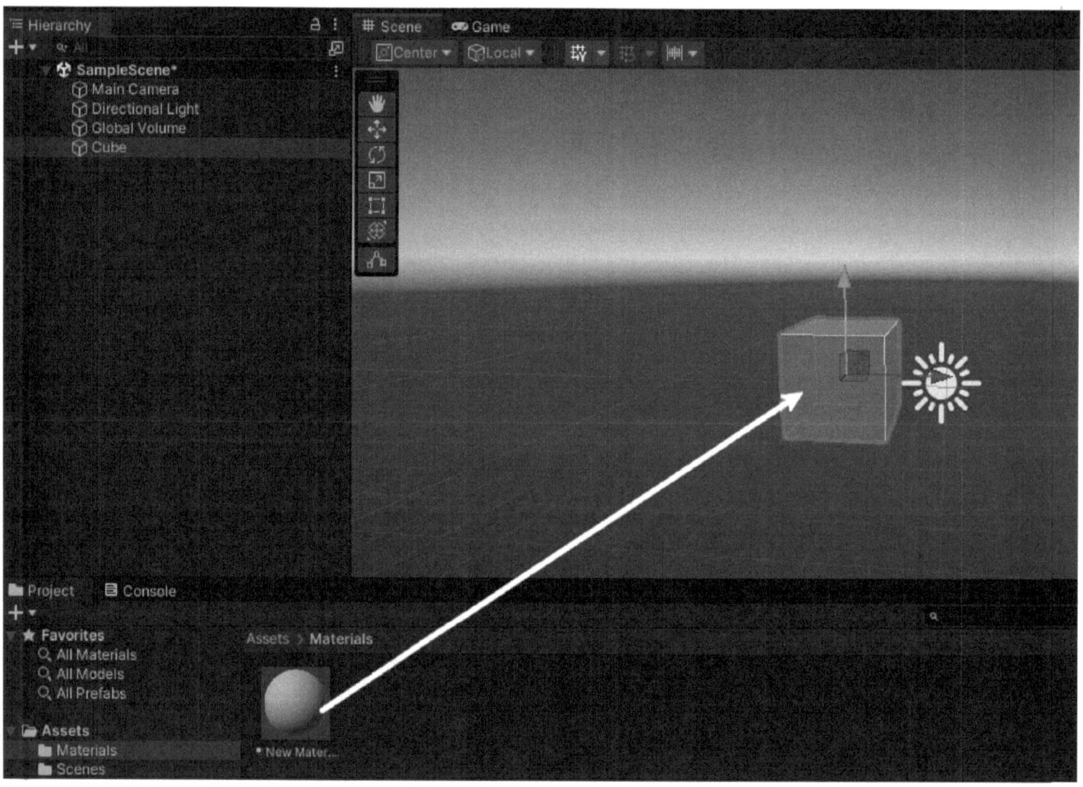

图 3.2-7　拖入材质

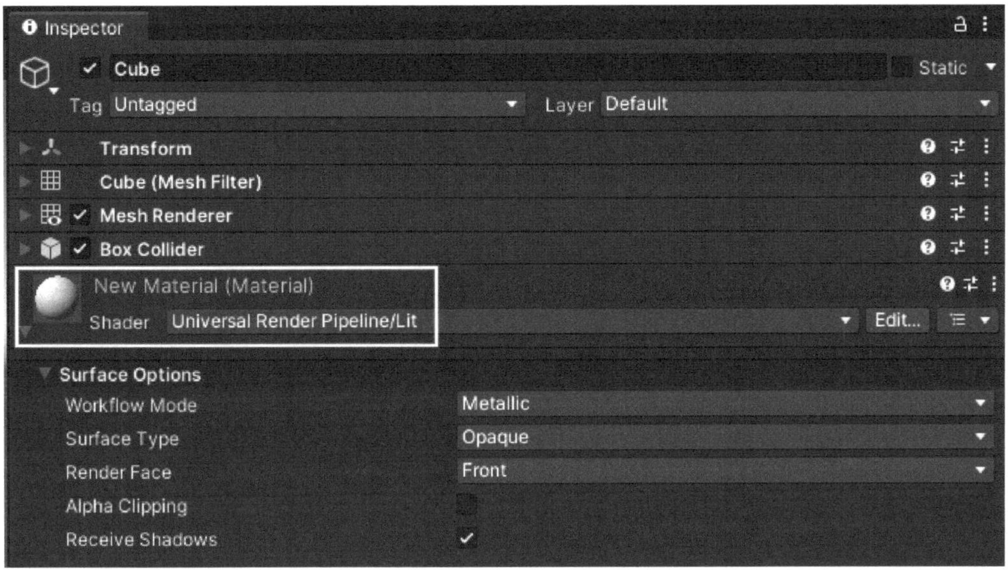

图 3.2-8　查看材质

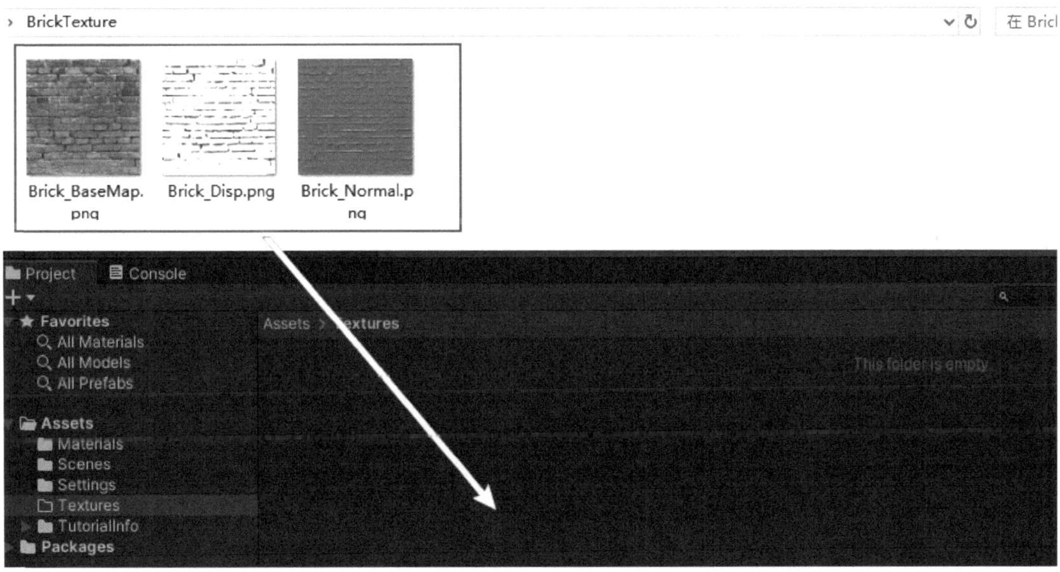

图 3.2-9　拖入贴图

第五步，分别将 Brick_BaseMap、Brick_Disp、Brick_Normal 拖放到立方体材质的 Base Map、Height Map、Normal Map 中，这里每拖入一张贴图，就可以观察到立方体材质的变化，如图 3.2-10 所示。

第六步，通过调整 Tiling 的数值，可以缩放贴图。比如将 X 和 Y 的值都设置为 2，可以看到贴图更加密集了，如图 3.2-11 所示。

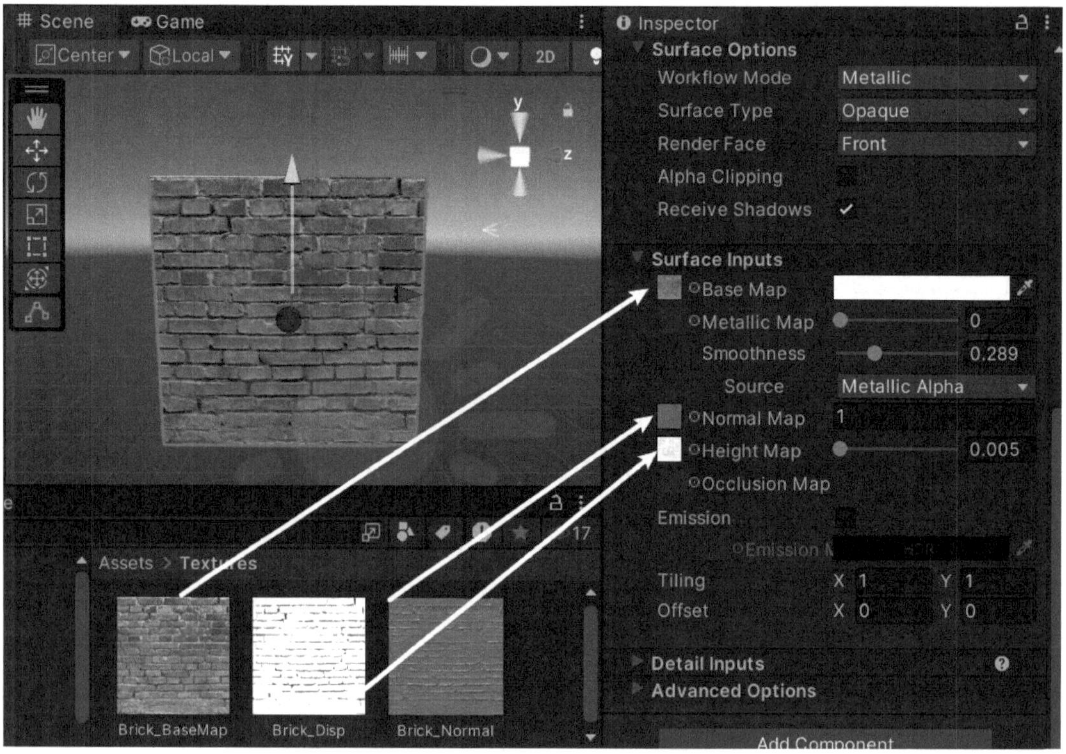

图 3.2-10　将贴图拖入材质

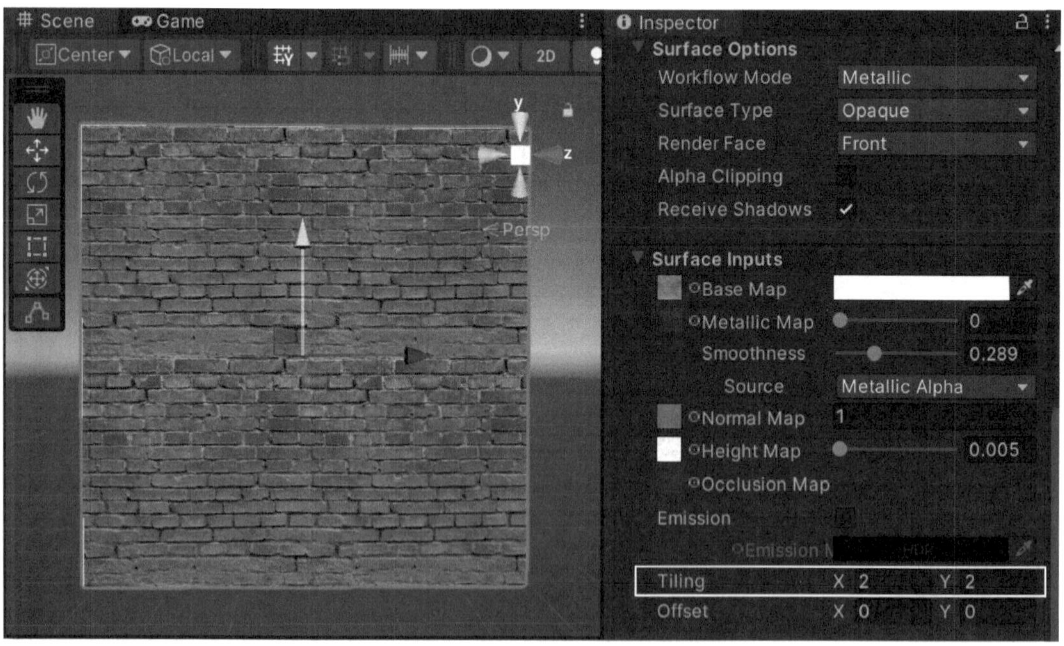

图 3.2-11　调整 Tiling 值

3.3 发光材质的制作

制作数字孪生项目时，除了写实的 PBR 材质，另外一种常见的材质就是发光材质，接下来将介绍如何制作发光材质。

3.3.1 材质的选择

继续采用 3.2.2 节中的 Universal Render Pipeline/Lit 材质类型。

3.3.2 发光材质的参数设置

为了使材质发光，需要勾选材质属性面板 Surface Inputs 中的 Emission 选项，如图 3.3－1 所示。

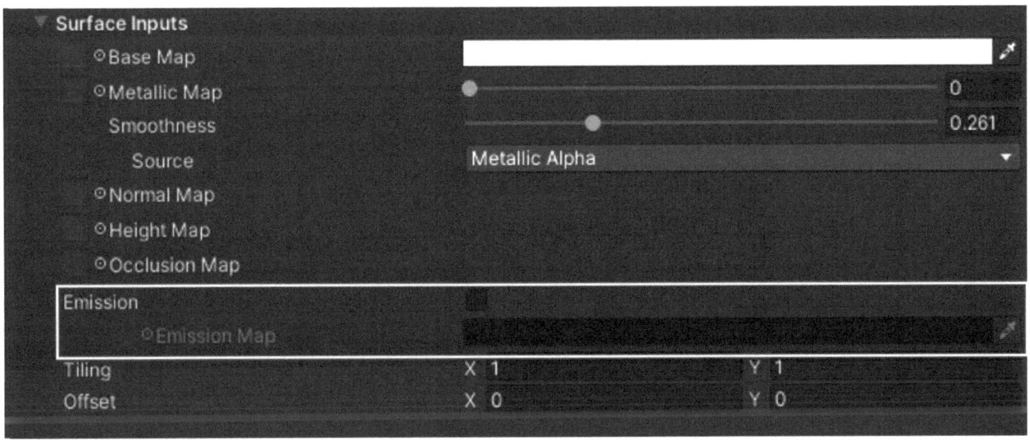

图 3.3－1 Emission 选项

3.3.3 实例：发光材质的制作

第一步，在 3.2.1 节的 ProjectMaterial 中，选择菜单栏中的 File→New Scene 新建一个场景，如图 3.3－2 所示，选择 Basic(URP)，然后单击 Create 按钮，如图 3.3－3 所示。

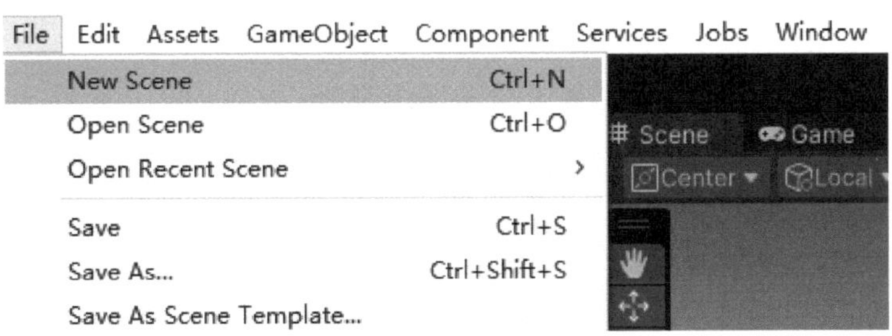

图 3.3－2 新建场景

第二步，按 Ctrl＋S 键，将刚创建的场景保存下来，推荐将其保存到 Scenes 文件夹下，并且命名为“BloomScene”，如图 3.3－4 所示。

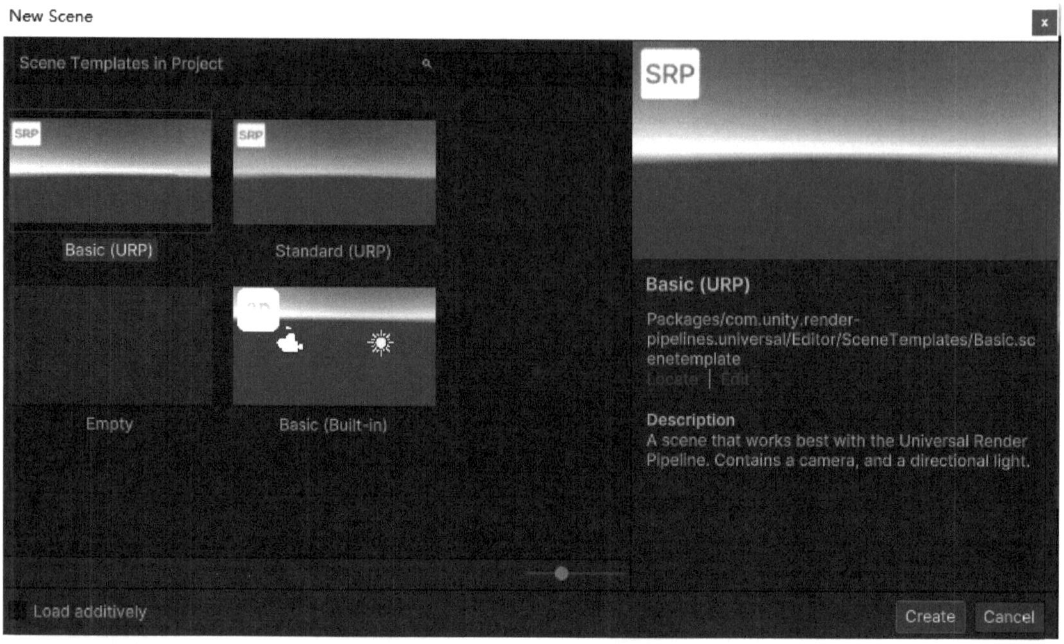

图 3.3－3　选择 Basic(URP)场景

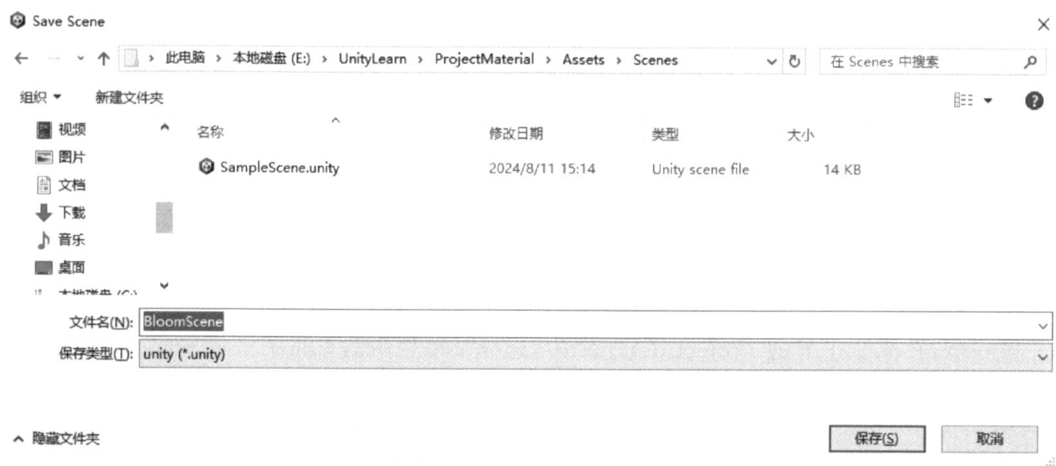

图 3.3－4　保存场景

第三步，在 Materials 文件夹下，新建一个名为“Bloom”的材质，如图 3.3－5 所示，并将其类型设置为 Universal Render Pipeline/Lit，如图 3.3－6 所示。

第四步，勾选材质属性中的 Emission 选项，开启发光效果，如图 3.3－7 所示。

第五步，对 Emission Map 右侧的 HDR 颜色进行修改，这里将其调整为发黄色光的效果，如图 3.3－8 所示。

第六步，在场景中，创建一个立方体，然后将 Bloom 材质拖入 Add Component 按钮所在区域内，最终得到的效果如图 3.3－9 所示。

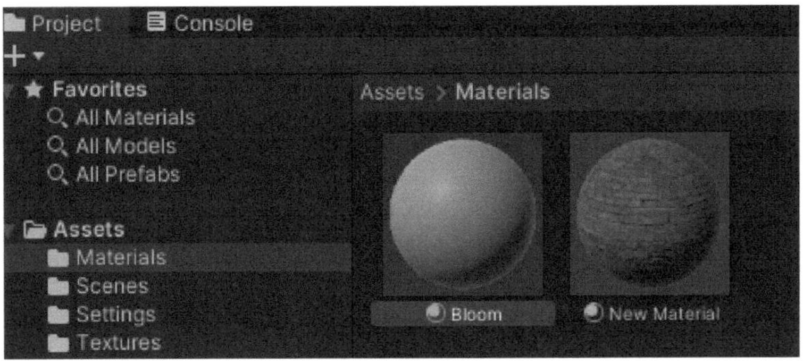

图 3.3－5　新建材质

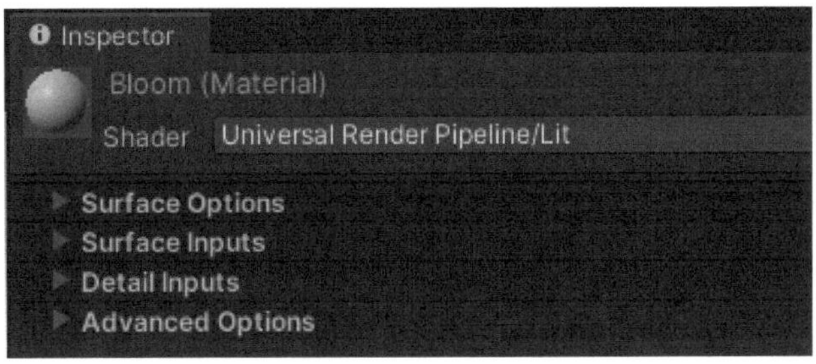

图 3.3－6　设置材质类型

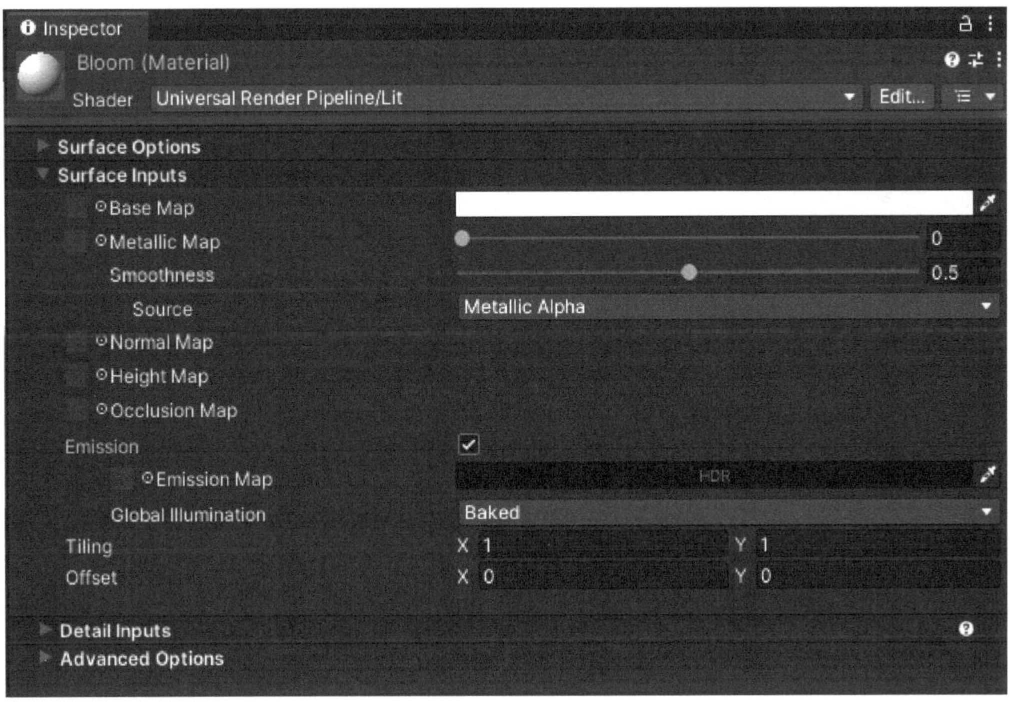

图 3.3－7　开启发光效果

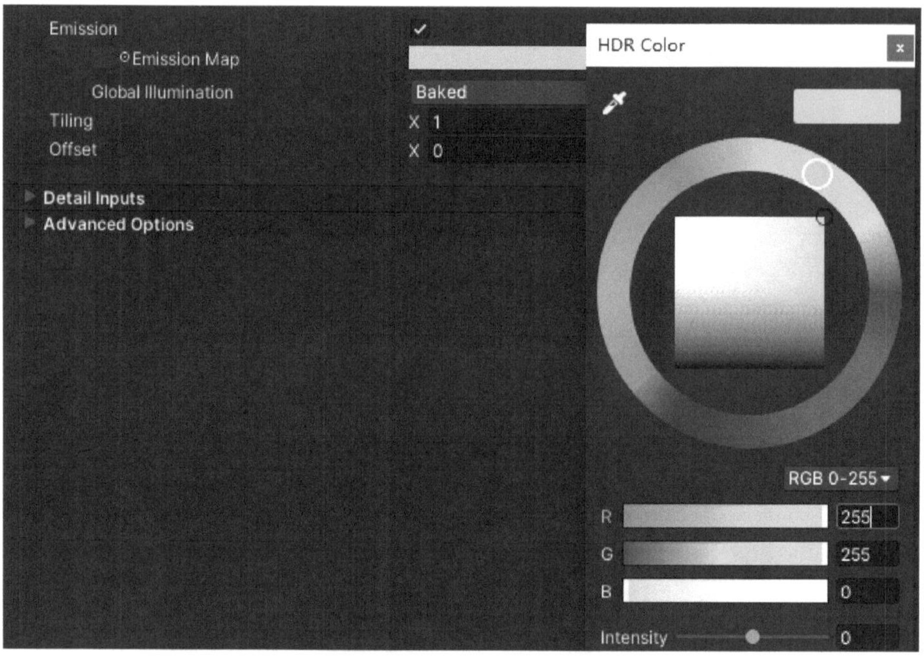

图 3.3-8 调整 HDR 颜色

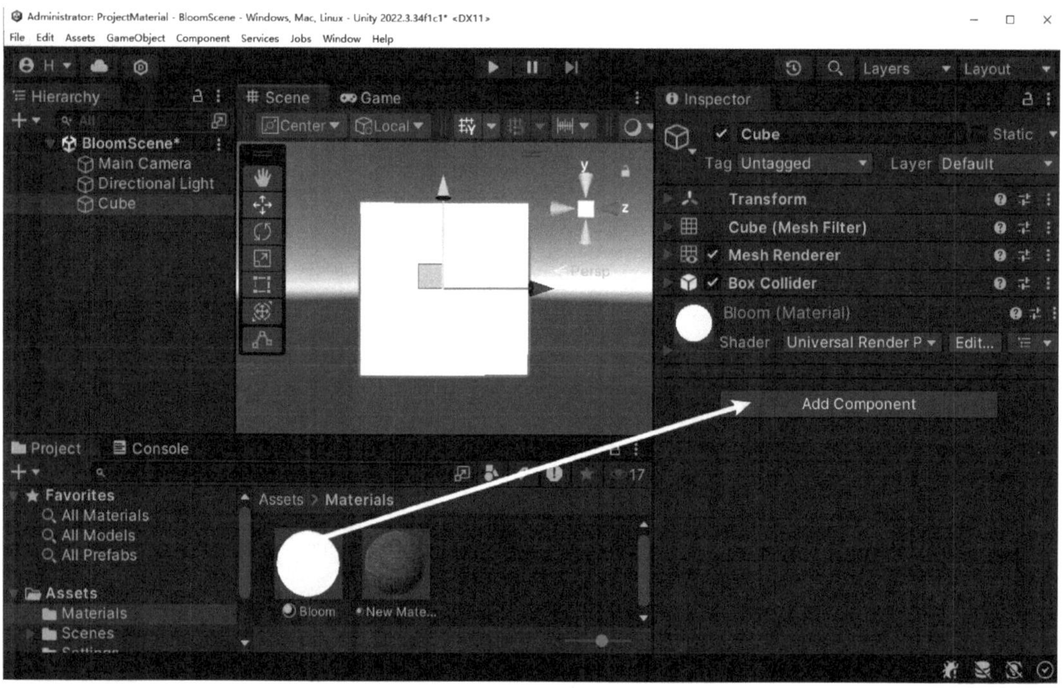

图 3.3-9 拖入材质

然而，在拖入发光材质后，立方体并没有出现发光的效果，这是因为在 Unity URP 中，还需要添加一个后处理效果才能实现材质的发光效果。

第七步，在 Hierarchy 视图中右击，选择 Volume→Global Volume，创建 Global Volume

(后处理组件),如图 3.3 - 10 所示。

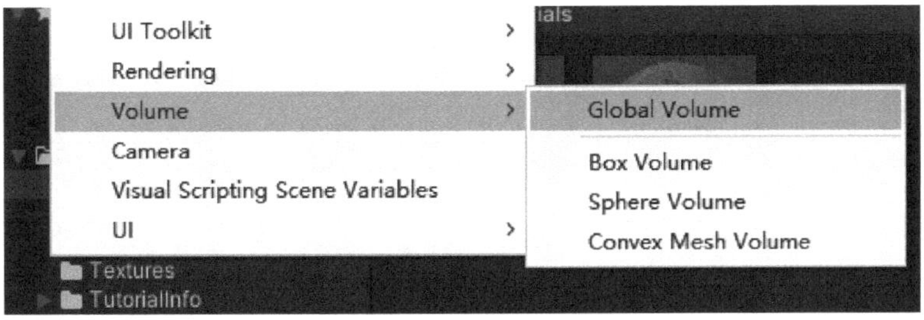

图 3.3 - 10　创建 Global Volume

第八步,选中 Global Volume,在 Inspector 视图的 Volume 界面上单击 New 按钮创建 Profile(配置文件),如图 3.3 - 11 所示。

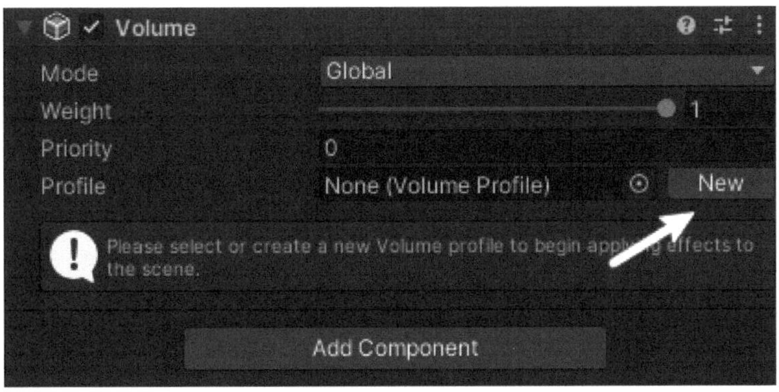

图 3.3 - 11　创建 Profile

第九步,在 Volume 界面单击 Add Override 按钮,在搜索栏中搜索 Bloom,添加 Bloom 发光效果,如图 3.3 - 12 所示。

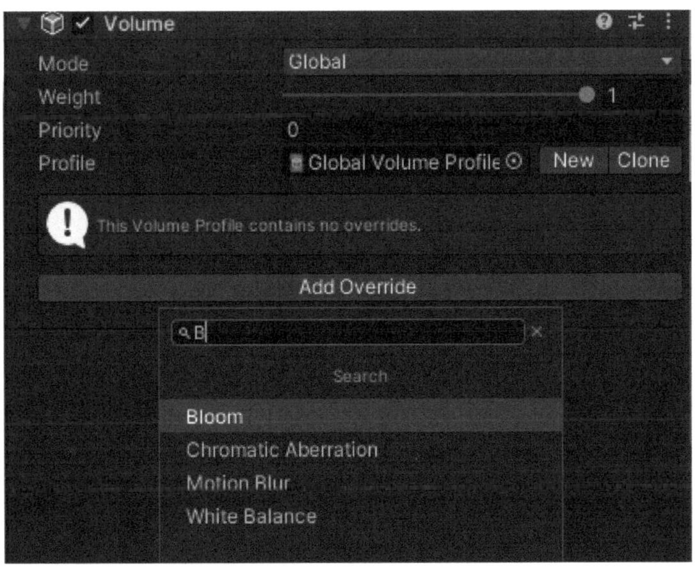

图 3.3 - 12　添加 Bloom 发光效果

第十步，勾选 Bloom 的 Intensity 属性，调高 Intensity 的值，就可以看到发光效果了，如图 3.3－13 所示。

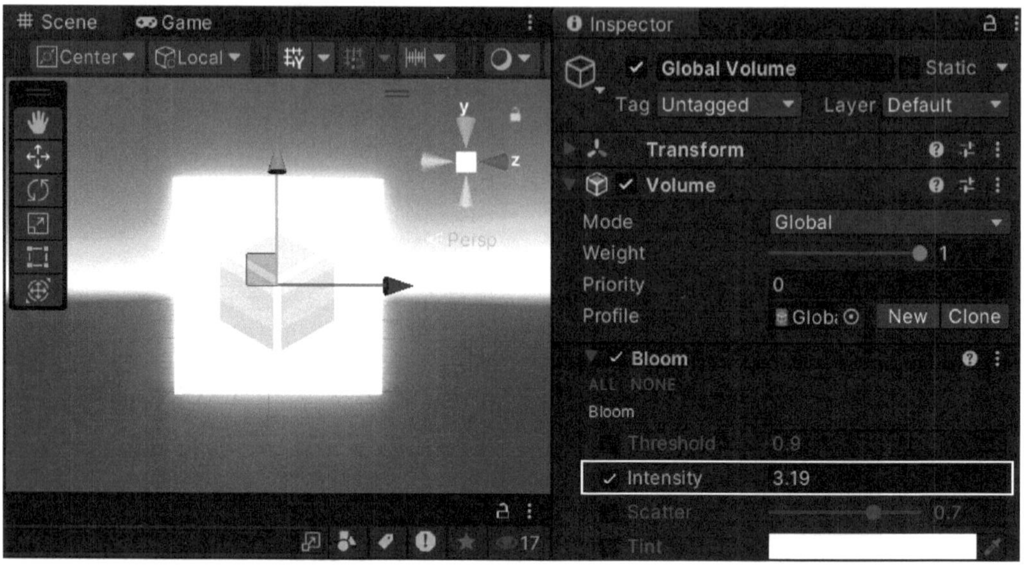

图 3.3－13　调整发光强度

3.4　综合实例 2：多种类型材质的探索与使用

为了进一步学习材质的使用，这里将会以 Unity 官方的 URP Sample 项目样板为例进行说明，这个项目样板中包含了四个风格的场景，有很多类型的材质，非常值得初学者去研究和学习。

第一步，在 Unity 中选择 Universal 3D sample 新建项目，然后将项目名称改为“ProjectURPSample”，如图 3.4－1 所示。

第二步，创建完项目后，选中 Assets → Scenes → Terminal 文件夹，双击打开 TerminalScene.unity，如图 3.4－2 所示。

第三步，单击▶按钮，在 Game 视图中按 W、A、S、D 键实现视角的前、左、后、右方向的移动，移动鼠标实现视角的旋转，先感受一下这个场景的视角变化。

第四步，单击▶按钮退出运行状态，如图 3.4－3 所示。选中场景中的金属栏杆，如图 3.4－4 所示，可以在属性面板中查看金属材质的制作方法，这里只用了一张金属贴图，Base Map（漫反射）采用纯色控制。如果要做其他颜色的金属材质，只需要改一下颜色即可。

第五步，选中场景中的混凝土平台，可以在属性面板中查看混凝土材质是如何制作的，如图 3.4－5 所示。这里用了多张贴图来制作混凝土材质的效果，在实际开发中，如果场景不需要做得很细，其实一张漫反射贴图也可以达到混凝土材质的初步效果。此外贴图多也会增加场景的性能开销，在开发时，美观和性能都是要考虑的因素。

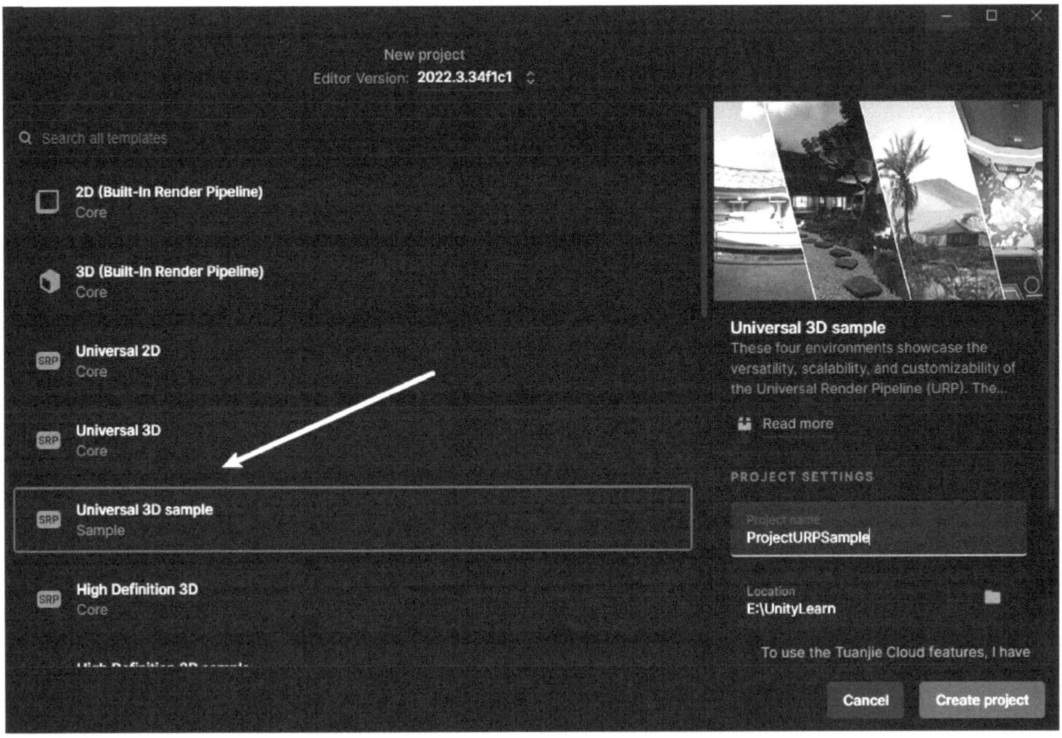

图 3.4-1　新建项目

图 3.4-2　打开 TerminalScene 场景

图 3.4-3 退出运行状态

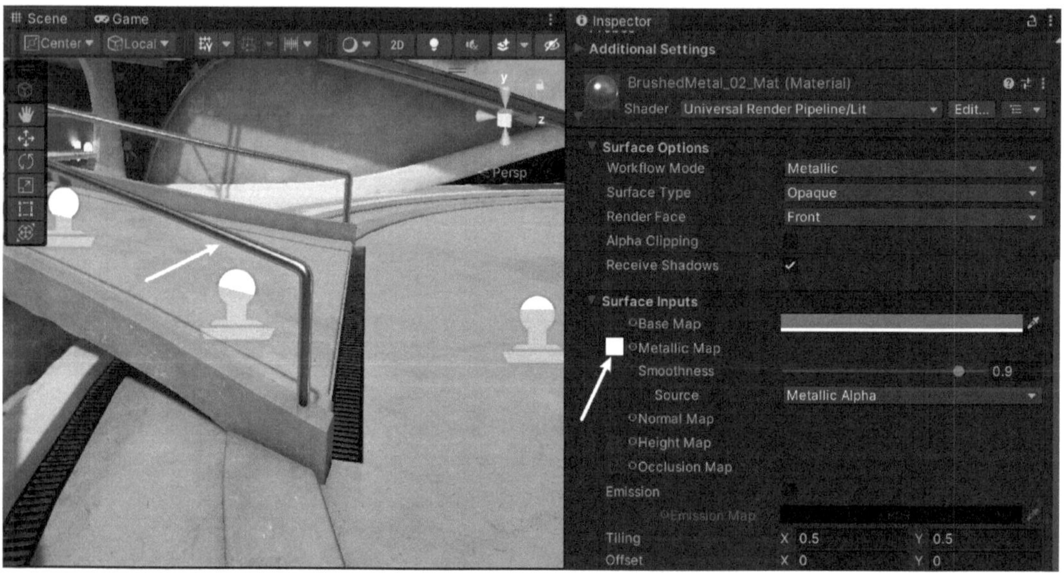

图 3.4-4 金属材质

当只保留了 Base Map 的贴图，移除其他贴图时，可以看到材质的显示效果差别不是很大，如图 3.4-6 所示。

第六步，选中场景中的玻璃，如图 3.4-7 所示，可以看到属性中的 Surface Type(表面类型）为 Transparent(透明)类型，然后可以通过漫反射的颜色来控制玻璃的颜色，这就是一个简单实现玻璃材质效果的思路。

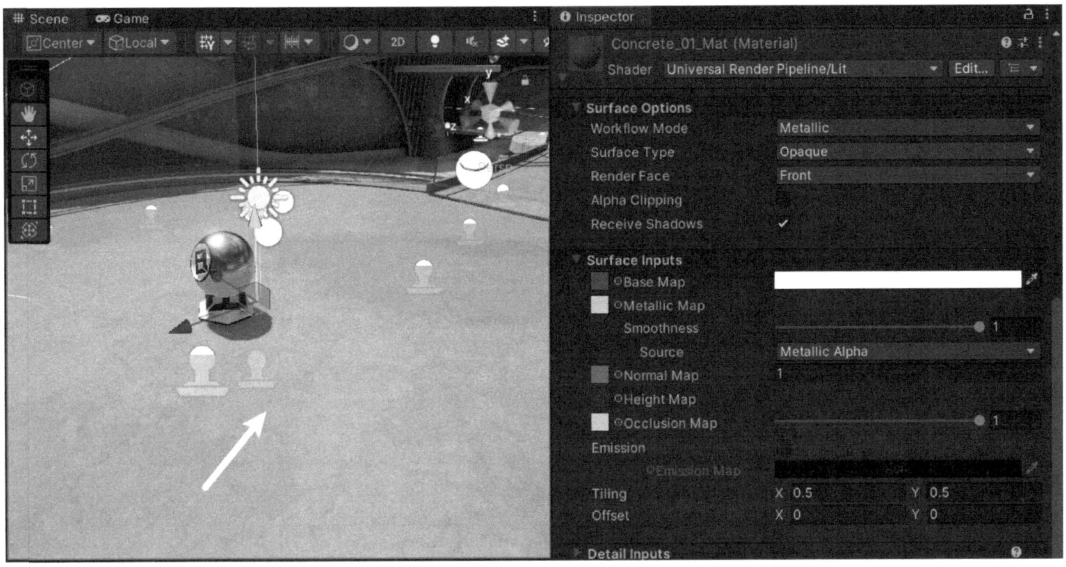

图 3.4 - 5　混凝土材质

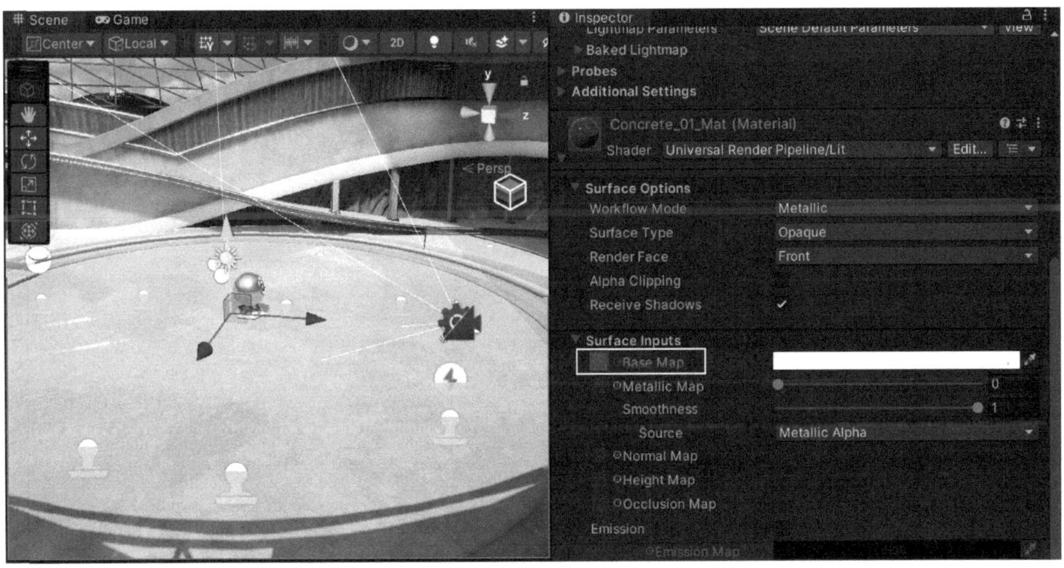

图 3.4 - 6　只保留漫反射贴图

第七步，选中场景中的水，如图 3.4 - 8 所示，在右侧属性面板的 Edge Color 属性中，可以调整水的颜色。

第八步，在 Assets→Terminal→Art→ Architechture→Materials 文件夹中，可以看到还有一些其他的材质(通过右下角的滑块可以调整文件显示效果)，如图 3.4　9 所示。读者可以自行研究每一种类别的材质是如何制作的。

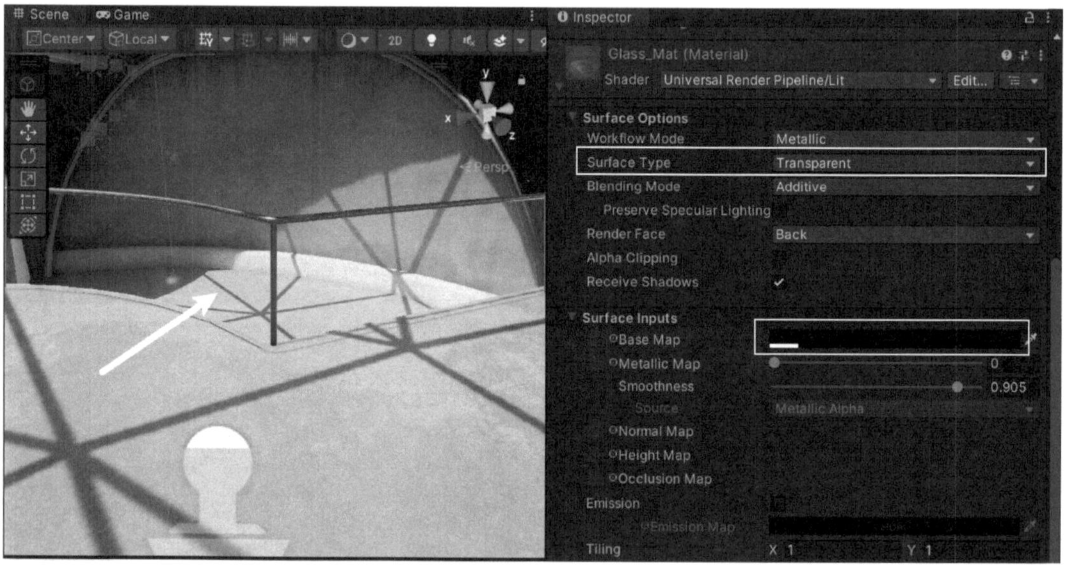

图 3.4-7　玻璃材质

图 3.4-8　水材质

技巧　右击材质，选择 Find References In Scene，就可以看到场景中哪些模型用了这个材质，如图 3.4-10 所示。

从已有的项目学习是一种更高效的学习方式，本综合实例旨在给读者分享快速学习材质制作的思路和方法。

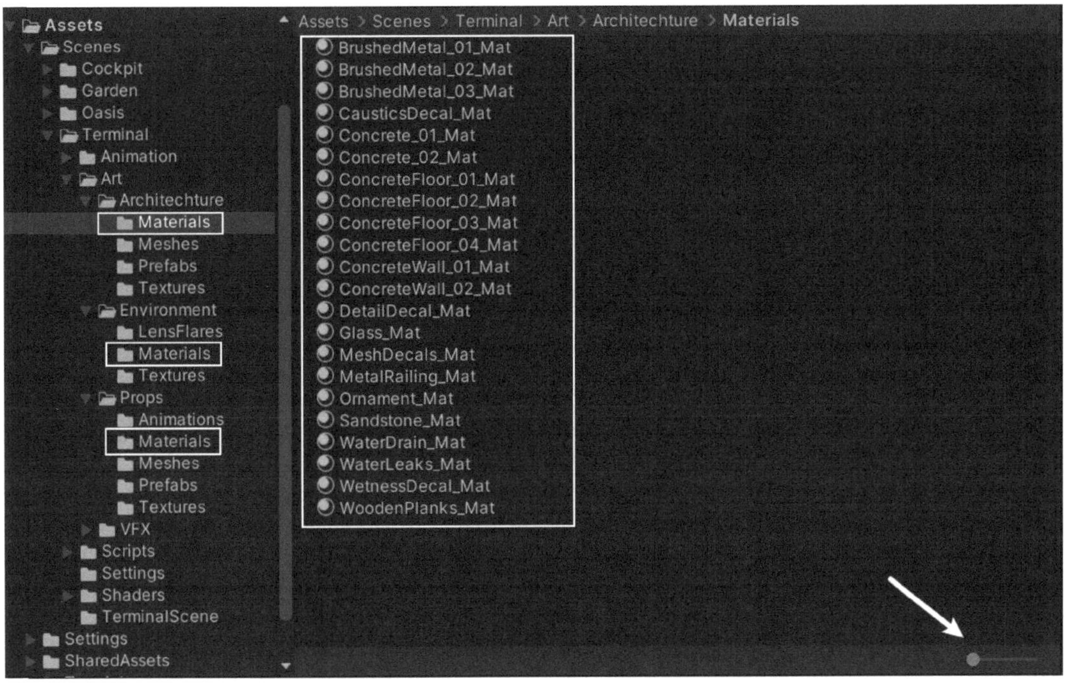

图 3.4－9　项目材质

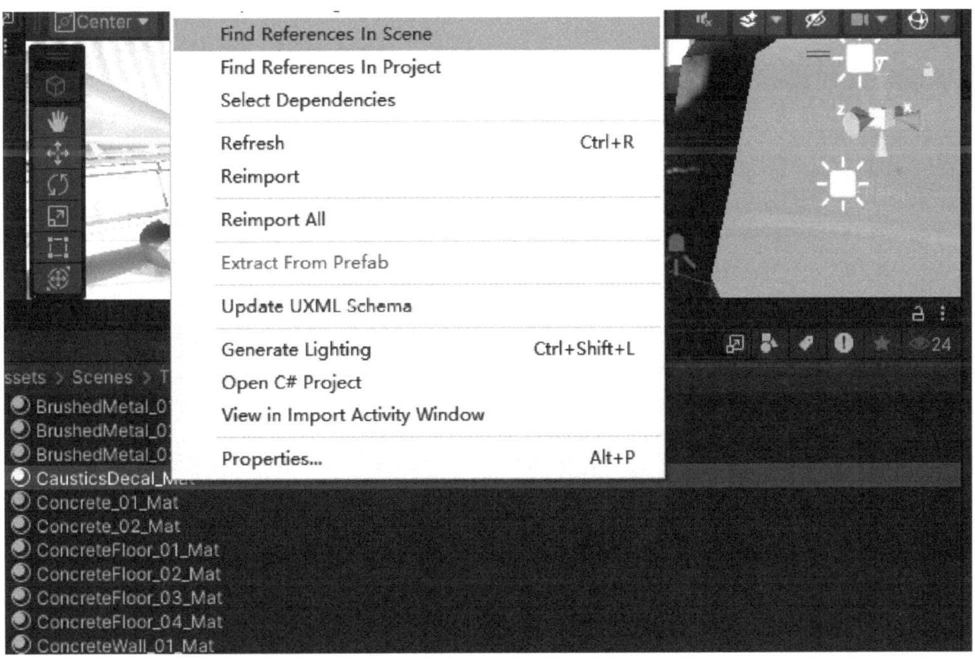

图 3.4－10　查找材质引用

第 4 章

基础知识篇之 C# 脚本基础

在 3D 场景搭建完成之后，通常需要通过 C# 脚本来实现与场景的交互。本章介绍了 C# 语言的基础知识及其在 Unity 中的使用方式，对于想深入使用 C# 脚本的读者，建议再去系统学习一下 C# 这门编程语言。

4.1 Unity 开发方式的选择

目前 Unity 开发主要有 C# 脚本编程和 Bolt 可视化编程两种方式，对于数字孪生项目而言，通常采用 C# 脚本开发的方式。

4.1.1 C# 编程语言

C# 是微软推出的一种基于.NET 框架、面向对象的高级编程语言，广泛地应用在桌面开发、游戏开发等领域。

4.1.2 可视化编程语言

Bolt 是一种基于 Unity 的可视化编程插件，通过可视化节点连接的方式来完成开发。

4.2 Unity 默认脚本介绍

新建一个 URP 的项目，取名为"ProjectCode"，如图 4.2-1 所示。

在 Assets 文件夹下，新建一个文件夹并将其命名为"Scripts"，如图 4.2-2 所示。右击 Scripts 文件夹，选择 Create → C# Script，新建一个 C# 脚本文件，并将其命名为"ScriptLearn"，如图 4.2-3、图 4.2-4 所示。

双击打开脚本，Unity 默认创建的脚本的整体结构如图 4.2-5 所示，共分为四个部分。接下来对各部分分别进行介绍。对于想详细了解 C# 编程语言的读者，建议去系统学习一下相关教程。

4.2.1 命名空间

命名空间用于分类和区分不同的代码功能。可以用文件夹的概念来辅助理解命名空间的

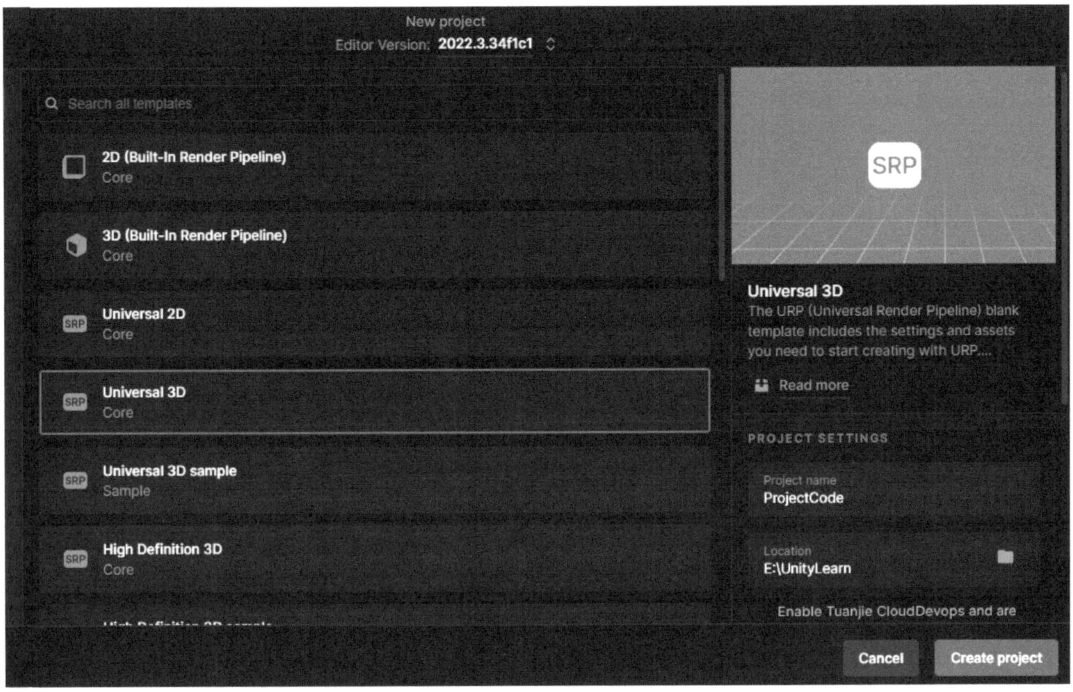

图 4.2－1　新建项目

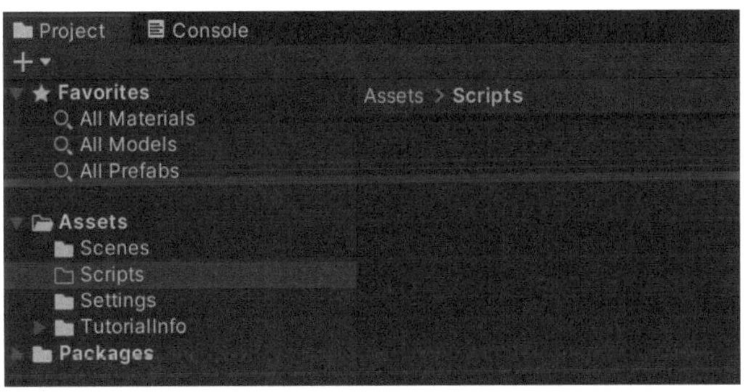

图 4.2－2　新建 Scripts 文件夹

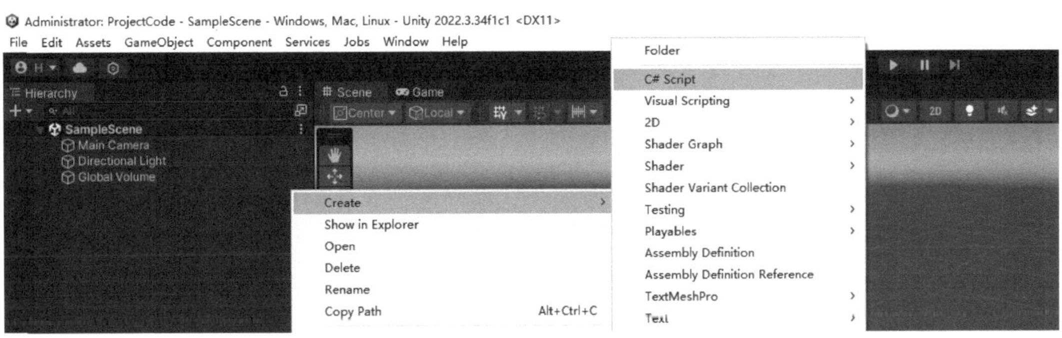

图 4.2－3　创建 C# 脚本文件

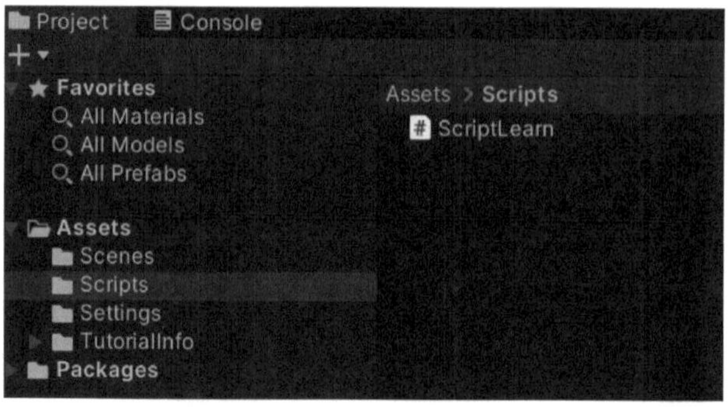

图 4.2-4　C# 脚本文件

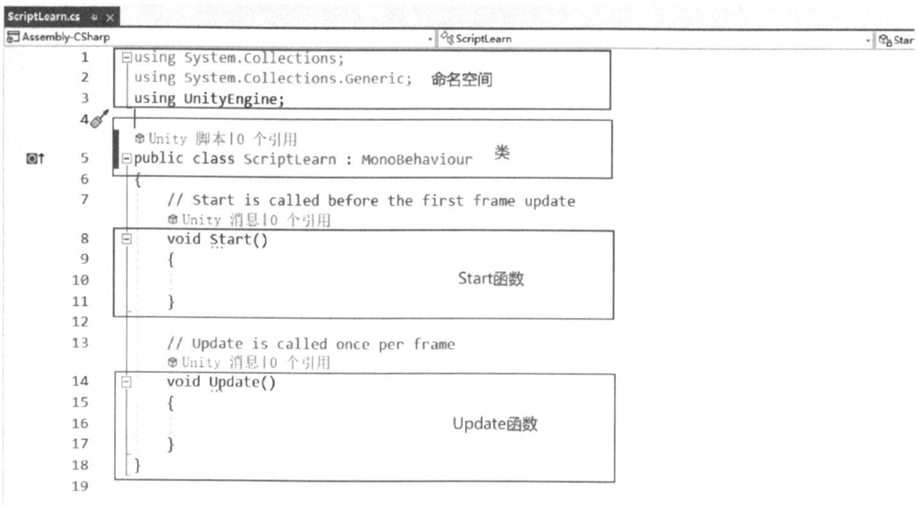

图 4.2-5　C# 脚本结构

涵义。比如一个文件夹下可以包含多个子文件夹，同级子文件夹的名字不能一样，但是不同文件夹下的子文件夹名字可以一样，如图 4.2-5 所示。

第一行表示引用了 System. Collections 命名空间，该命名空间包含定义了各种对象集合（如列表、队列、数组、哈希表和字典）的接口和类。

第二行表示引用了 System. Collections. Generic 命名空间，该命名空间包含定义了泛型集合的接口和类。

第三行表示引用了 UnityEngine 命名空间，该命名空间包含定义了在数字孪生项目开发时用到的主要接口和类。

4.2.2　类

类用于描述对象的属性和行为，其本质是具有共同特征事物的抽象。图 4.2-5 中，这个 ScriptLearn 就是 Unity 为用户自动创建的类，里面包含了 Start 和 Update 两个方法函数。

4.2.3　Start 函数

函数是完成某项功能的一种方式，图 4.2-5 中的 Start 函数在程序的第一帧更新之前调用，通常用于对象的初始化。

4.2.4　Update 函数

程序的每一帧都会调用图 4.2－5 中的 Update 函数，其常用于输入检测、移动物体、碰撞检测等功能。

4.2.5　实例：控制台输出 Start 函数和 Update 函数运行的结果

第一步，在 ScriptLearn 脚本的 Start 函数和 Update 函数中输入以下代码，然后按 Ctrl＋S 键保存。

```
void Start()
{
    Debug.Log("Start 函数执行");
}
void Update()
{
    Debug.Log("Update 函数执行");
}
```

第二步，在场景中创建一个立方体，操作可参考 2.2.6 节。

第三步，选中这个立方体，将 ScriptLearn 脚本拖放到 Inspector 视图的 Add Component 按钮所在的区域内，如图 4.2－6 所示。

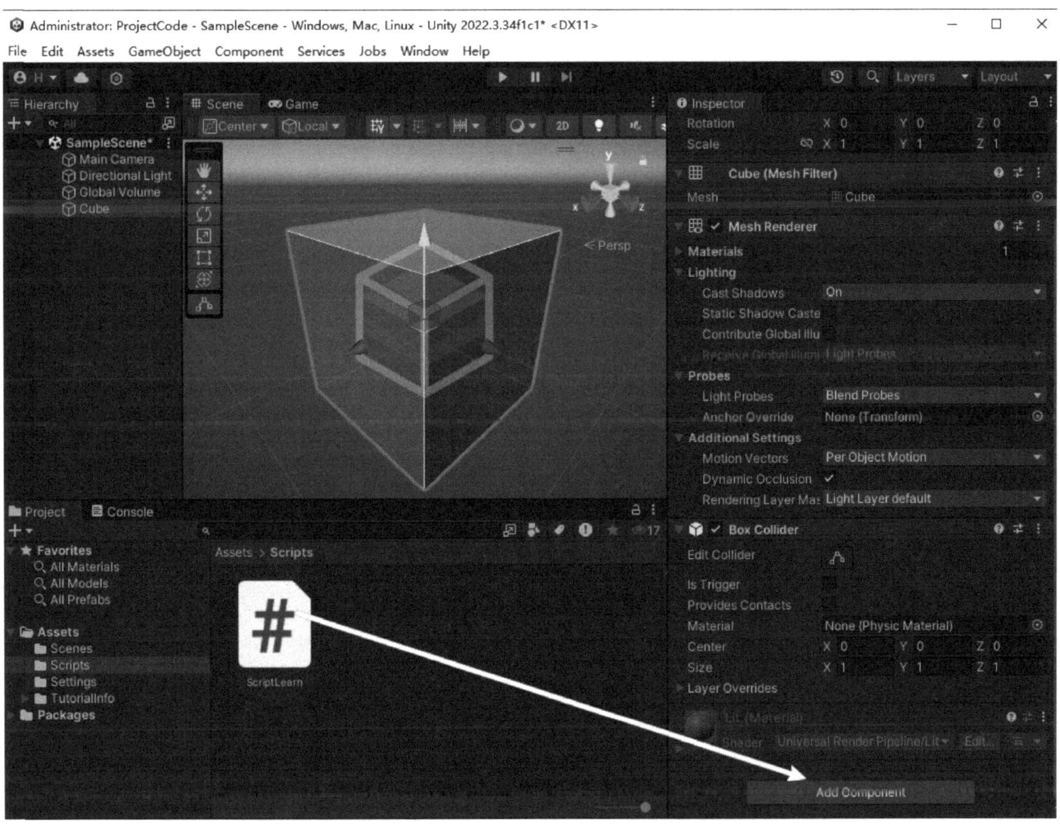

图 4.2－6　拖入脚本

第四步，单击▶按钮执行脚本，如图 4.2－7 所示。

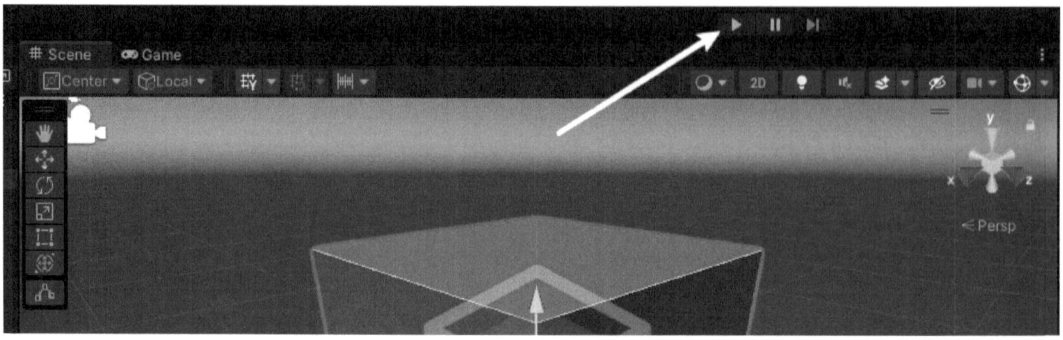

图 4.2－7　运行项目

第五步，得到如图 4.2－8 所示结果。

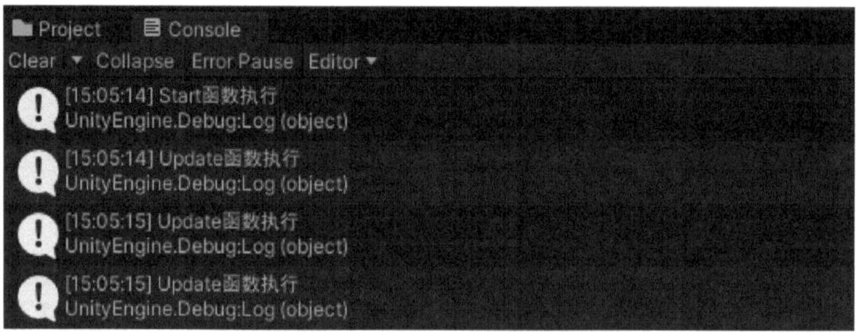

图 4.2－8　脚本执行结果

4.3　C# 常见变量类型及使用

4.3.1　变量类型

在 C# 程序中，常见的变量类型包括以下几种：

- 整型(int)：表示整数。
- 浮点型(float/double)：表示小数，其中 float 为单精度浮点数，double 为双精度浮点数。
- 布尔类型(true/false)：表示逻辑真或假。
- 字符串类型(string)：表示文本数据。

4.3.2　变量的使用

以整型为例，来介绍变量的初步使用，常见的数学运算读者都能通过程序实现。

```
int a = 1;          //定义了一个名字为 a 的整型变量，并且将其值赋为 1
int b = 2;          //定义了一个名字为 b 的整型变量，并且将其值赋为 2
int c = a + b;  //定义了一个名字为 c 的整型变量，并且将 a + b 的值赋给 c
```

4.3.3　实例:用键盘输出定义变量的值

第一步,在 4.2 节创建的 ProjectCode 项目下新建一个脚本,取名为“ScriptKeyOutPut”。

第二步,打开脚本,输入以下代码,按 Ctrl+S 键保存。

```
1.  public class ScriptKeyOutPut : MonoBehaviour
2.  {
3.      public int a = 1;                          //定义一个名称为 a 的公共变量
4.      private int b = 2;                         //定义一个名称为 b 的私有变量
5.      void Start()
6.      {
7.      }
8.      void Update()
9.      {
10.         if (Input.GetKeyDown(KeyCode.Space))   //判断是否按下了空格键
11.         {
12.             Debug.Log("您按下了空格键");
13.             Debug.Log( $"定义的 a 的值为{a}");
14.             Debug.Log( $"定义的 b 的值为{b}");
15.         }
16.     }
17. }
```

代码第 3 行中的 public 指的是公开变量,外部也可以访问这个变量;代码第 4 行中的 private 指的是私有变量,只有这个类本身可以访问这个变量。在后面的步骤中,读者将直观地看到 public 和 private 的区别。

第三步,为了不影响新创建脚本的执行,取消勾选之前放到立方体上的 ScriptLearn 脚本,这样它就不再执行,如图 4.3-1 所示。

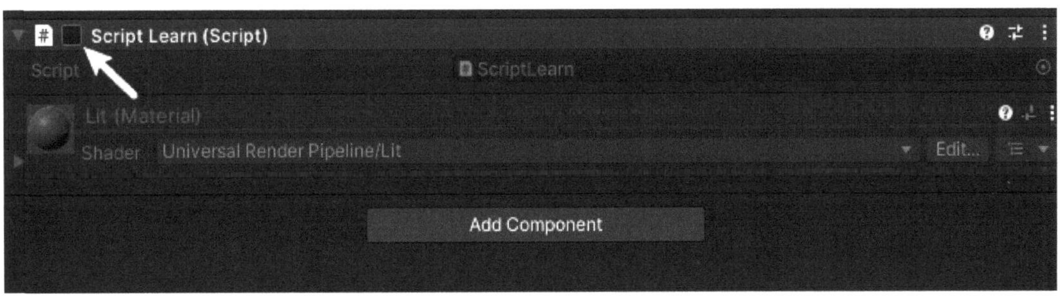

图 4.3-1　取消 ScriptLearn 脚本勾选

第四步,将新创建的 ScriptKeyOutPut 脚本拖入 Add Component 按钮所在区域,如图 4.3-2 所示。

第五步,单击▶按钮运行脚本,再按一下空格键,就可以看到输出的结果,如图 4.3-3 所示。

第六步,单击▶按钮退出运行模式,会发现在属性面板中,出现了 a(在该界面变量字母默认变为大写字母)变量,如图 4.3-4 所示。这里将其值改为 3,如图 4.3-5 所示。

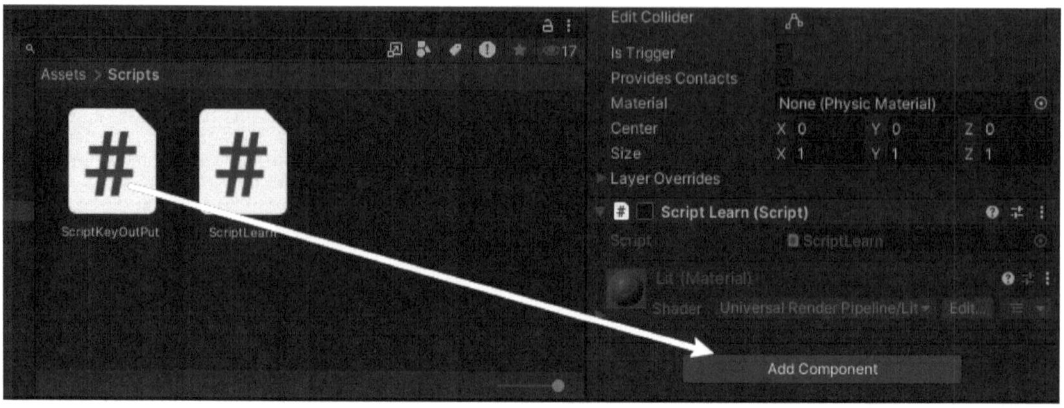

图 4.3－2　添加 ScriptKeyOutPut 脚本

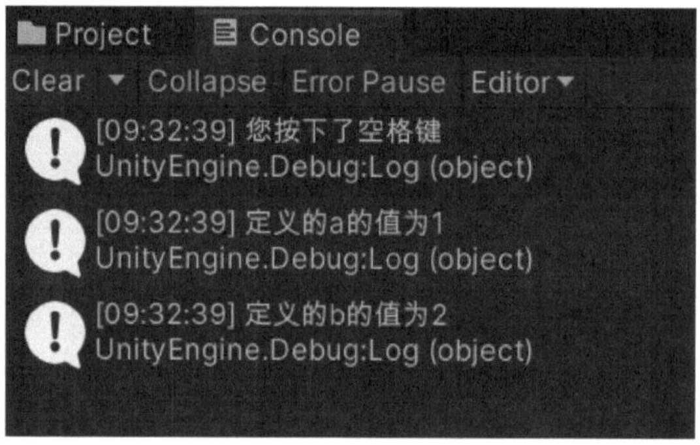

图 4.3－3　按键输出结果

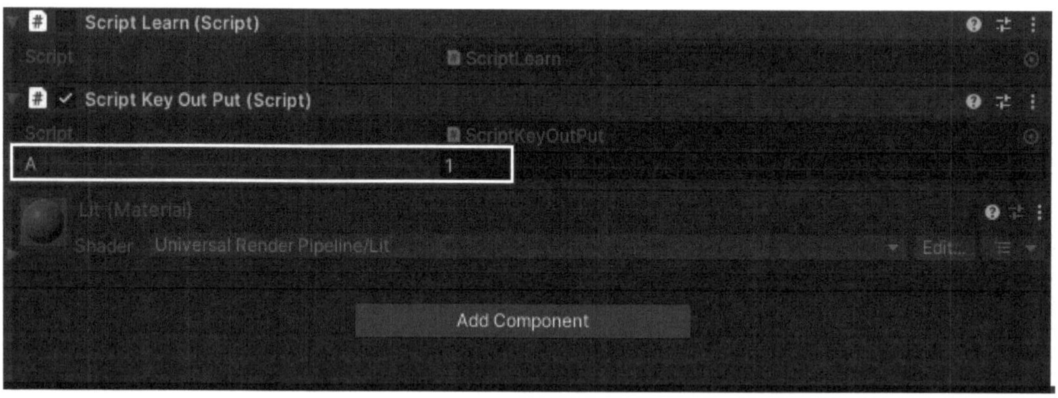

图 4.3－4　脚本中的 a 变量

第七步，再次单击▶按钮，再按下空格键，可以看到这里 a 输出的值就变为 3 了，如图 4.3－6 所示。

提示　public 修饰符修饰的变量 a，可以在 Unity 界面上也就是类的外部改变其值；而 private 修饰符修饰的变量 b，只能在类里面改变其值。

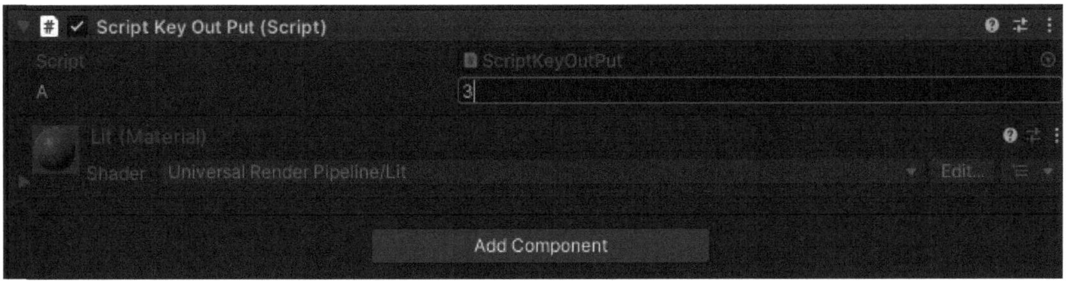

图 4.3-5　修改脚本中 a 变量的值

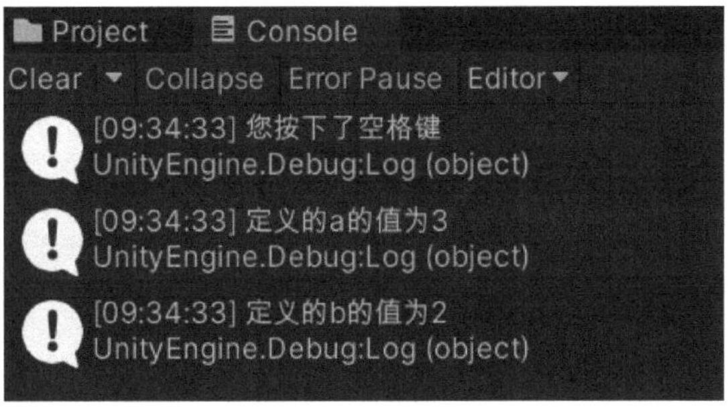

图 4.3-6　修改 a 变量值后的输出结果

4.4　C# 常见语句类型

就像学英文一样，前面介绍了基本的单词，接下来将介绍把单词连接起来的语法，也就是常见的 C# 语句类型。

4.4.1　判断语句

判断语句通常用来对条件做判断，满足条件时如何执行，以及不满足条件时又该如何执行。

1. 判断语句的使用

通常使用 if…else 语句来实现条件的判断。当存在两个分支时，代码如下：

```
if (条件) {
    //处理事件 1
}else {
    //处理事件 2
}
```

当存在三个或者多个分支时，代码如下：

```
if (条件 1) {
    //处理事件 1
}else if (条件 2) {
    //处理事件 2
```

```
}else {
    //处理事件 3
}
```

2. 实例:判断两个立方体谁更高

第一步,在 ProjectCode 项目的场景中再创建两个立方体分别命名为“CubeA”和“CubeB”,如图 4.4-1 所示。

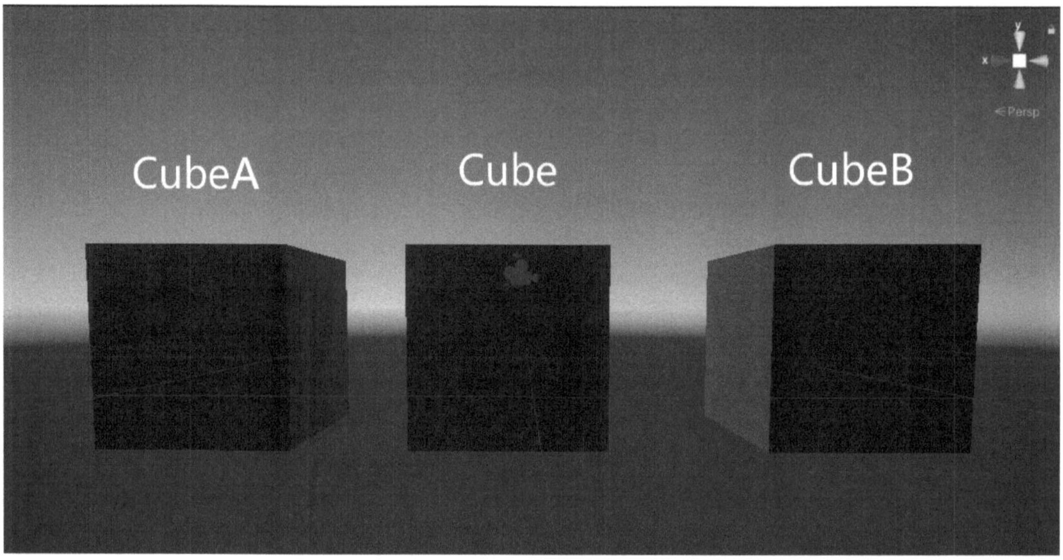

图 4.4-1 再创建两个立方体

- Cube 的 Transform 属性如下:
  Position X:0;Position Y:0;Position Z:0;
  Rotation X:0;Rotation Y:0;Rotation Z:0。
- CubeA 的 Transform 属性如下:
  Position X:1.7;Position Y:0;Position Z:0;
  Rotation X:0;Rotation Y:0;Rotation Z:0。
- CubeB 的 Transform 属性如下:
  Position X:-1.7;Position Y:0;Position Z:0;
  Rotation X:0;Rotation Y:0;Rotation Z:0。

第二步,调整 CubeB 的 Y 值(Position Y),将其设为 1,如图 4.4-2 所示。

第三步,创建新的 C# 脚本,取名为“ScriptCompareHeight”,内容为如下代码。因为在 Scene 视图中,已经对立方体的高度做了修改,所以这里只需要在 Start 函数里面做判断即可。

```
public class ScriptCompareHeight : MonoBehaviour
{
    public GameObject CubeA; //用于存储三维场景中的 CubeA 对象
    public GameObject CubeB; //用于存储三维场景中的 CubeB 对象
    void Start()
    {
```

```
            float CubeAHeight = CubeA.transform.position.y;  //获取 CubeA 的高度
            float CubeBHeight  =  CubeB.transform.position.y; //获取 CubeB 的高度
            if (CubeAHeight > CubeBHeight)  //比较 CubeA 和 CubeB 的高度
            {
              //如果 CubeA 比 CubeB 高条件判断为真,则输出"CubeA 比 CubeB 高"
                Debug.Log("CubeA 比 CubeB 高");
            }
            else
            {
              //如果 CubeA 比 CubeB 高条件判断为假,则输出"CubeA 比 CubeB 低"
                Debug.Log("CubeA 比 CubeB 低");
            }
        }
        void Update()
        {
        }
}
```

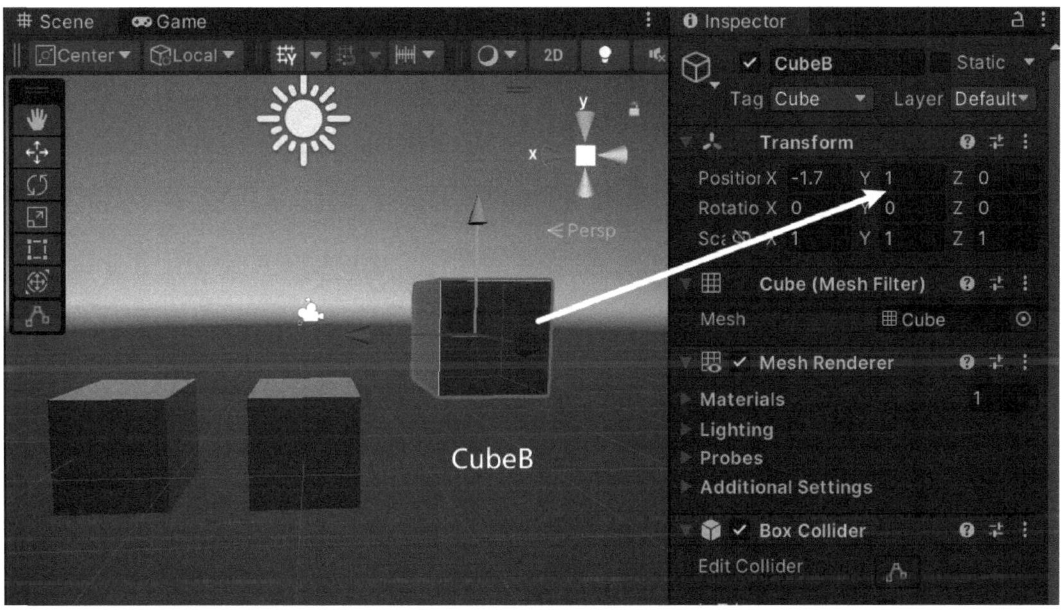

图 4.4－2　调整 CubeB 的 Y 值

第四步,取消勾选 Cube 上的 ScriptLearn 和 ScriptKeyOutPut 脚本,如图 4.4－3 所示,取消脚本的执行。

第五步,将刚创建的 ScriptCompareHeight 脚本拖入 Add Component 按钮所在区域内,如图 4.4－4 所示,为立方体 Cube 添加新脚本。

第六步,分别单击 ScriptCompareHeight 脚本上的⊙,如图 4.4－5 所示。在 Cube A 对应插槽选择立方体 CubeA,在 Cube B 对应的插槽选择立方体 CubeB,如图 4.4－6 所示。

最终得到的效果如图 4.4－7 所示。

第七步,单击▶按钮,程序运行的结果如图 4.4－8 所示。读者可以再自行调整 CubeA 和 CubeB 的高度,多做几次,加深对判断语句的理解。

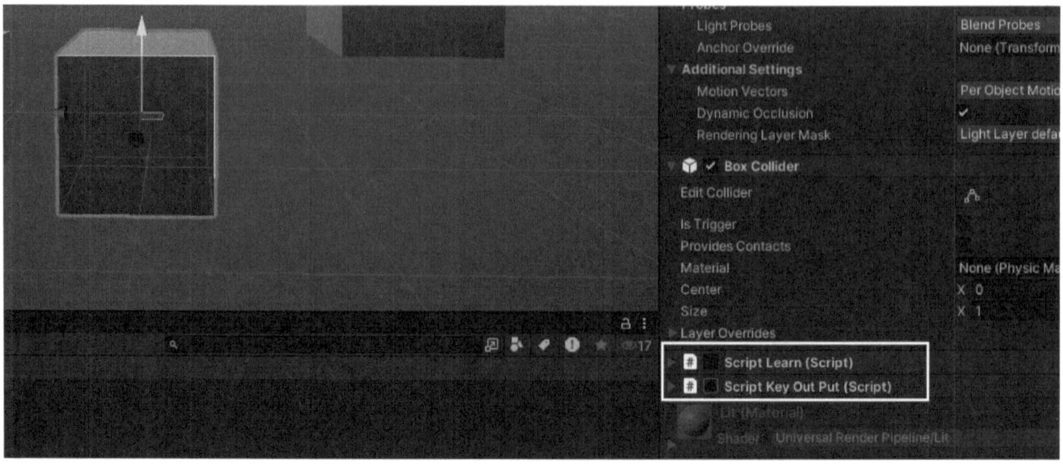

图 4.4-3　取消勾选脚本

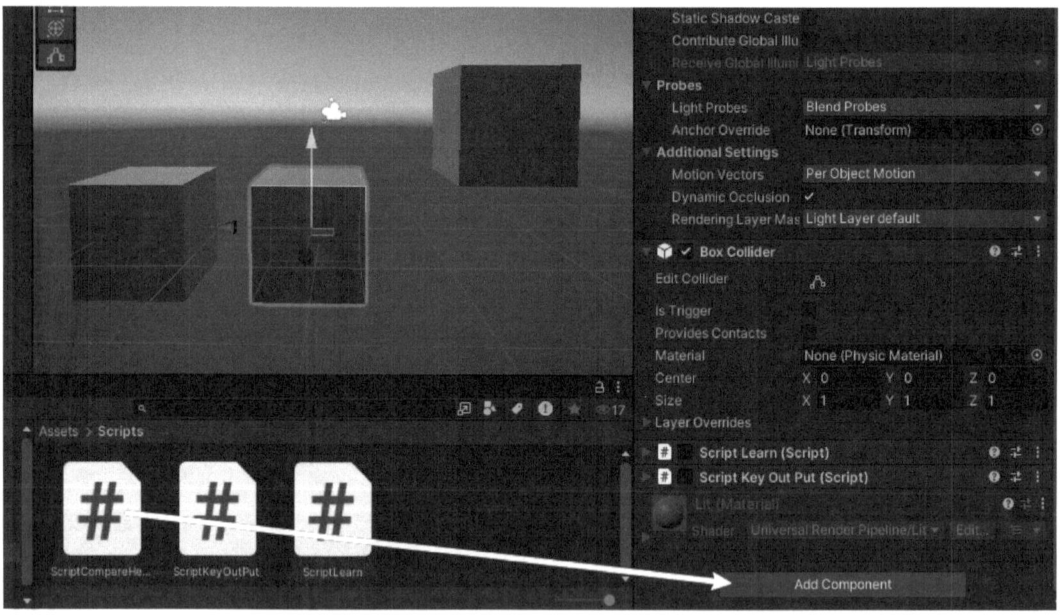

图 4.4-4　拖入脚本

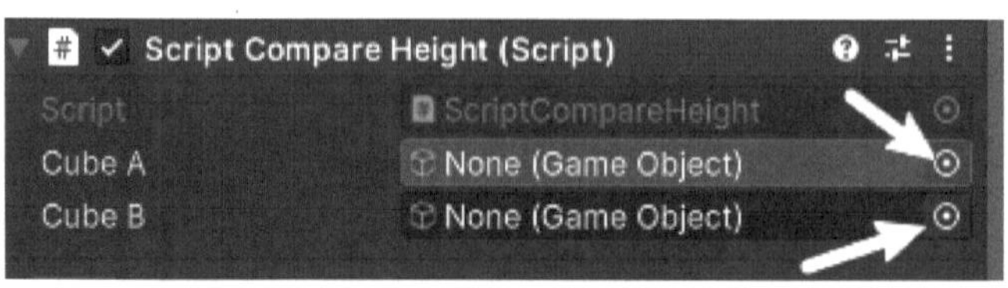

图 4.4-5　立方体插槽

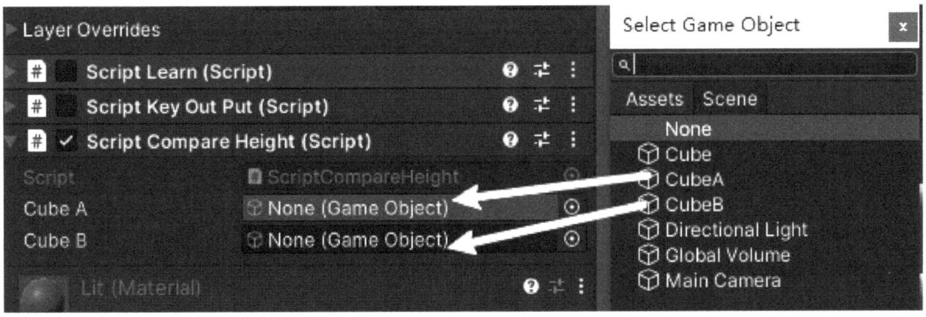

图 4.4-6　选择立方体

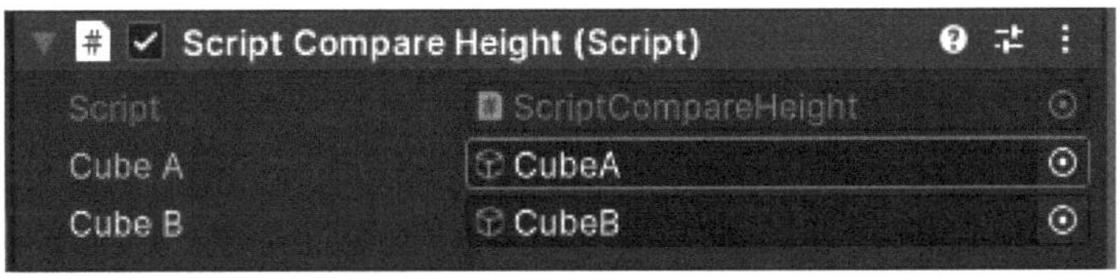

图 4.4-7　最终效果

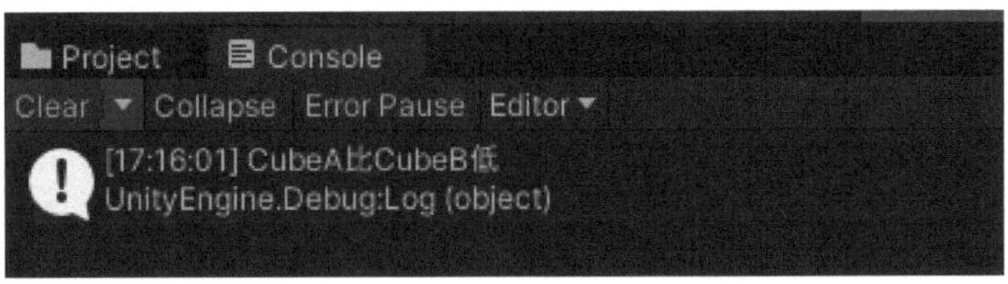

图 4.4-8　立方体高度判断结果

4.4.2　循环语句

当需要执行的操作类似或者相同时，可以采用循环语句。

1. 循环语句的使用

这里以常见的 for 循环语句为例进行说明。

```
for（ 初始值； 判断条件； 值变化）
{
    处理当前值下的事件
}
```

2. 实例：输出场景中所有立方体的名字

之前已经在 4.4.1 节的 ProjectCode 项目中创建了三个立方体，接下来将说明如何通过循环语句输出所有立方体的名字。

第一步，在 ProjectCode 项目的 Scripts 文件夹下，新增 ScriptLoop 脚本。

第二步，在 Hierarchy 视图中右击，选择 Create Empty，创建一个空的 GameObject，如图 4.4-9 所示。

第三步，将刚创建的 ScriptLoop 脚本拖入刚创建的 GameObject 的 Add Component 按钮

所在区域内，效果如图 4.4－10 所示。

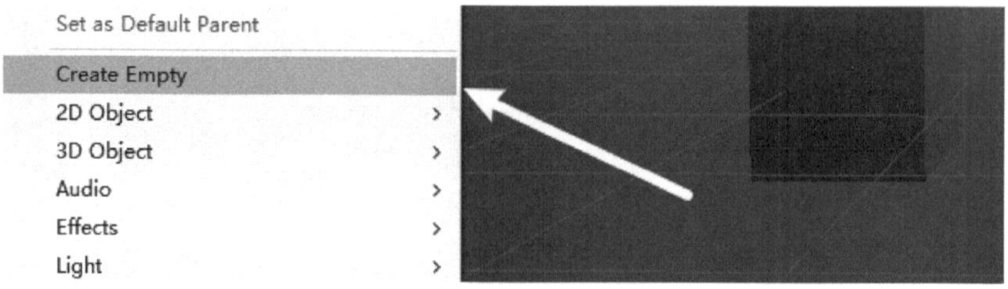

图 4.4－9　新建 GameObject

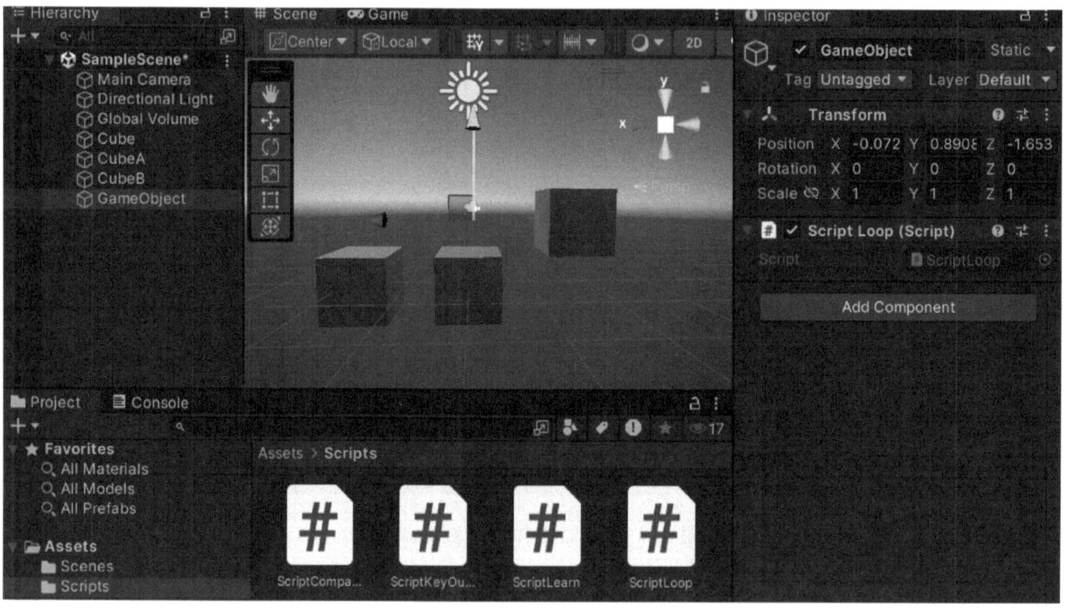

图 4.4－10　拖入脚本

第四步，选中 Hierarchy 视图中的 Cube，在 Inspector 视图的 Tag 下拉框下选择 Add Tag，如图 4.4－11 所示。

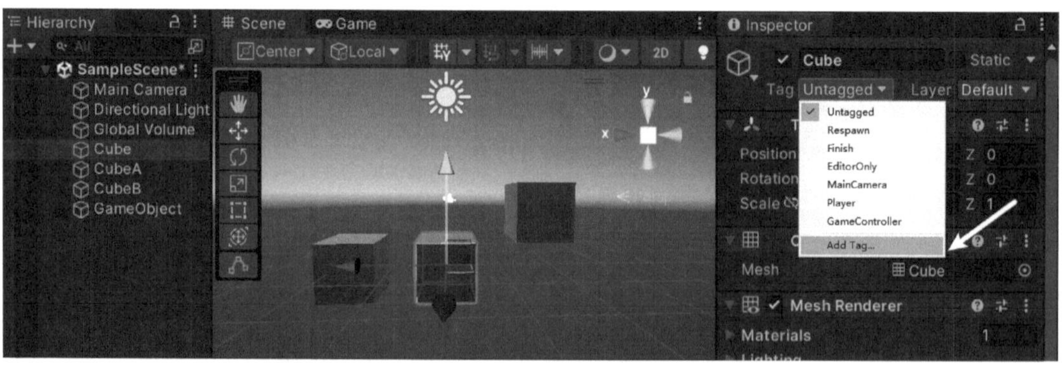

图 4.4－11　选择 Add Tag

第五步，在自动弹出界面的 Tags 下单击＋按钮增加 Tag，如图 4.4－12 所示。

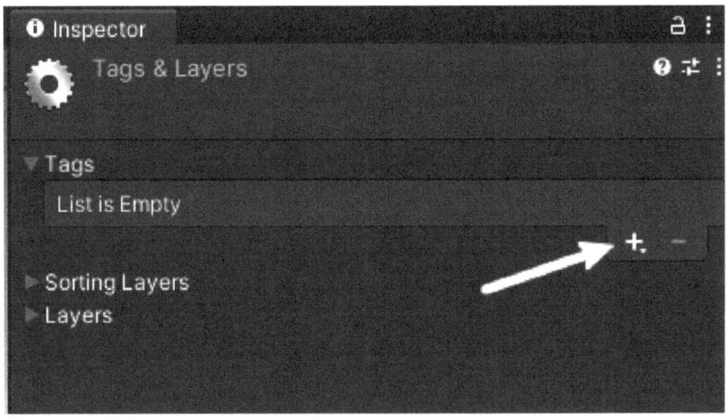

图 4.4-12　增加 Tag

第六步，在自动弹出的对话框中输入 Cube 后单击 Save 按钮保存，如图 4.4-13 所示。

图 4.4-13　输入 Tag 名称

第七步，再次选中 Hierarchy 视图中的 Cube，这个时候就会发现，Tag 下面多了一个名为“Cube”的标签，将“Cube”设置为立方体的标签，如图 4.4-14 所示。

图 4.4-14　设置 Cube 标签

第八步，最后得到效果如图 4.4-15 所示。

第九步，对 Hierarchy 视图中另外的两个立方体 CubeA、CubeB 做同样的操作，都添加上“Cube”的标签，添加标签的目的是，在 Unity 中可以通过标签来查找对象。

第十步，将 ScriptLoop 脚本中的代码修改如下：

```
using System.Collections;
using System.Collections.Generic;
using UnityEngine;
public class ScriptLoop : MonoBehaviour
{
    void Start()
    {
        //首先,通过"Cube"标签查找所有带有此标签的立方体
        GameObject[] tagObjects = GameObject.FindGameObjectsWithTag("Cube");
       //然后对每个立方体进行循环,输出每个立方体的名字
        for (int i = 0; i <tagObjects.Length; i++ )
        {
            Debug.Log( $ "立方体的名字是{tagObjects[i].name}");
        }
    }
    void Update()
    {
    }
}
```

上述代码的编写思路为:首先,通过"Cube"标签查找所有带有此标签的立方体;然后将查找到的结果存储到 tagObjects 中,这里 tagObjects 表示的是一个 GameObject 的数组对象,通过数组可以存储多个同类型的元素;最后对 tagObjects 进行循环。i=0 表示从下标 0 开始,取 0 是因为在 C# 中 0 表示数组的第一个对象;i<tagObjects. Length 表示循环判断条件为 i 小于数组的长度,在本实例中也就是立方体的个数,即 tagObjects. Length 的值为 3;i++ 表示每次循环后,i 的值增加 1 个,这里的 i 总共可以取的值为 0,1,2。

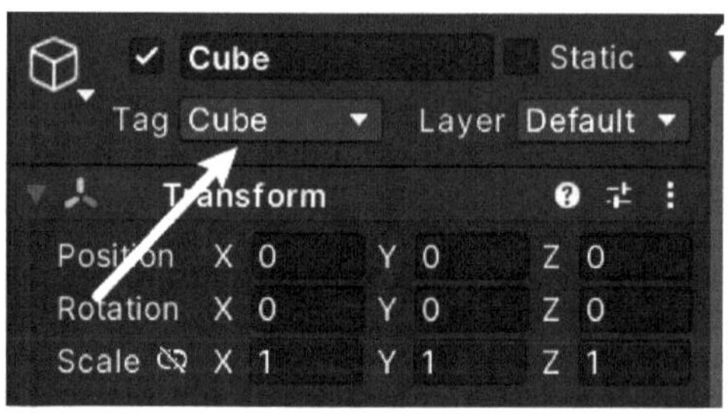

图 4.4-15　设置标签后的效果

第十一步,单击▶按钮,可以看到通过循环输出了三个立方体的名字,如图 4.4-16 所示。

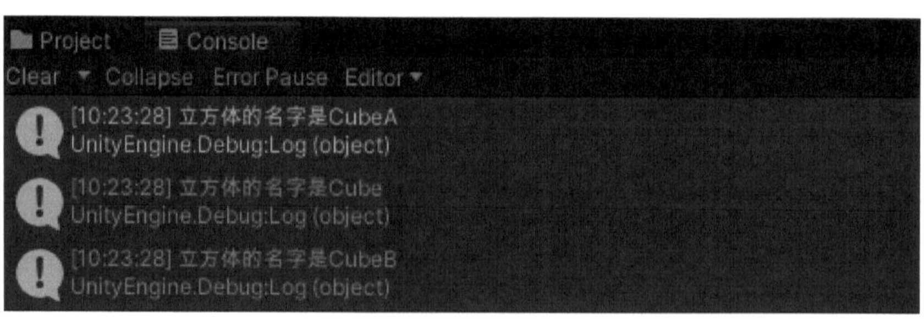

图 4.4-16　输出所有立方体名字

4.5　综合实例 3：用键盘控制物体的移动

有了前面的基础后，将通过 W、S、A、D 键，来控制三个物体前、后、左、右的移动。

第一步，在 ProjectCode 项目的 Scripts 目录下新增 ScriptMove 脚本，并将其拖入 GameObject 上，如图 4.5－1 所示。

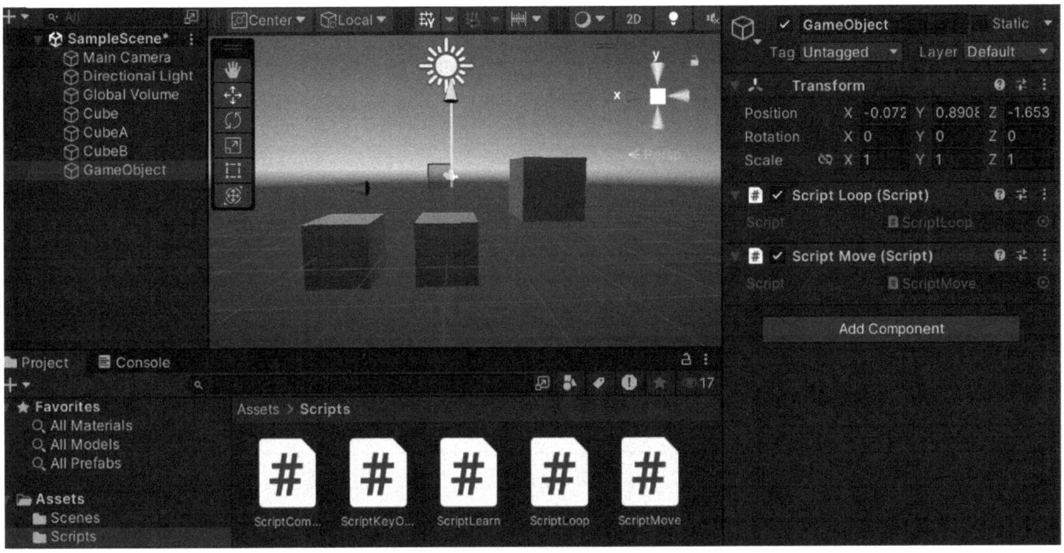

图 4.5－1　拖入 ScriptMove 脚本

第二步，在 ScriptMove 脚本中编写如下代码：

```
using System.Collections;
using System.Collections.Generic;
using UnityEngine;
public class ScriptMove : MonoBehaviour
{
    //定义数组变量，存储场景中的立方体
    GameObject[] tagObjects;
    //定义速度变量，来控制立方体移动的速度
    public float Speed = 2f;
    void Start()
    {
        //获取场景中的立方体
        tagObjects = GameObject.FindGameObjectsWithTag("Cube");
    }
    void Update()
    {
        //按 W 键，向前移动
        if (Input.GetKeyDown(KeyCode.W)) {
            for (int i = 0; i < tagObjects.Length; i++)
            {
                //表示朝着向前的方向移动 Speed 的距离
```

```
                tagObjects[i].transform.Translate(Vector3.forward * Speed);
            }
        }
        //按 S 键,向后移动
        if (Input.GetKeyDown(KeyCode.S))
        {
            for (int i = 0; i <tagObjects.Length; i++)
            {
                //表示朝着向后的方向移动 Speed 的距离
                tagObjects[i].transform.Translate(Vector3.back * Speed);
            }
        }
        //按 A 键,向左移动
        if (Input.GetKeyDown(KeyCode.A))
        {
            for (int i = 0; i <tagObjects.Length; i++)
            {
                //表示朝着向左的方向移动 Speed 的距离
                tagObjects[i].transform.Translate(Vector3.left * Speed);
            }
        }
        //按 D 键,向右移动
        if (Input.GetKeyDown(KeyCode.D))
        {
            for (int i = 0; i <tagObjects.Length; i++)
            {
                //表示朝着向右的方向移动 Speed 的距离
                tagObjects[i].transform.Translate(Vector3.right * Speed);
            }
        }
    }
}
```

上述代码的编写思路为:通过按 W、S、A、D 键,来修改物体的 transform 属性,从而实现移动效果。

第三步,单击▶按钮运行程序,这个时候就可以通过键盘上的 W、S、A、D 键来控制这三个立方体的移动了。

注意 在编写 C# 脚本代码时,和代码有关的标点符号必须采用英文输入法的标点符号,否则会出现 Visual Studio 不识别的问题。注释中的标点符号可以采用中文。

第5章 基础知识篇之 UI 的制作

在数字孪生项目开发中，除了 3D 模型、代码脚本外，还需要 UI(User Interface，用户界面)来与场景发生互动，如图 5.0-1 所示。UI 是人与计算机或其他电子设备之间进行交互的界面，它的设计目的是让用户能够方便、高效、舒适地使用设备或系统。在 Unity 中，通常使用 UGUI 系统来搭建 UI，如图 5.0-2 所示。UGUI 采用可视化的设计方式，通过 Unity 的编辑器界面，直观地创建、布置和调整 UI 元素。

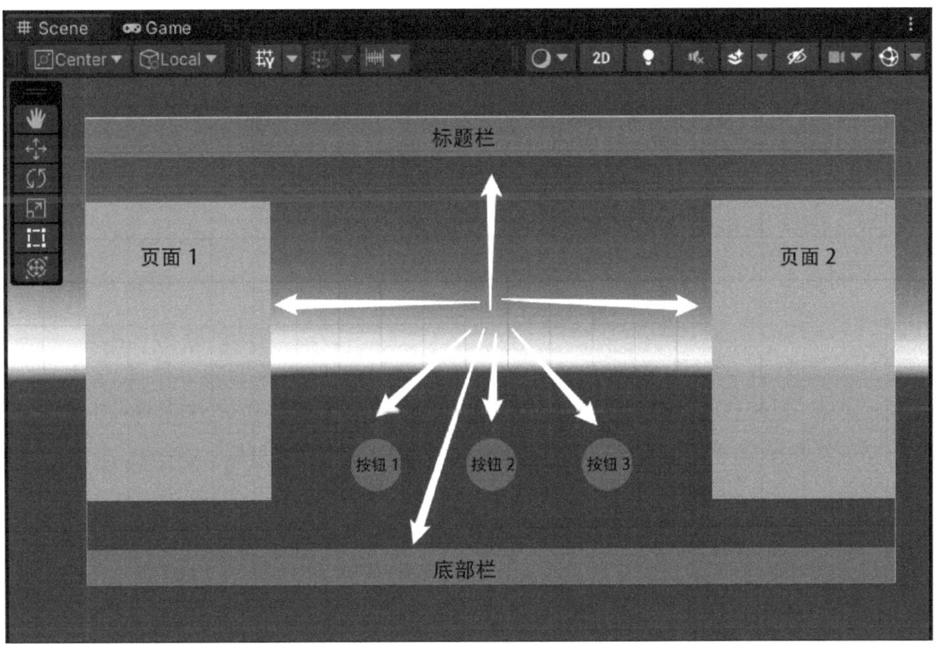

图 5.0-1　UI 示意

本章首先介绍如何通过 Photoshop 来制作 UGUI 系统需要的图片，然后对 UGUI 系统中可视化组件、交互组件的使用进行介绍，最后通过一个综合案例来说明如何用 UGUI 系统搭建 UI。

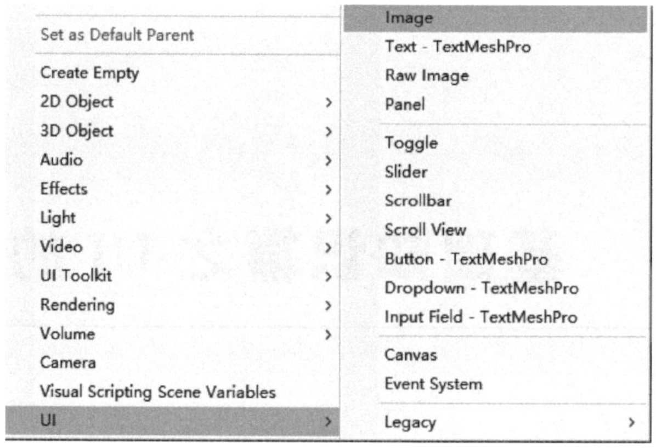

图 5.0-2　UGUI 组件

5.1　UI 的制作

5.1.1　UI 制作软件介绍

有很多软件都可以完成 UI 的制作，比如 Photoshop、Illustrator、Sketch、Figma、CorelDraw 等。本节以 Photoshop 为例对 UI 制作进行说明，主要是跟读者分享一些 UI 制作的思路，读者知道思路之后，具体 UI 的制作也可以用自己熟悉的软件完成。对于没有接触过 Photoshop 的读者，可以去网上搜索相关教程，本书主要聚焦数字孪生项目的开发，对于 Photoshop 基础知识不再赘述。

5.1.2　实例：用 Photoshop 绘制一张按钮图片

数字孪生项目完成后，通常在大屏里进行展示，在项目开发前应该了解最后用于展示的屏幕的尺寸及像素，然后再基于该尺寸进行 UI 的设计，避免出现因项目开发时的分辨率与最后现场展示时的分辨率不一致导致的显示失常问题。设计 UI 时常见的分辨率有 1920×1080、2560×1440、3840×2160 等。除了尺寸以外，读者还要注意图片透明度的设置，在项目开发时，有些图片需要调整透明度，这样 Unity 场景中的物体才不会被图片完全遮挡住。本章将以常见的分辨率 1920×1080 设计 UI。

第一步，在 Photoshop 中新建一个文档，取名为“ButtonUI”，将其分辨率设置为 1920×1080，背景色设置为白色，如图 5.1-1 所示。

第二步，单击图层面板右下角的按钮，新建图层 1，如图 5.1-2 所示。

第三步，选择工具栏中的，在图层 1 中绘制一个矩形，如图 5.1-3 所示。

第四步，为矩形填充颜色，按快捷键 Shift+F5，弹出填充框，在内容下拉框选择“颜色”，在弹出的拾色器界面中选择蓝色“47b0e5”，单击【确定】按钮，如图 5.1-4 所示。

第五步，单击填充框中的【确定】按钮，就得到了一个蓝色背景的图片。

第六步，选择工具栏中的文字T工具，在蓝色的背景图片上输入“按钮”两个字，如图 5.1-5 所示。

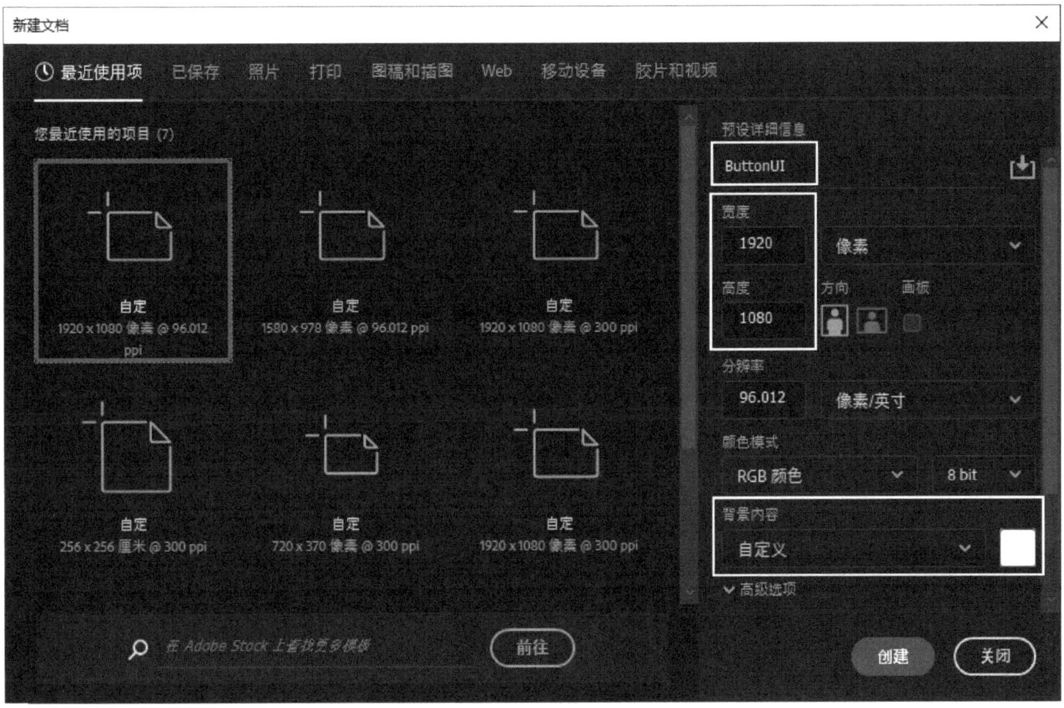

图 5.1－1　新建文档

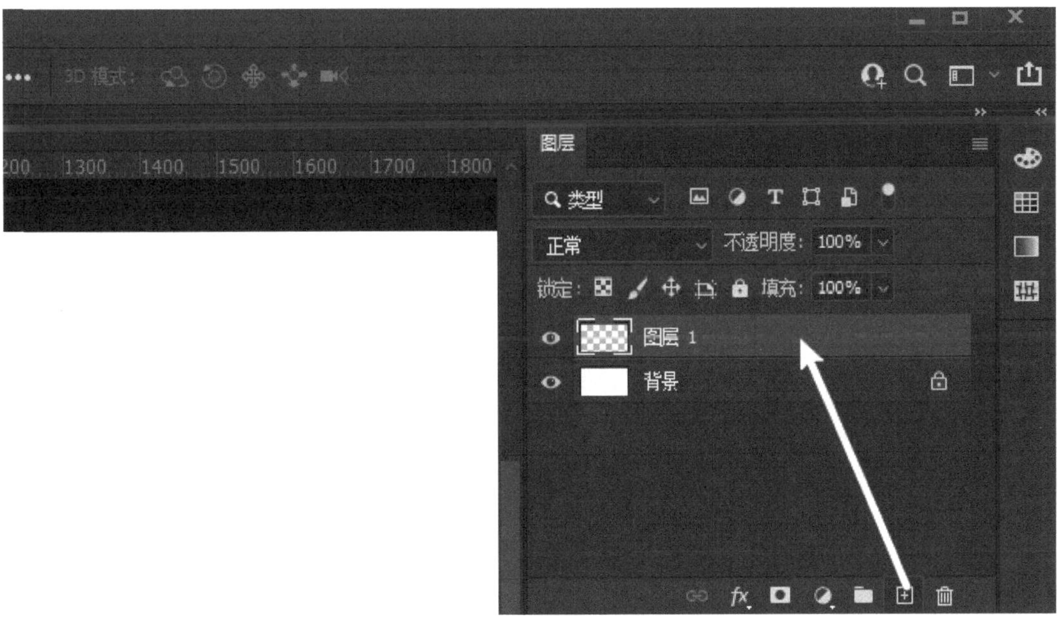

图 5.1－2　新建图层

第七步，按住 Shift 键，同时选中文字图层和蓝色背景图层，如图 5.1－6 所示。按 Ctrl＋E 键，合并这两个图层，得到如图 5.1－7 所示效果。

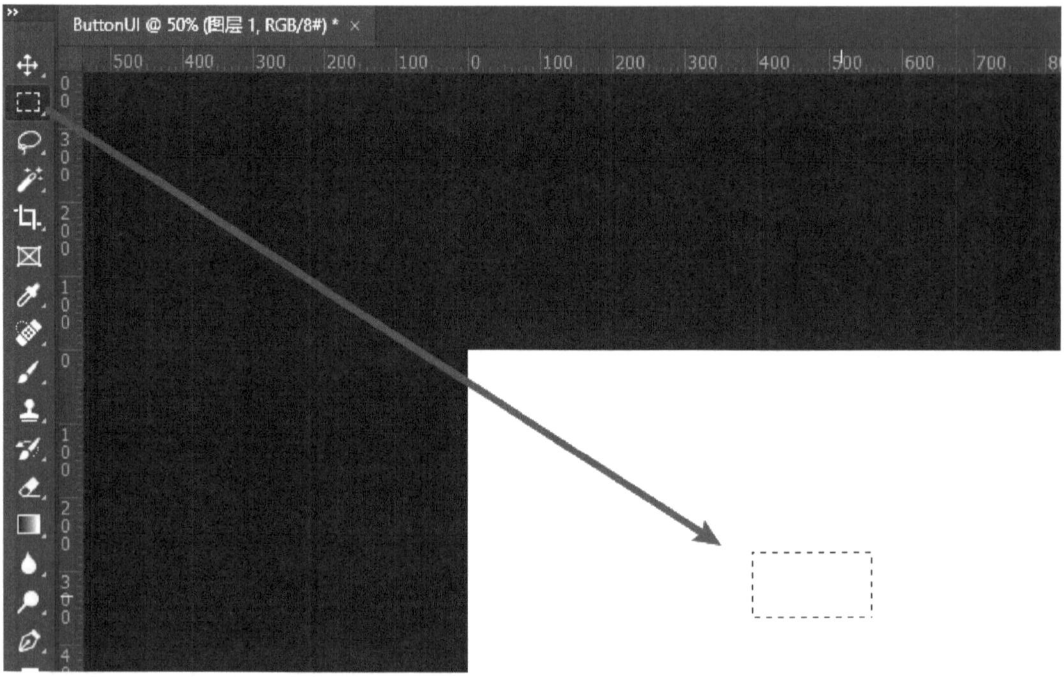

图 5.1-3　绘制矩形

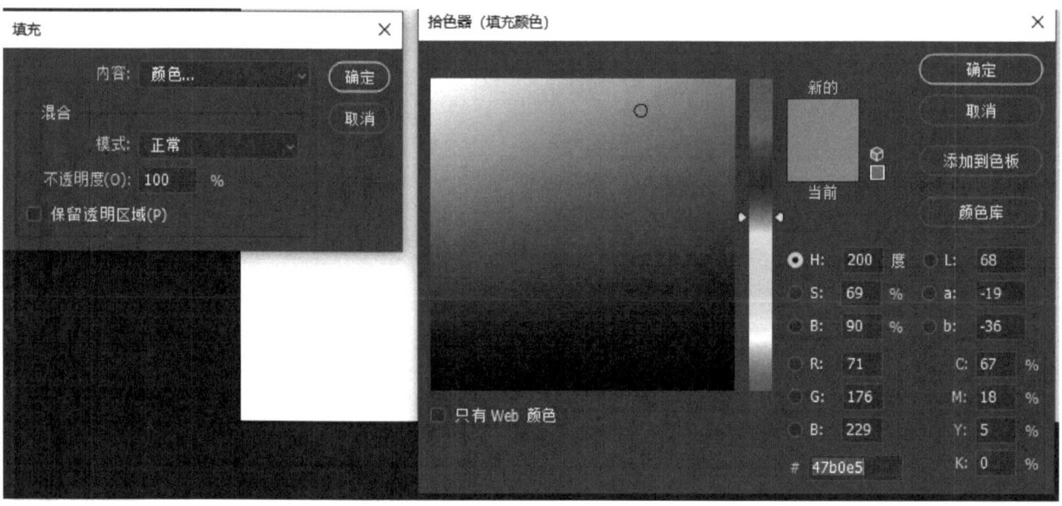

图 5.1-4　填充颜色

第八步，选中按钮图层，右击，选择“快速导出为 PNG”，如图 5.1-8 所示。这样就做好了一个按钮图片，后续在 Unity 中其将被用于制作按钮组件。

本节主要是为读者介绍 UI 的制作流程及 UI 的导出，实际数字孪生项目开发过程中，这部分工作通常由专业的 UI 人员来完成。读者需要将导出为 PNG 或者其他格式的图片导入 Unity 中进行 UGUI 系统的搭建。接下来，将介绍 Unity UGUI 系统。

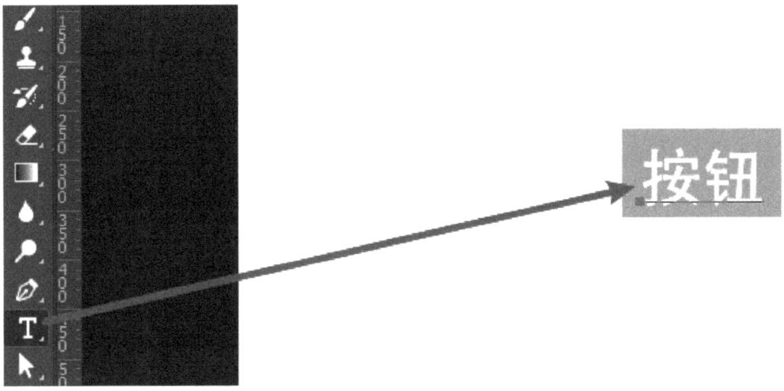

图 5.1－5　输入文字

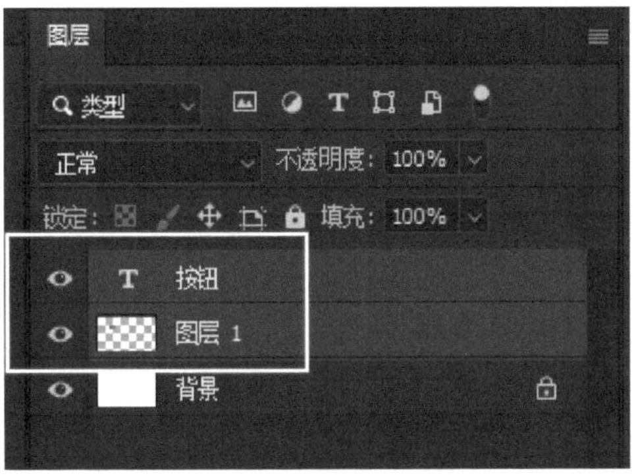

图 5.1－6　选中两个图层

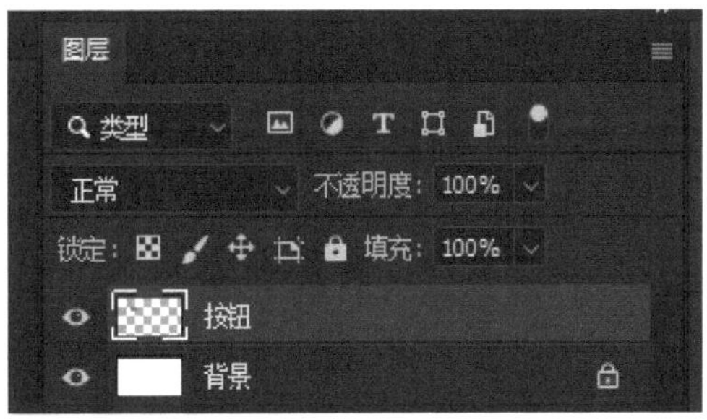

图 5.1－7　合并后的图层

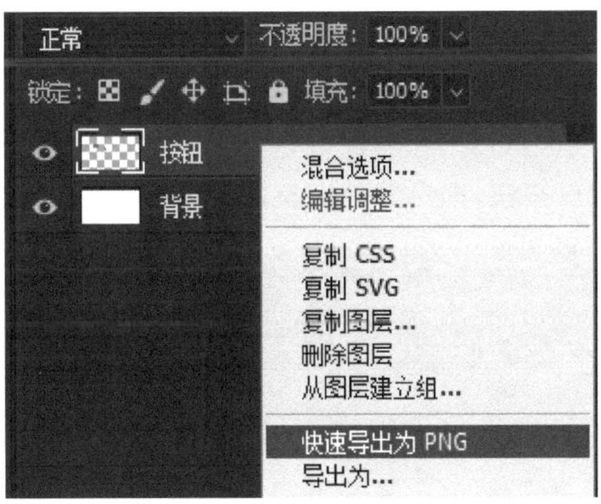

图 5.1－8　导出按钮图片

5.2　UGUI 系统

5.2.1　UGUI 系统介绍

UGUI 系统是 Unity 自带的用于开发应用程序界面的工具，包含 Canvas（画布）、Visual Components（可视化组件）以及 Interaction Components（交互组件）等。

Canvas：是容纳所有 UI 元素的区域，所有 UI 元素必须依赖 Canvas，在用 UGUI 系统搭建 UI 时，第一步就是创建 Canvas。

Visual Components：可视化组件是直接呈现给用户的界面组件。在数字孪生项目中，用于给用户展示信息，比如项目标题，项目图片等。

Interaction Components：交互组件通常用于处理用户的交互，比如鼠标单击按钮，键盘输入文字等。在数字孪生项目中，交互组件就是用户需要交互时用到的组件，比如单击按钮展示信息，打开或者关闭灯泡等。

5.2.2 画　布

新建一个 URP 项目，取名为“ProjectUI”，在 Hierarchy 视图右击，选择 UI→Canvas 创建画布，如图 5.2－1 所示。

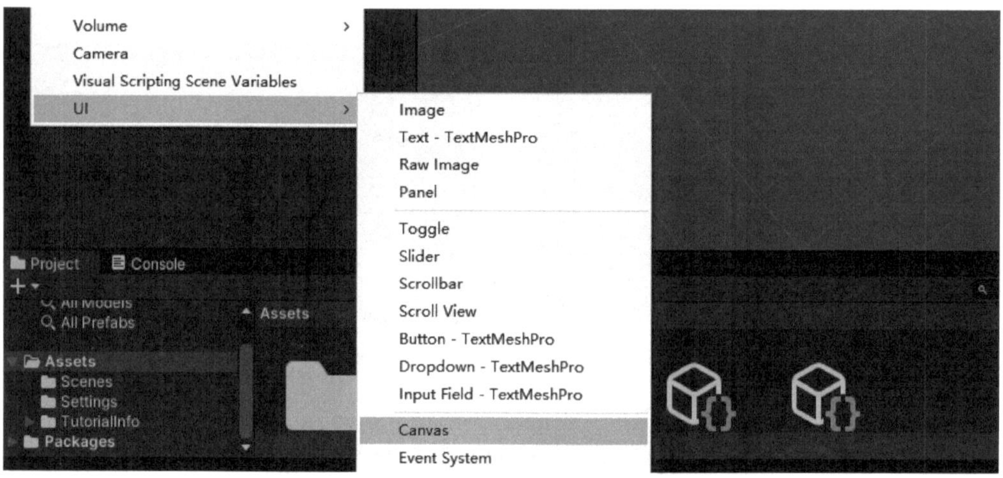

图 5.2－1　创建 Canvas

单击 Scene 视图中的 2D 按钮，即可看到完整的 Canvas，如图 5.2－2 所示。

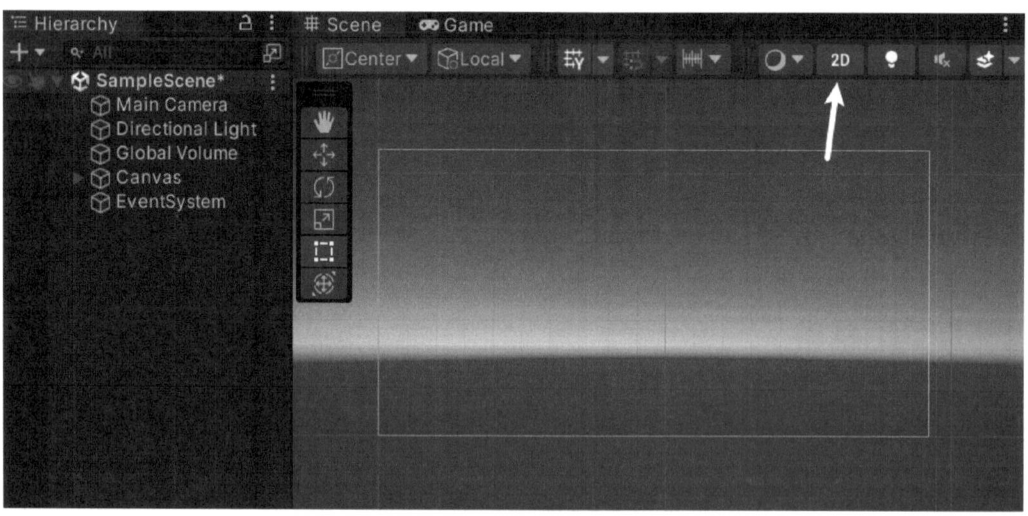

图 5.2－2　Canvas 界面

5.2.3　可视化组件

常见的可视化组件有 Text(Legacy)/TextMeshPro(文本)、Image(图片)等,如图 5.2-3 所示。

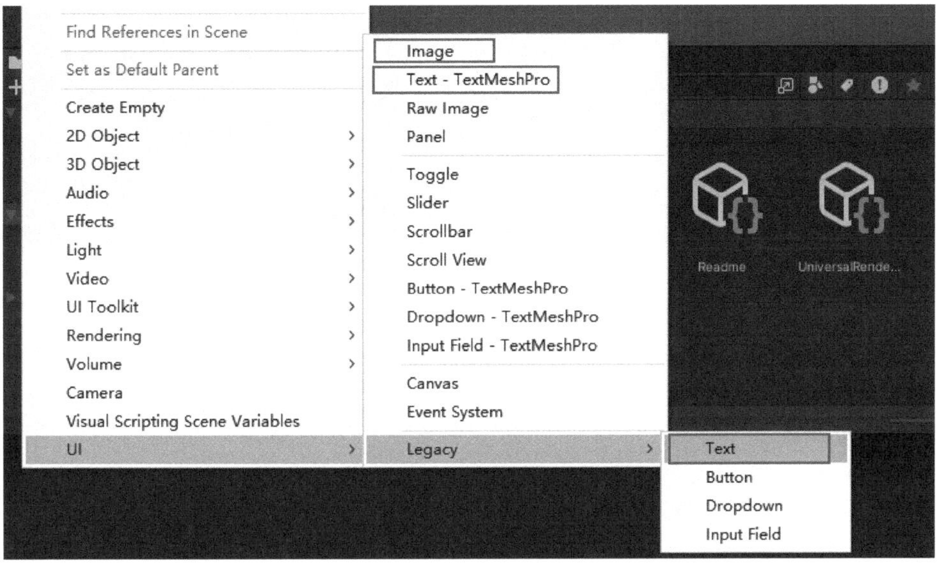

图 5.2-3　常见可视化组件

文本组件用于展示文字信息,在 Hierarchy 视图右击,选择 UI→Legacy→Text,即可在 Canvas 下创建如图 5.2-4 所示的文本组件。选中创建好的 Text(Legacy),可以在 Inspector 视图的 Text 属性栏中修改文本内容。

图 5.2-4　文本组件

图片组件用于展示图片,在 Hierarchy 视图右击,选择 UI→Image,即可在 Canvas 下创建如图 5.2-5 所示的图片组件。选中创建好的 Image,可以在 Inspector 视图的 Source Image 属性中设置图片。

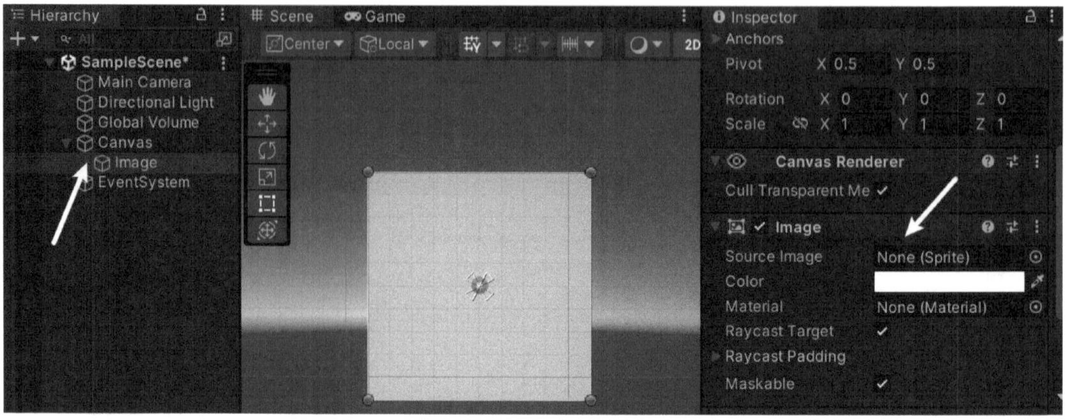

图 5.2-5　图片组件

5.2.4　交互组件

常见的交互组件有 Button(按钮)、Toggle(开关)、Slider(滑块)、Dropdown(下拉框)等，如图 5.2-6 所示。

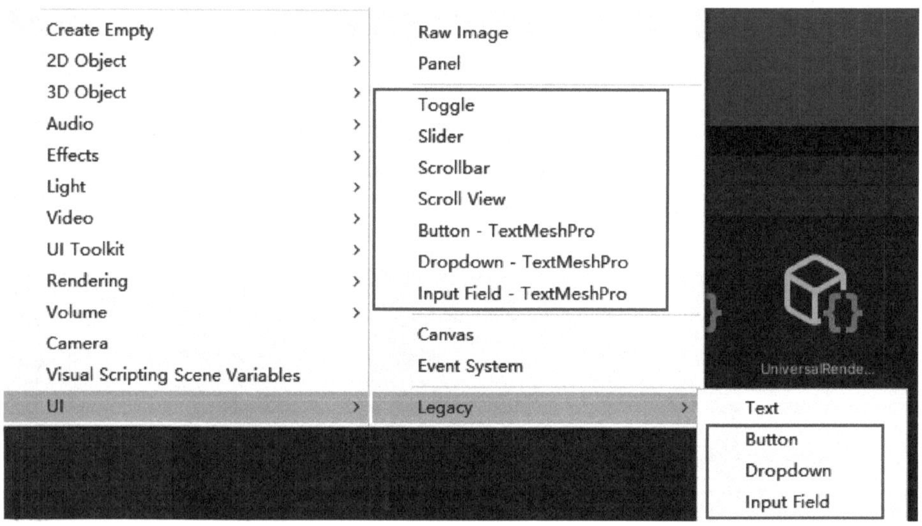

图 5.2-6　常见交互组件

以 Button 为例，在 Inspector 视图可以看到 Button 可添加点击事件，如图 5.2-7 所示，也就是单击按钮组件时触发的事件，其他组件也有相对应的事件，可以创建相关组件后在对应的 Inspector 视图下查看。

5.2.5　实例:将按钮图片放到 UGUI 系统

在 5.1.2 节的实例中，得到了一张按钮图片，接下来将把这张图片放到 UGUI 系统的按钮组件中。

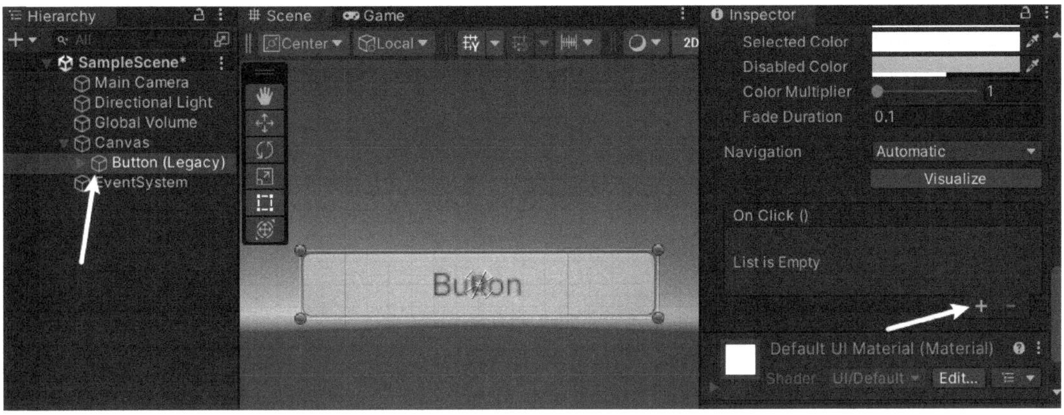

图 5.2－7　按钮组件

第一步，选中 Hierarchy 中的 Canvas，右击，选择 UI→Legacy→Button，创建 Button，如图 5.2－8 所示。

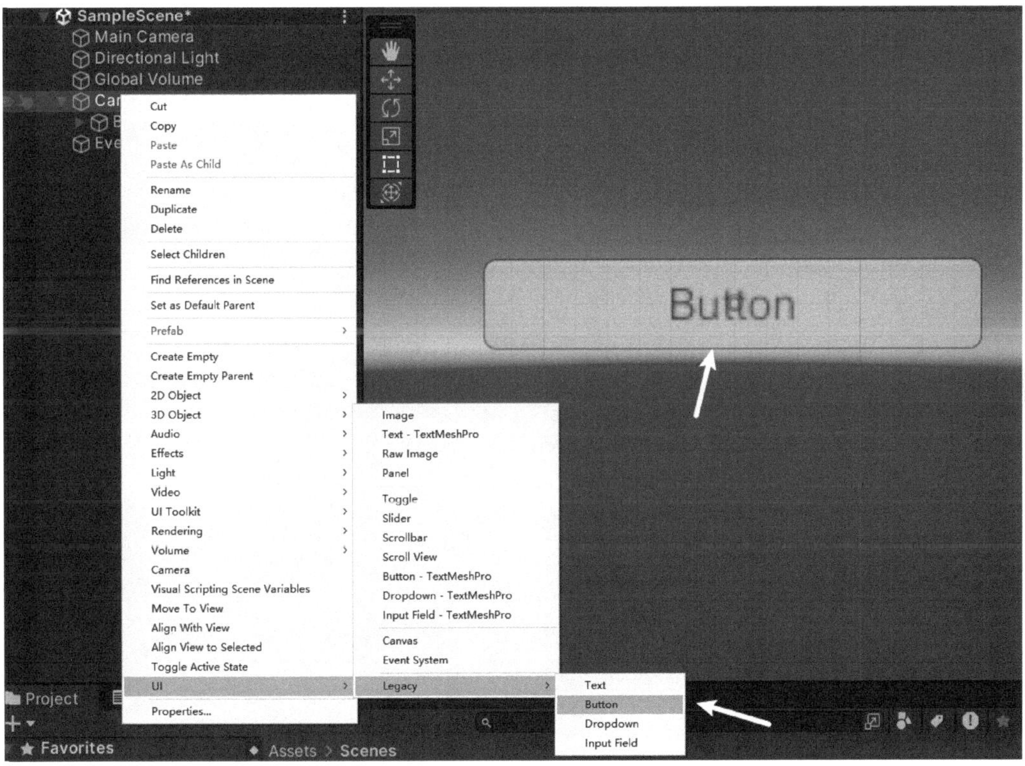

图 5.2－8　创建 Button

第二步，在 Assets 文件夹下新建名为"UI"的文件夹，将 5.1.2 节导出的按钮图片拖入文件夹中，如图 5.2－9 所示。

第三步，选中按钮图片，在 Inspector 的 Texture Type 属性中选择 Sprite(2D and UI)，将图片类型调整为 2D 精灵，这是一种专门用于 Unity 中 UI 图片的格式，如图 5.2－10 所示。

单击 Apply 按钮，应用修改，如图 5.2－11 所示。

图 5.2－9　拖入图片

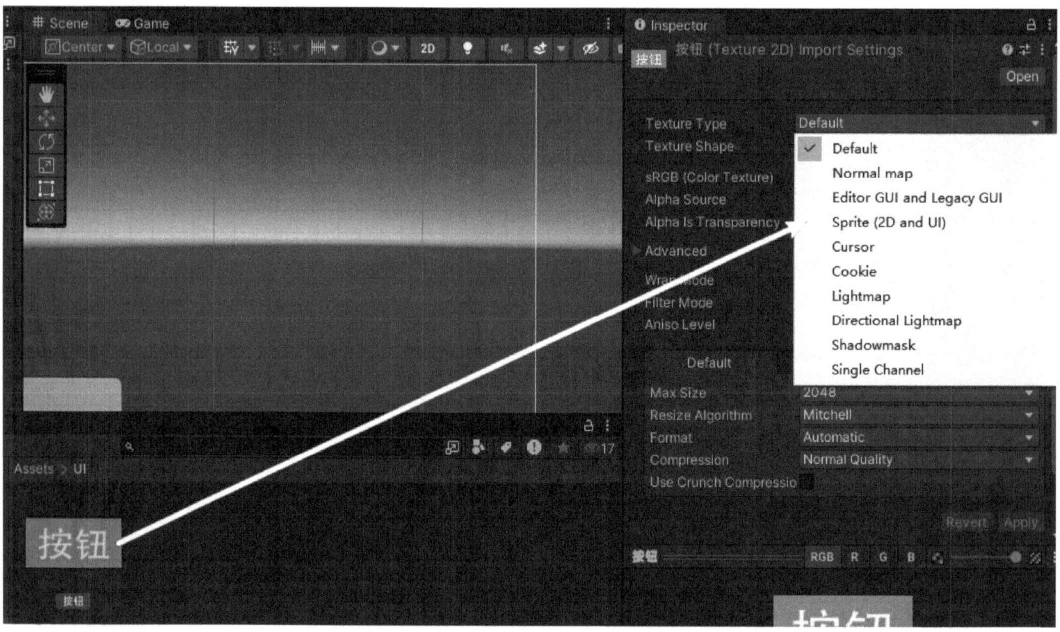

图 5.2－10　修改 Texture Type

第四步，再次选中 Assets→UI 文件夹中的按钮图片，将其拖入 Source Image 插槽中，为 Button 设置样式图片，如图 5.2－12 所示。

第五步，Photoshop 中的图片导入 Unity 后尺寸会发生变化，单击 Inspector 中的 Set Native Size 按钮，即可将按钮图片尺寸调整为原始设计尺寸，如图 5.2－13 所示。

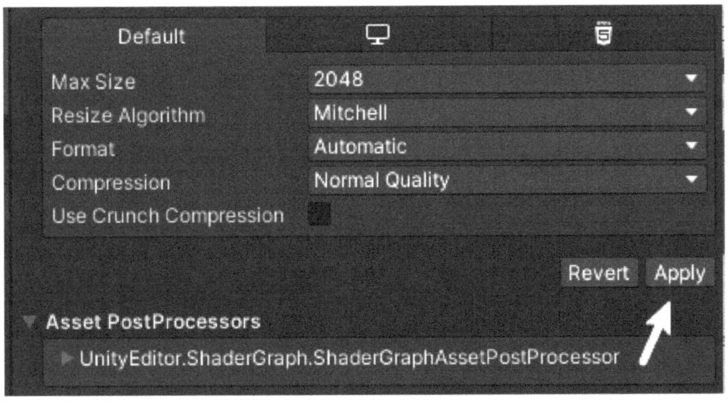

图 5.2－11　应用修改

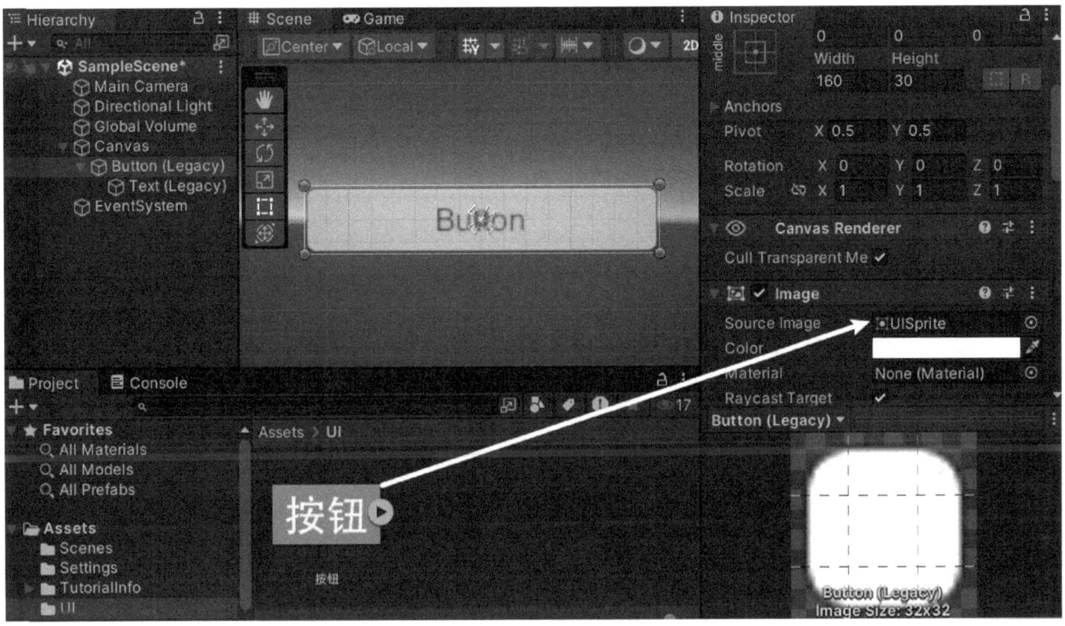

图 5.2－12　拖入 Source Image 插槽

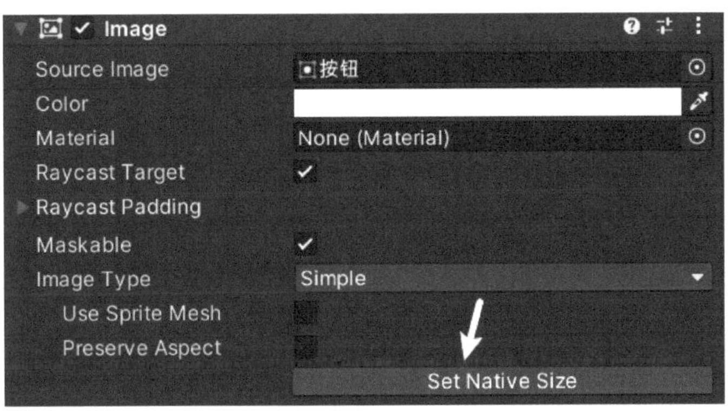

图 5.2－13　设置图片为原始大小

第六步，选中 Button 下的文本组件，右击，选择 Delete，删除默认创建的文本组件，如图 5.2-14 所示。因为在创建 Button 时，系统会默认创建文本组件作为 Button 上的文字，而按钮图片中已经包含了文字，所以不再需要默认创建的文本组件。后续如果仍需要文本组件，可以在 Button 下重新创建。

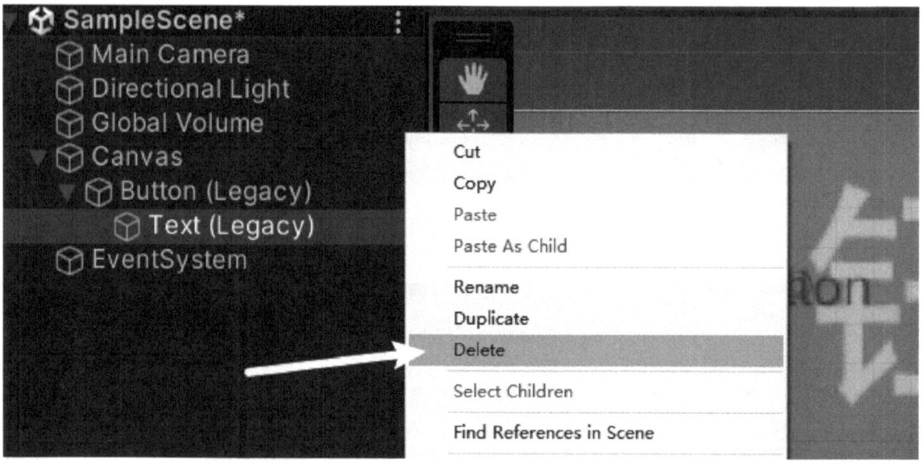

图 5.2-14　删除 Button 下的 Text

5.3　综合实例 4：数字孪生大屏原型制作

本综合实例，将在 Unity 中搭建一个分辨率为 1920×1080 的常用的数字孪生大屏 UI 原型，如图 5.0-1 所示。

第一步，在 ProjectUI 项目中，在菜单栏选择 File→New Scene，新建一个 Basic(URP)场景，如图 5.3-1 所示。

按 Ctrl+S 键，将刚创建的场景保存为 DigitalTwinUI，如图 5.3-2 所示。

第二步，将本书配套资源文件中提供的 UI 文件（该配套文件在 Photoshop 中使用 1920×1080 的分辨率制作）拖入 Assets→UI 文件夹下，如图 5.3-3 所示。

第三步，将拖入图片的 Texture Type 改为 Sprite(2D and UI)，最终的效果如图 5.3-4 所示。

第四步，在 Hierarchy 中创建 Canvas。

第五步，在 Game 视图中，单击分辨率设置下拉按钮，然后单击⊕按钮添加分辨率，如图 5.3-5 所示。在弹出的分辨率设置页面中，将 Label 名字改为 1920×1080，将 Width 值设置为 1920，将 Height 值设置为 1080，单击 OK 按钮，如图 5.3-6 所示，新建 1920×1080 的分辨率视图，并将该分辨率视图设置为当前运行视图。

第六步，选中 Scene 视图，单击 2D 按钮，这时可以看到 Canvas 的大小已经自动调整为 1920×1080，如图 5.3-7 所示。

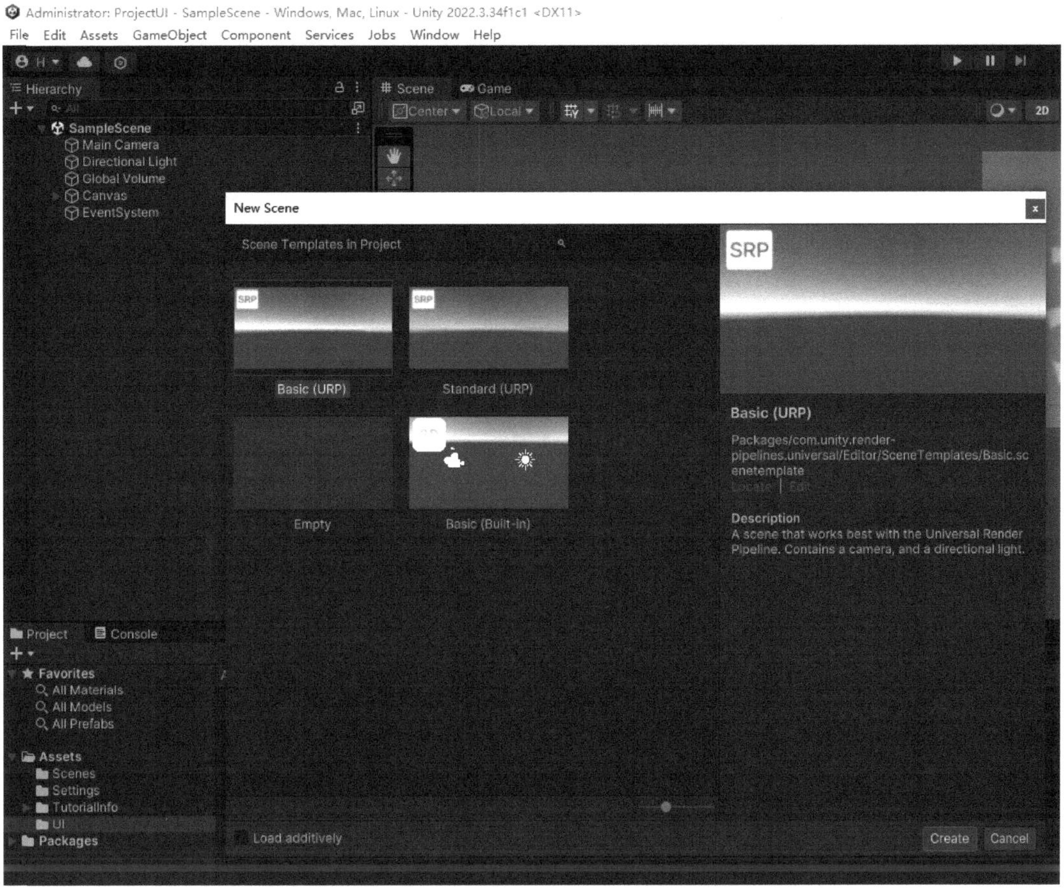

图 5.3-1　新建场景

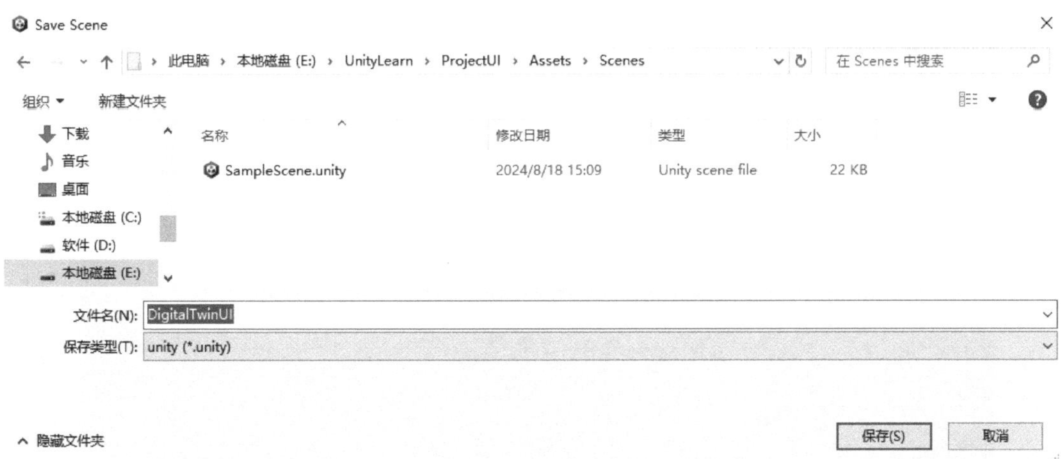

图 5.3-2　保存场景

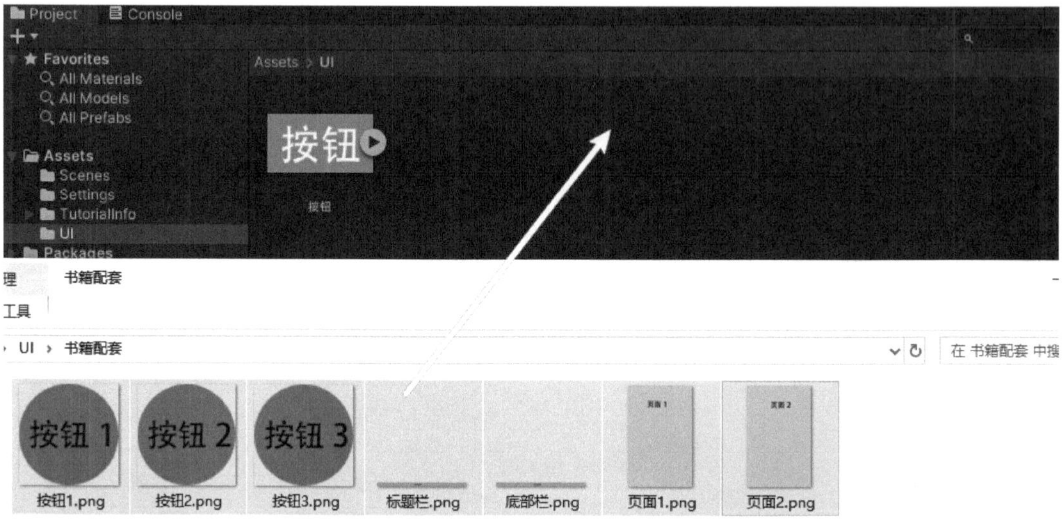

图 5.3－3　拖入文件

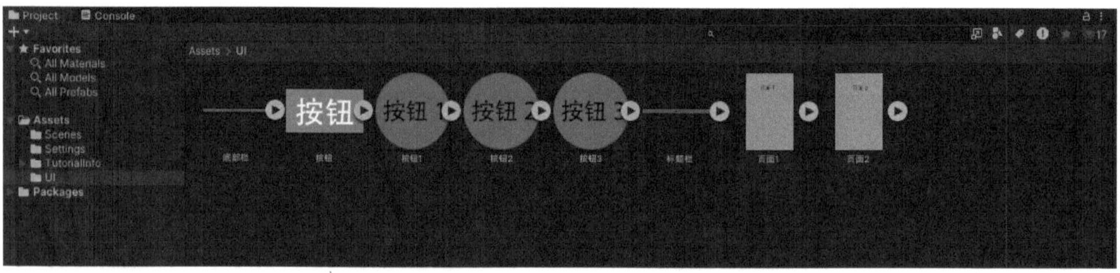

图 5.3－4　修改 Texture Type

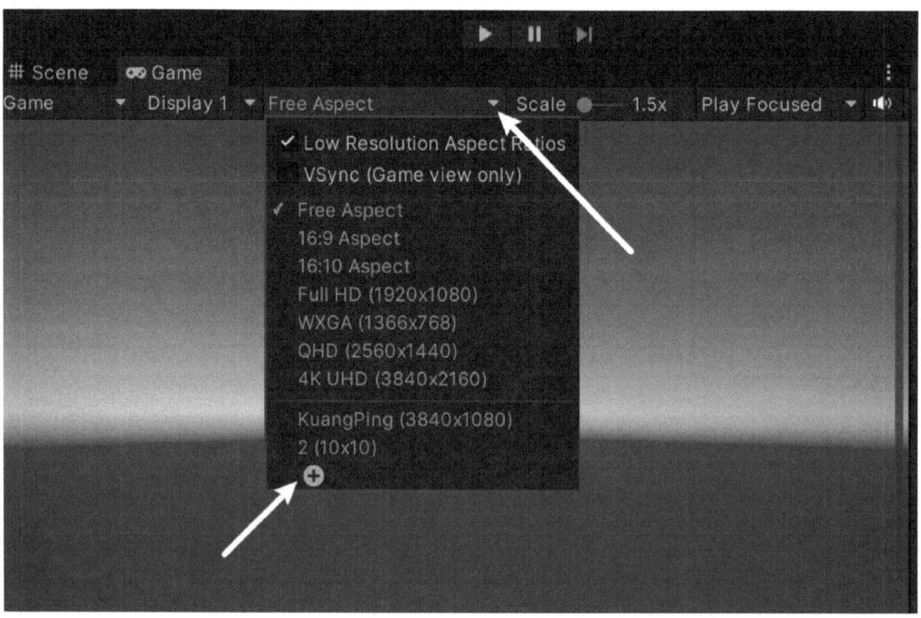

图 5.3－5　添加分辨率

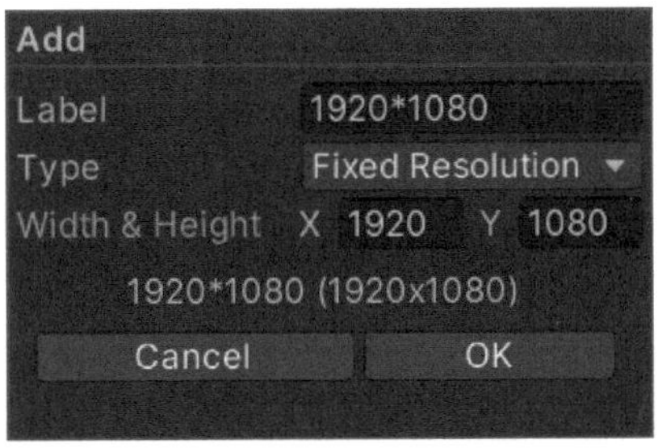

图 5.3-6　设置分辨率

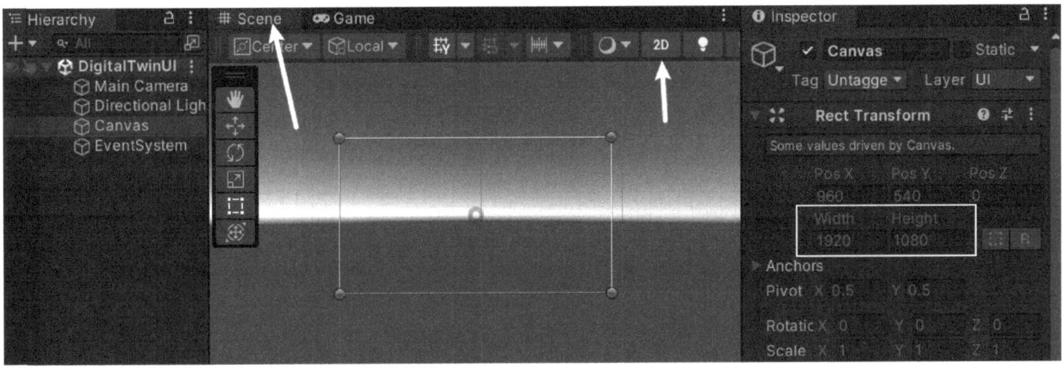

图 5.3-7　Canvas 界面

第七步，在 Canvas 下面创建图片组件并取名为“TOP”，表示标题栏。将 UI 文件夹中名为“标题栏”的图片拖入 TOP 的 Source Image 插槽中，然后单击 Set Native Size 按钮，如图 5.3-8 所示，完成标题栏的设置。

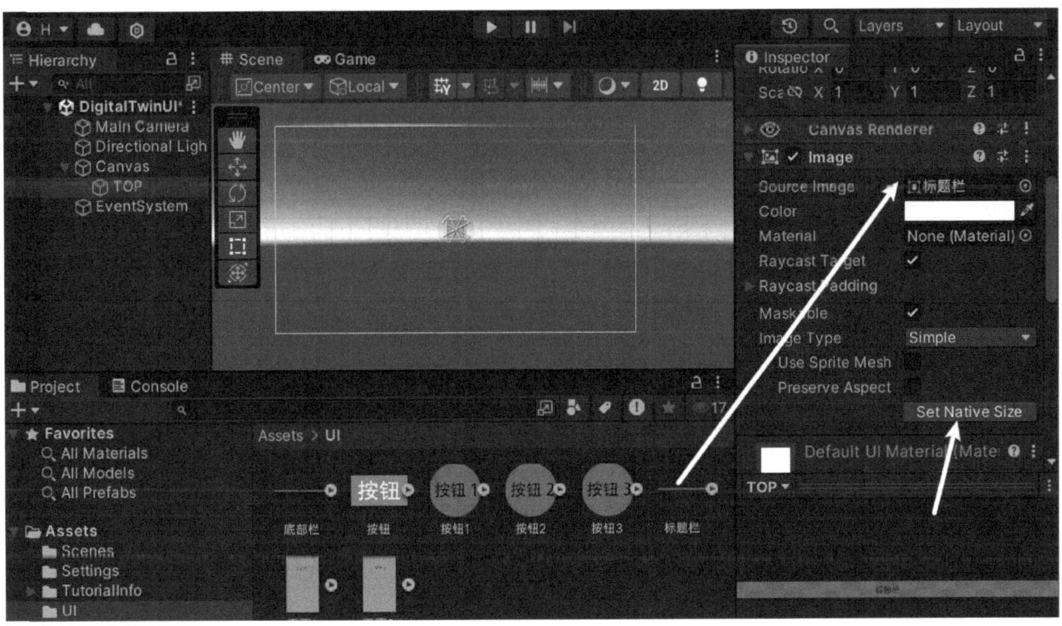

图 5.3-8　设置标题栏

第八步，选中 TOP 组件，在 Inspector 视图中单击按钮，在弹出的 AnchorPresets 界面中将对齐方式改为朝上对齐，将 Pos Y 的值改为 −45，即可将标题栏顶部对齐，如图 5.3-9 所示。

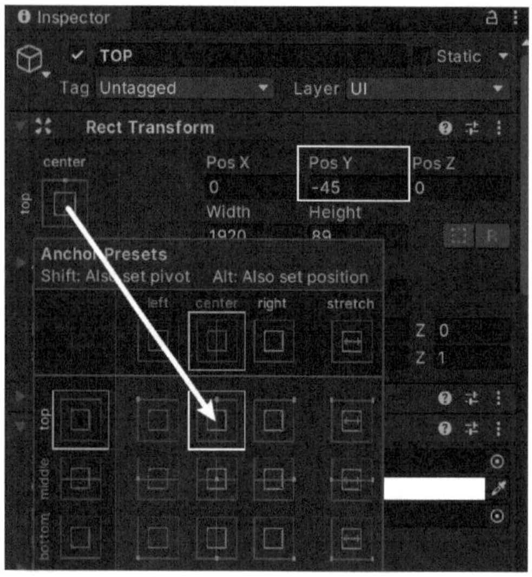

图 5.3-9　调整标题栏位置

第九步，在 Canvas 中创建一个名为“Bottom”的图片组件，表示底部栏。同样的将 UI 文件夹中名为“底部栏”的图片拖入 Bottom 的 Source Image 插槽中，然后单击 Set Native Size 按钮，如图 5.3-10 所示，完成底部栏的设置。

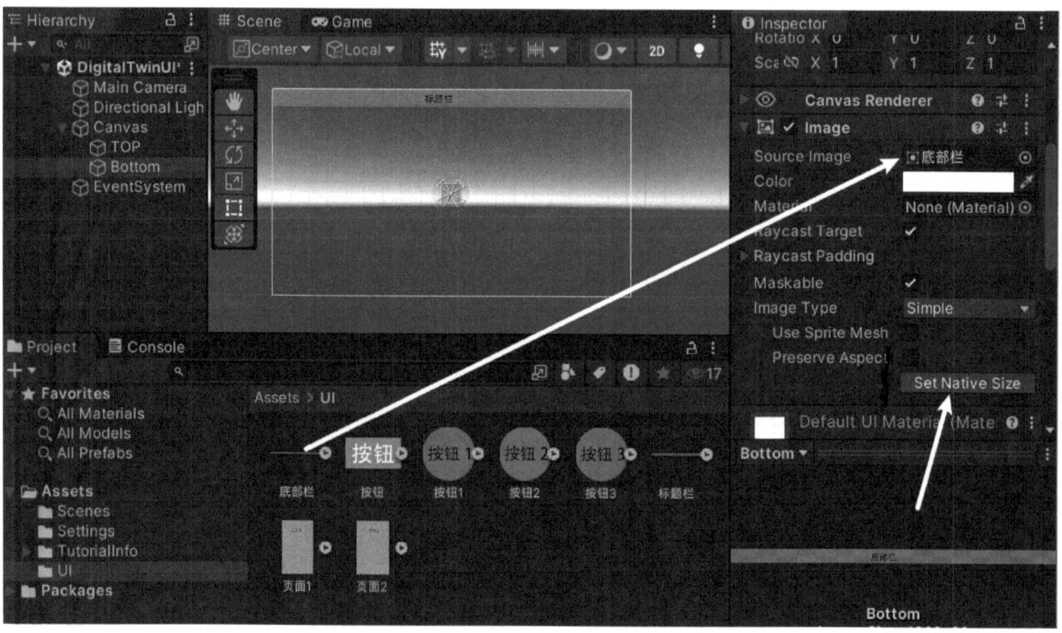

图 5.3-10　设置底部栏

第十步，选中 Bottom 组件，单击按钮，将对齐方式改为朝下对齐，将 Pos Y 的值改为

41，即可将底部栏底部对齐，如图 5.3－11 所示。

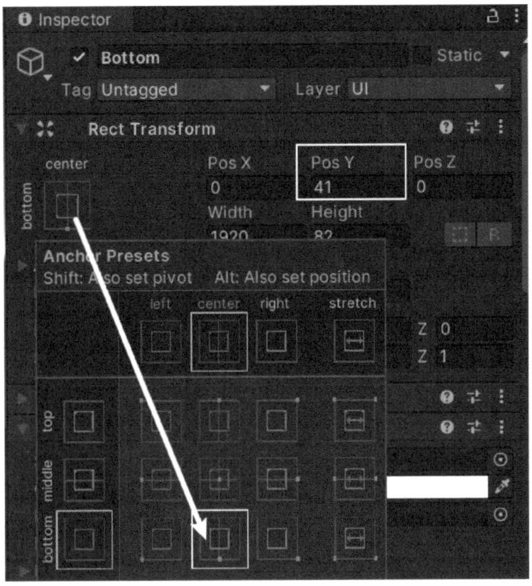

图 5.3－11　调整底部栏位置

第十一步，在 Canvas 中创建一个名为“Left”的图片组件，表示左页面，同样的将 UI 文件夹中的页面 1 图片拖入 Left 的 Source Image 插槽中，然后单击 Set Native Size 按钮，如图 5.3－12 所示，完成左页面的设置。

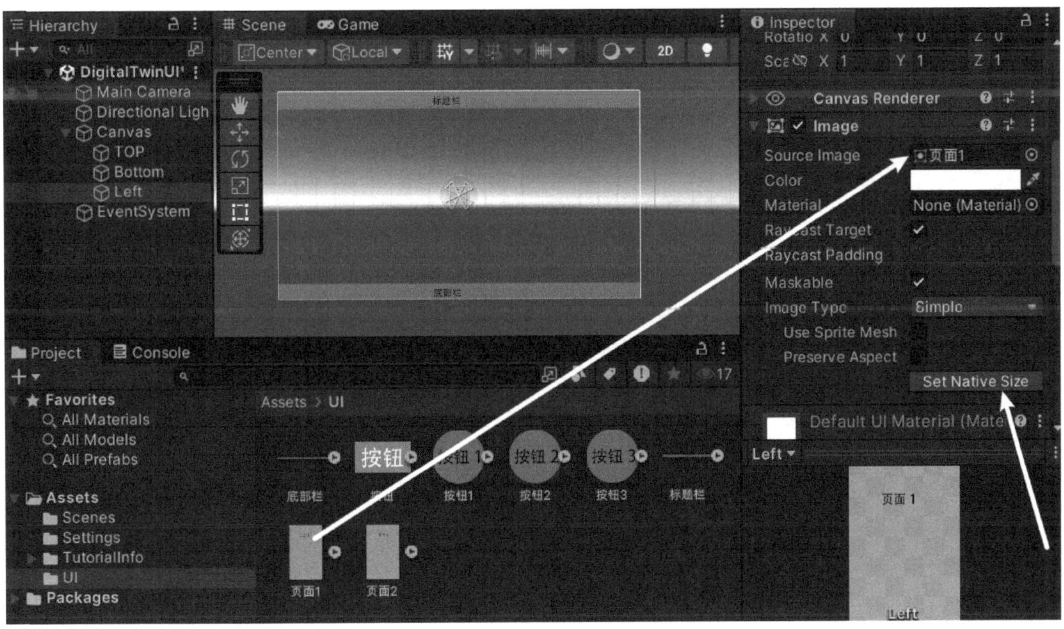

图 5.3－12　设置左页面

第十二步，选中 Left 组件，单击按钮，将对齐方式改为朝左对齐，将 Pos X 的值改为 219.5，即可将页面 1 靠左对齐，如图 5.3－13 所示。

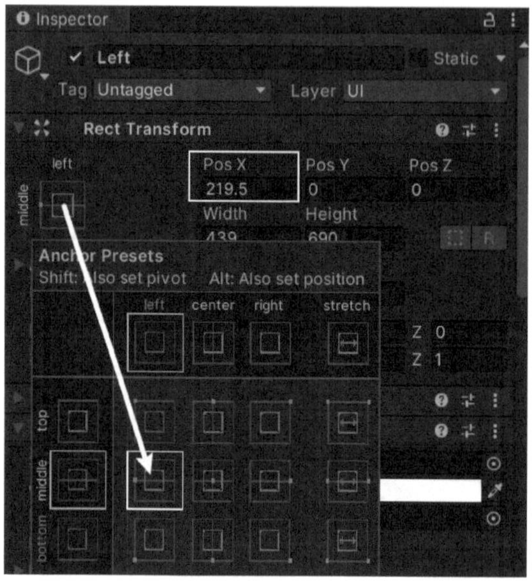

图 5.3-13　调整左页面位置

第十三步，在 Canvas 中创建一个名为“Right”的图片组件，表示右页面，同样的将 UI 文件夹中的页面 2 图片拖入 Right 的 Source Image 插槽中，然后单击 Set Native Size 按钮，如图 5.3-14 所示，完成右页面的设置。

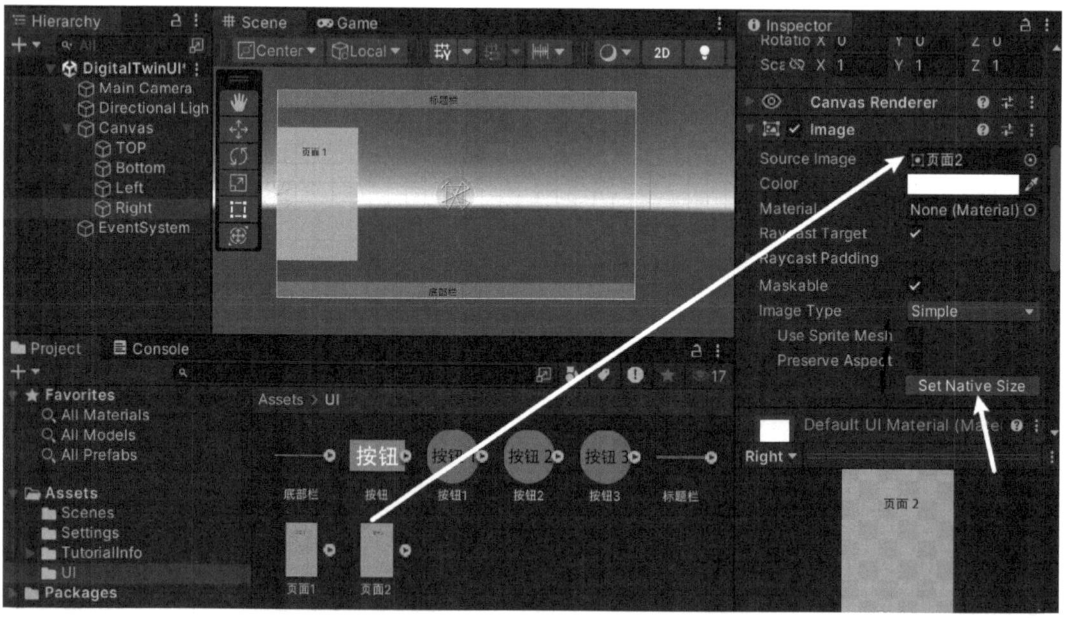

图 5.3-14　设置右页面

第十四步，选中 Right 组件，单击▣按钮，将对齐方式改为朝右对齐，将 Pos X 的值改为 -219.5，即可将页面 2 靠右对齐，如图 5.3-15 所示。

第十五步，在 Canvas 下创建名为“Button1”的按钮组件，将按钮 1 图片拖入，然后单击 Set

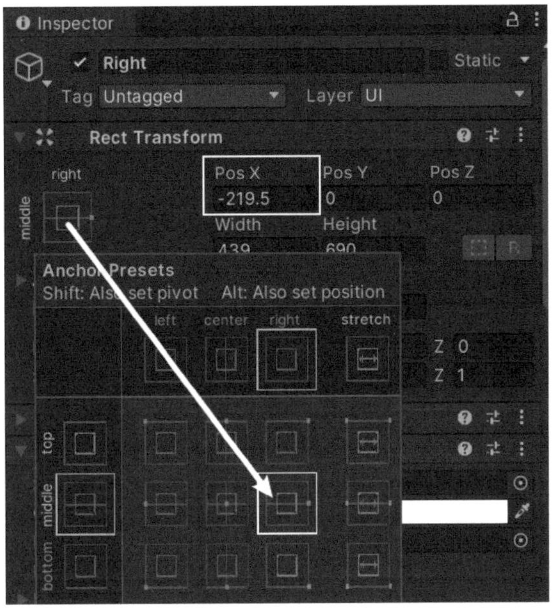

图 5.3-15　调整右页面位置

Native Size 按钮，如图 5.3-16 所示，进行按钮 1 的设置。因为按钮 1 图片中已经包含了文字“按钮 1”，所以可以将 Button1 下面的 Text 组件移除。

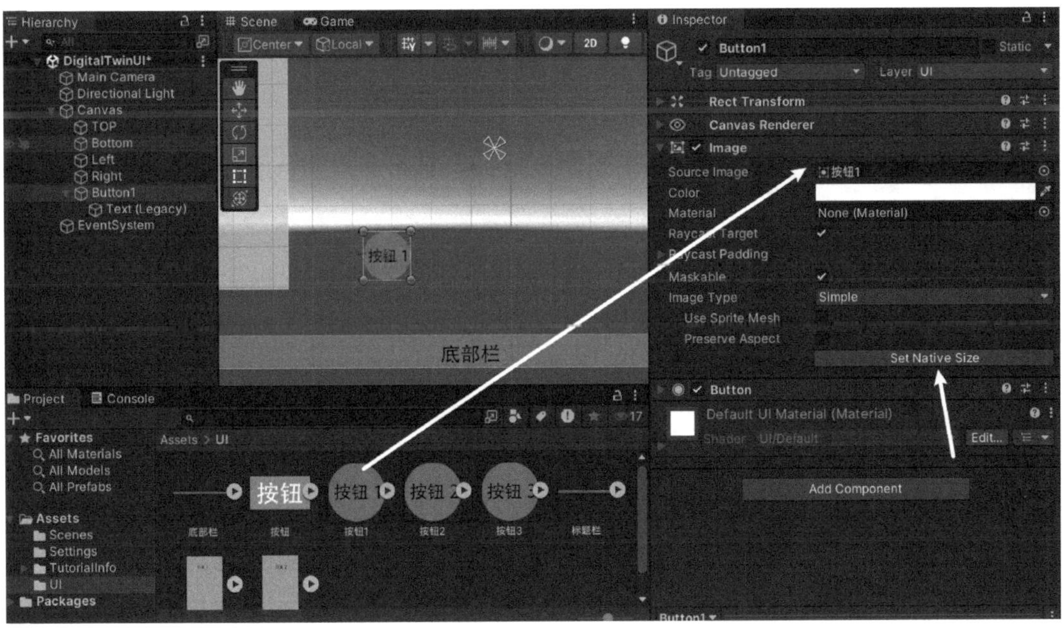

图 5.3-16　设置按钮 1

第十六步，选中 Button1 组件，单击按钮，保留默认居中对齐方式，将 Pos X 的值改为 −273，Pos Y 的值改为 −264，即可将按钮 1 移动到左下方，如图 5.3-17 所示。

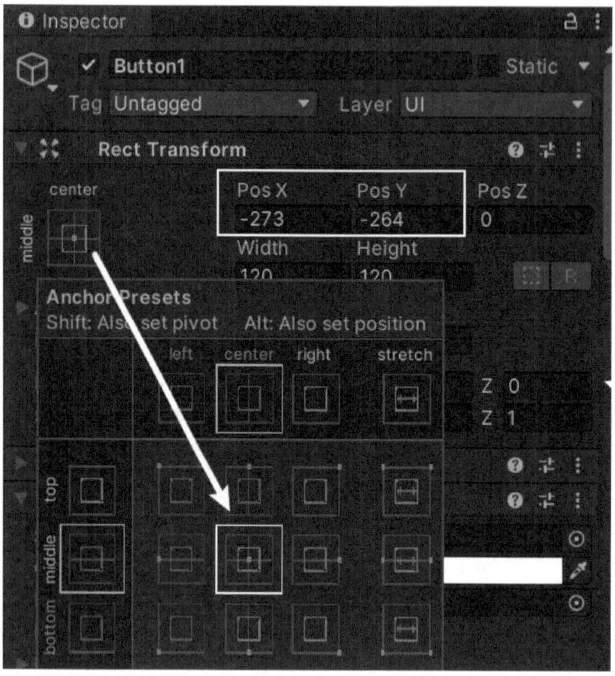

图 5.3-17　调整按钮 1 位置

第十七步，还有两个按钮的拖入，不再赘述，读者可以自行完成，最后完成的布局如图 5.3-18 所示。

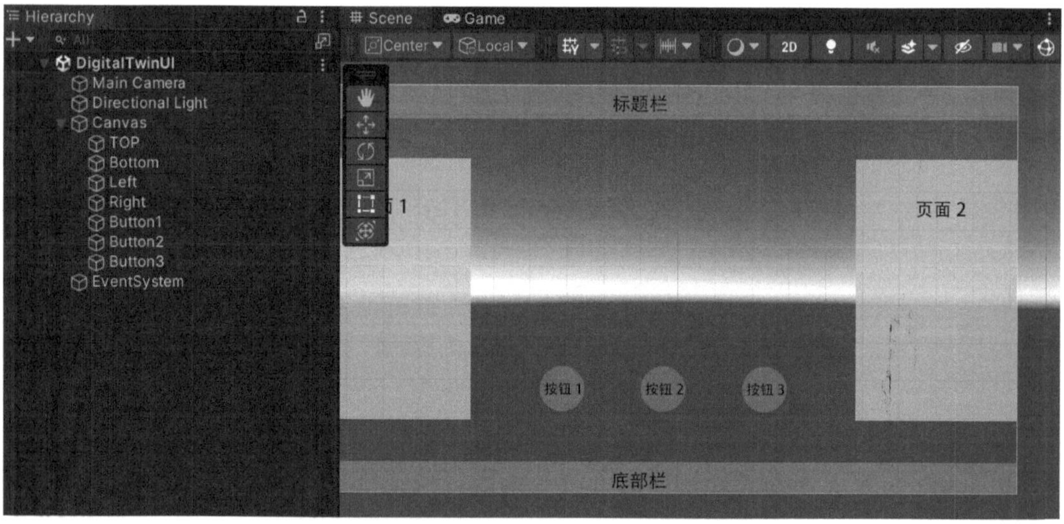

图 5.3-18　最终布局

第 6 章 数字孪生实战之“项目介绍”功能的实现

在 1～5 章，对数字孪生项目开发的基础知识有了一个全面的介绍，接下来的章节将介绍一个完整的项目实现过程。本章主要介绍了数字孪生项目开发中，场景移动、摄像机视角移动、按钮事件、图片弹窗等常见功能的实现，如图 6.0－1 所示。本章将实现：单击 Game 视图中的【项目介绍】按钮后，摄像机视角从初始视角移动到图 6.0－1 中正对楼房的视角，并且在 Game 视图中的左侧弹出项目介绍图片。

图 6.0－1　Game 视图中的“项目介绍”功能

6.1　场景资源导入

6.1.1　选择对应的渲染管线

新建一个 URP 的项目，取名为“ProjectDigitalTwin”，如图 6.1－1 所示。

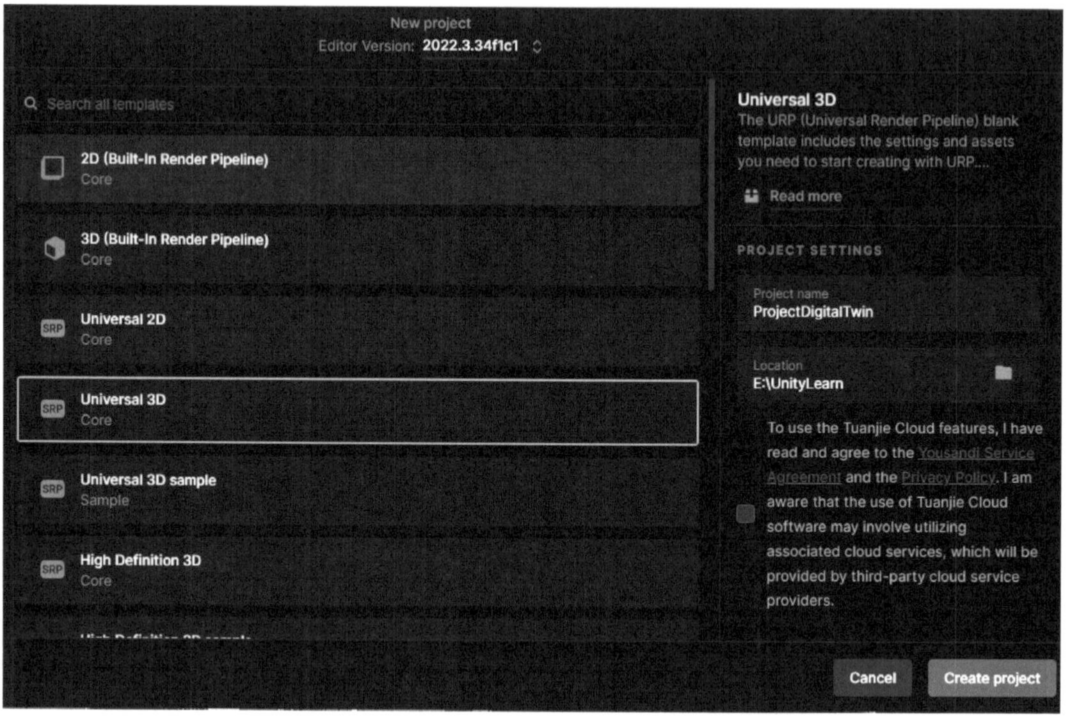

图 6.1-1　新建项目

6.1.2　导入准备好的项目模板

为了让读者更方便地完成本项目的学习，这里为读者提供了一个已经做好的项目模板，包含了模型和 UI 文件，项目模板在本书配套资源中获取。

第一步，选择菜单栏中的 Assets→Import Package→Custom Package，如图 6.1-2 所示。

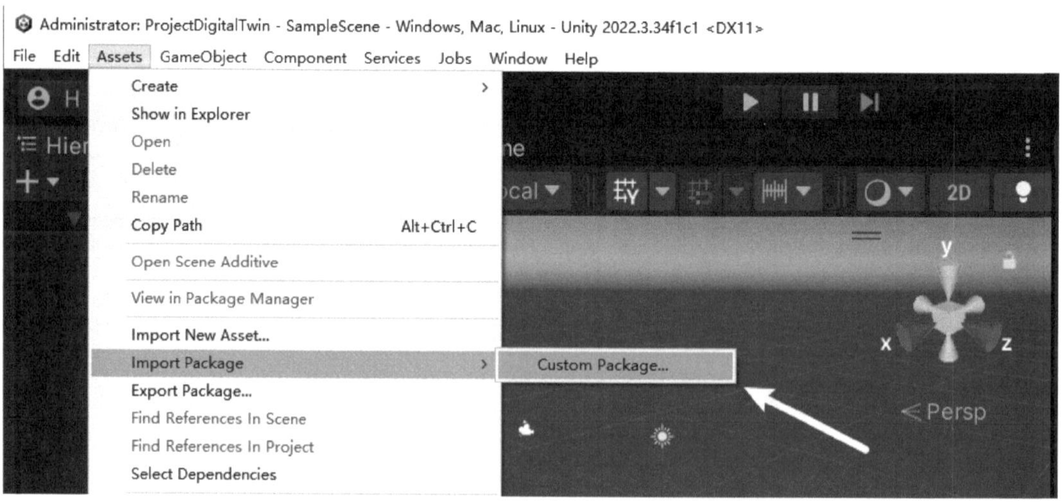

图 6.1-2　导入外部包

第二步，导入本书配套资源中的 DigitalTwinTemplate. unitypackage 文件，如图 6.1－3 所示。

图 6.1－3　选择 DigitalTwinTemplate

第三步，在自动弹出的 Import Unity Package 界面单击 All 按钮，勾选所有的资源，单击 Import 按钮导入，如图 6.1－4 所示。

图 6.1－4　导入所有文件

第四步，双击 Assets→Scenes 文件夹目录下的 DigitalTemplate，进入 DigitalTemplate 场景，如图 6.1－5 所示。

第五步，选择 Game 视图，就可以看到整个项目模板的样子，如图 6.1－6 所示，模板已经搭建好了模型和 UI。

注意　若 Game 视图的分辨率不是 1920×1080，读者可以自行设置，如图 6.1－7 所示，这部分的设置可参考 5.3 节。

图 6.1-5　进入 DigitalTemplate 场景

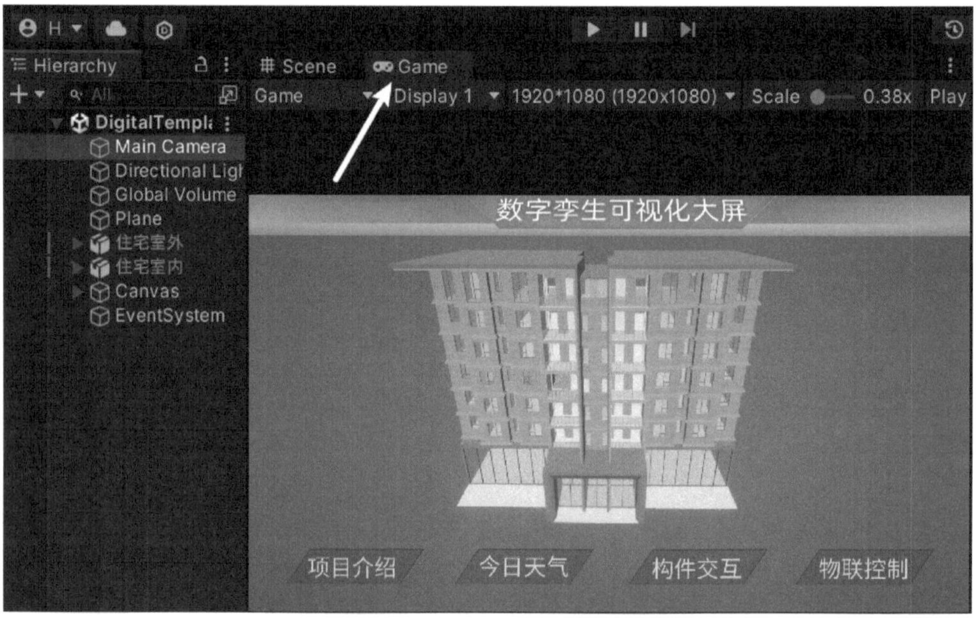

图 6.1-6　模板展示

图 6.1-7　设置分辨率

6.1.3　摄像机视角移动脚本

在 Hierarchy 视图中选中 Main Camera，在 Inspector 视图中可以看到已经加载了 Free Fly Camera 脚本，该脚本是为读者准备好的摄像机移动代码，可以通过 Assets→Scripts 文件夹进行查看，如图 6.1－8 所示。

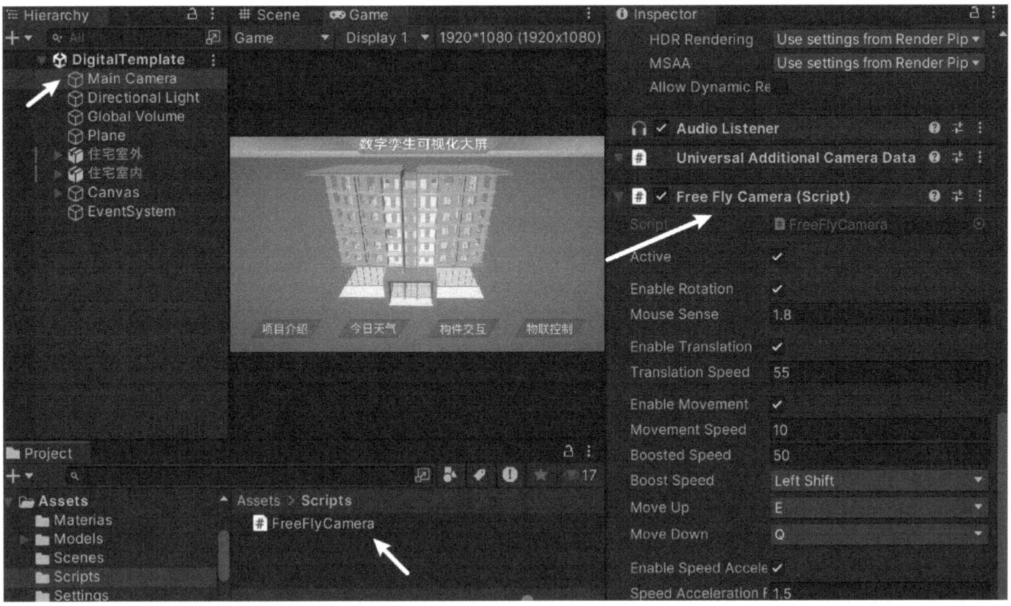

图 6.1－8　摄像机移动代码

FreeFlyCamera 脚本文件可在官方商店免费下载，读者可以根据需要自行下载获取，如图 6.1－9 所示。

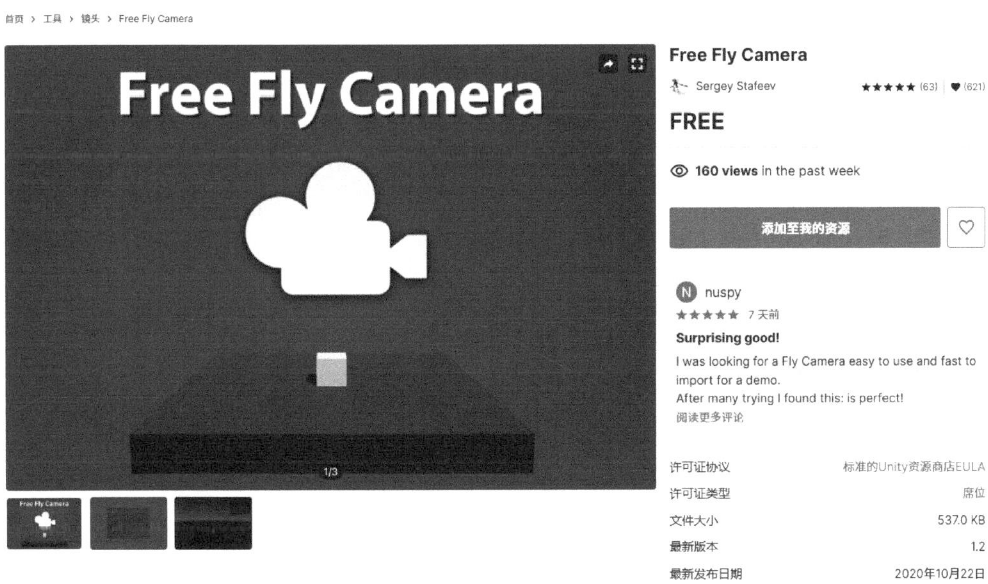

图 6.1－9　Free Fly Camera 资源

从官方商店下载后，需要对代码做如下修改，修改的目的主要是让交互更加友好。

修改 1：在 Update 函数中，通过"//"符号，注释掉 SetCursorState 函数。

修改 2：在 Update 函数中，通过"//"符号，注释掉 if 语句。

这两处的修改是为了让鼠标指针始终可见，具体代码如下：

```
private void Update()
{
    if (! _active)
        return;
    //SetCursorState();           //修改 1：取消鼠标状态设置
    //  if (Cursor.visible)       //修改 2：取消鼠标可视检测
    //      return;
    ...
}
```

修改 3：在 Update 函数中，在_enableRotation 后增加 Input. GetMouseButton(1)，从而实现按住鼠标右键同时移动鼠标时场景才能旋转，原始脚本只要移动鼠标场景就会旋转，具体代码如下所示：

```
//修改 3：按住鼠标右键同时移动鼠标，场景才能旋转
f (_enableRotation && Input.GetMouseButton(1))
```

注意　随书资源中提供的代码是已经修改过的了，读者无须再修改。

6.1.4 让场景动起来

单击▶按钮，在 Game 视图中按 W、A、S、D、Q、E 键可以实现场景的前、左、后、右、下、上移动，按住鼠标右键同时移动鼠标可以实现场景的旋转。

同时 6.1.3 节的脚本提供了更加细致的调整项，包括了镜头的移动速度、加速度，是否开启旋转、移动等，如图 6.1-10 所示。读者可以根据自己实际项目的场景大小来调整里面的参

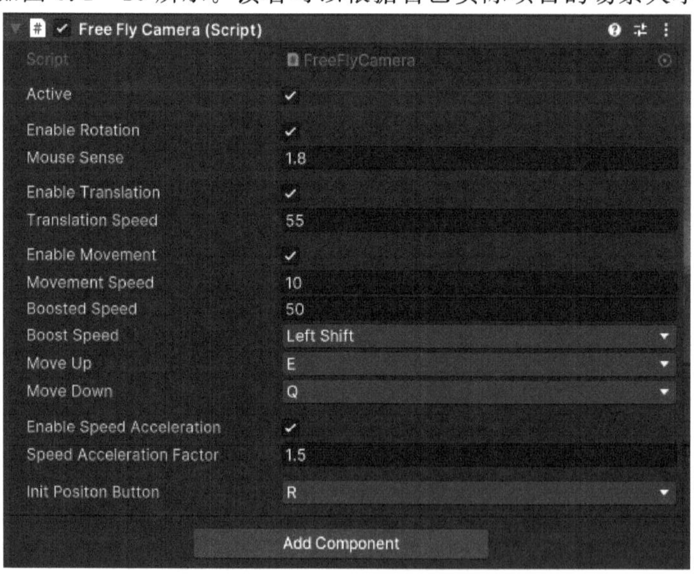

图 6.1-10　摄像机脚本参数

数，一般来说场景很大就需要镜头移动得更快，场景比较小，就需要镜头移动得比较慢。

6.2 “项目介绍”功能的实现

本节功能介绍：单击底部【项目介绍】按钮后，镜头移动到楼房前，场景中弹出项目介绍的图片，如图 6.2-1 所示。

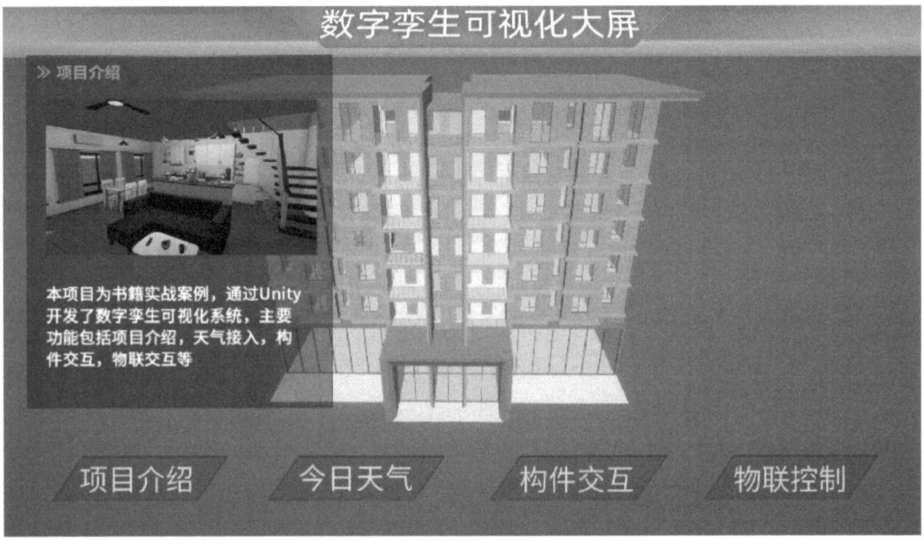

图 6.2-1　项目介绍功能

6.2.1 按钮事件的添加

在 5.3 节中，介绍了按钮 UI 的搭建，那么如何给按钮添加一个事件呢？

第一步，在 Assets→Scripts 文件夹下，创建一个名为“SceneManager”的脚本，用于编写按钮事件的代码，如图 6.2-2 所示。

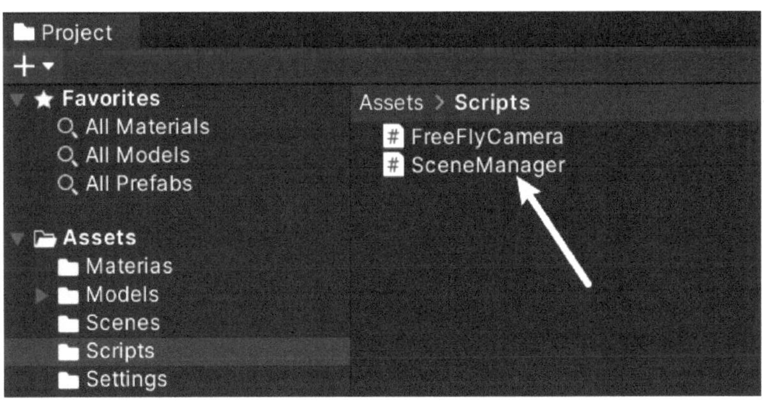

图 6.2-2　新建 SceneManager 脚本

第二步，在 Hierarchy 视图中右击，选择 Create Empty，创建一个空物体，取名为

“SceneManager”，如图 6.2－3 所示。因为脚本的执行依赖于场景中的对象，所以新建一个空物体，用于挂载第一步中创建的脚本。

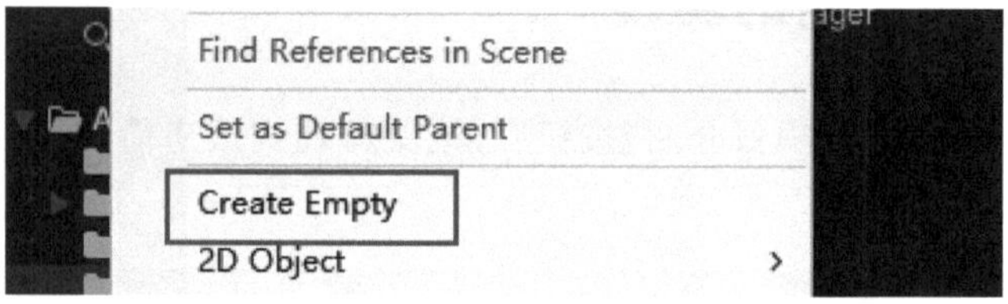

图 6.2－3　创建空物体

第三步，将 SceneManager 脚本文件拖拽到第二步创建的 SceneManager 的 Add Component 按钮所在区域内，如图 6.2－4 所示。

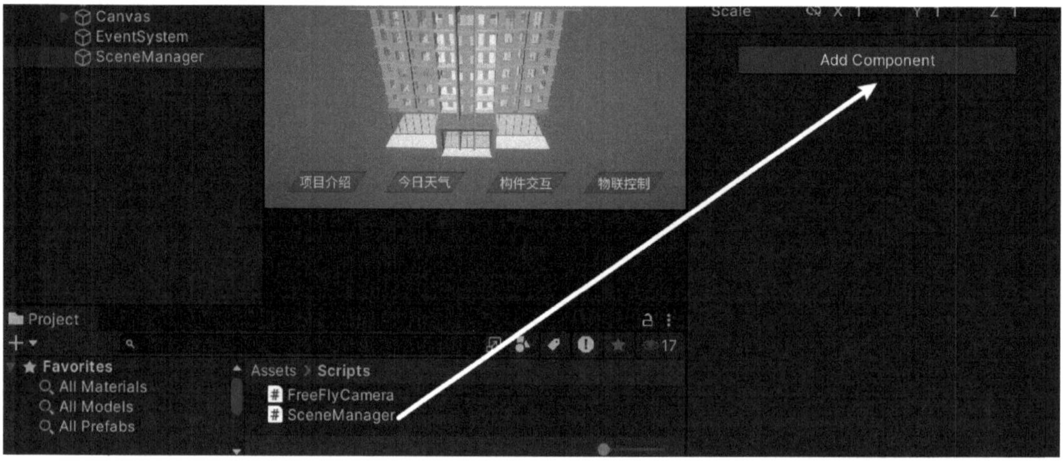

图 6.2－4　拖入脚本

第四步，双击打开 SceneManager 脚本文件，输入以下代码：

```
using System;
using System.Collections;
using System.Collections.Generic;
using UnityEngine;
using UnityEngine.UI;                          //引入 UI 命名空间
public class SceneManager : MonoBehaviour
{
    [Header("项目介绍")]
    public Button BtnIntroduce;                //创建项目介绍按钮变量
    void Start()
    {
        //在项目介绍按钮上绑定点击事件
        BtnIntroduce.onClick.AddListener(BtnIntroduceClick);
    }
    private void BtnIntroduceClick()          //项目介绍按钮点击事件方法
    {
        Debug.Log("单击了项目介绍按钮"); //当单击按钮时，执行输出
    }
```

```
    void Update()
    {
    }
}
```

第五步，保存第四步的代码后，会发现 SceneManager 多了一个按钮组件的插槽，如图 6.2－5 中方框所示。将 Canvas 下面的 BtnProjectIntroduce 拖入脚本的按钮组件插槽中，对按钮添加点击事件，如图 6.2－5 所示。

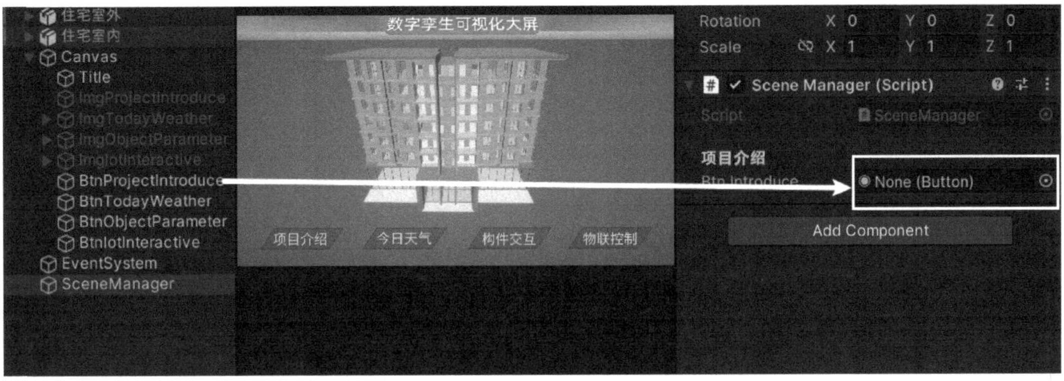

图 6.2－5　拖入按钮组件插槽

第六步，单击▶按钮，在 Game 视图中单击场景中的【项目介绍】按钮，控制台就可以输出写在 BtnIntroduceClick 方法里面的内容了，如图 6.2－6 所示。

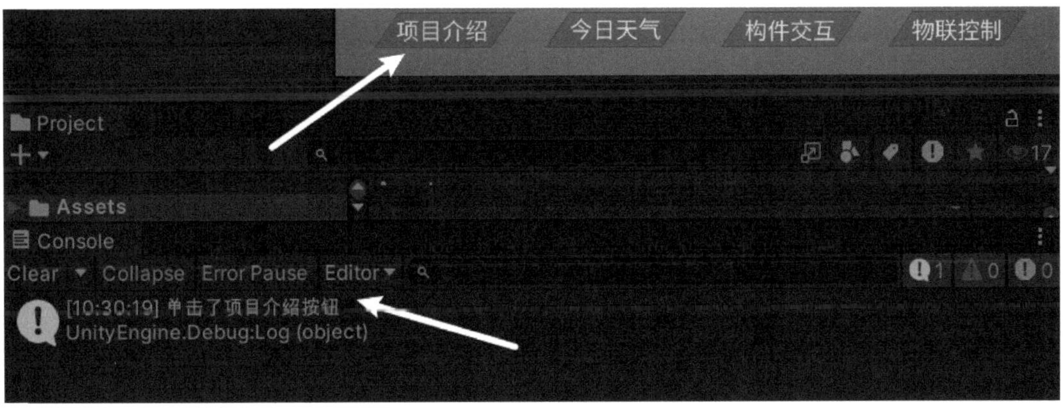

图 6.2－6　单击按钮输出结果

通过以上步骤，就完成了一个按钮事件的添加。

6.2.2　图片弹窗效果的实现

在 Hierarchy 视图中的 Canvas 下选中图片组件 ImgProjectIntroduce，在属性面板中，通过勾选框可以实现对图片的显示或隐藏控制，如图 6.2－7 所示。图片组件 ImgProjectIntroduce 默认是隐藏的，当单击【项目介绍】按钮时，通过显示图片来模拟弹窗效果。

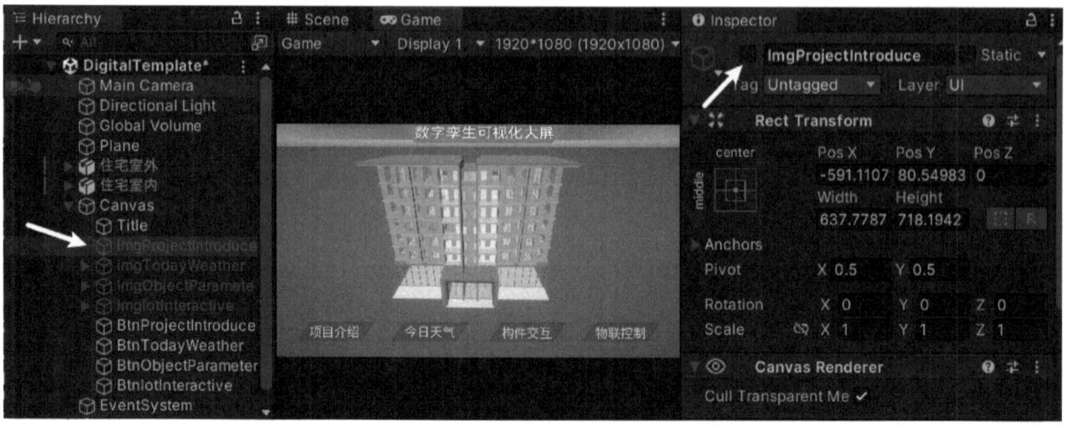

图 6.2-7　图片显隐设置

对 SceneManager 脚本进行修改，以实现通过 SetActive 方法对图片的显示或隐藏进行控制。修改后的代码如下：

```
using System;
using System.Collections;
using System.Collections.Generic;
using UnityEngine;
using UnityEngine.UI;                               //引入 UI 命名空间
public class SceneManager : MonoBehaviour
{
    [Header("项目介绍")]
    public Button BtnIntroduce;                     //创建项目介绍按钮变量
    public GameObject ImgIntroduce;                 //创建项目介绍图片变量
    void Start()
    {
        //在项目介绍按钮上绑定点击事件
        BtnIntroduce.onClick.AddListener(BtnIntroduceClick);
    }
    private void BtnIntroduceClick()                //项目介绍按钮点击事件方法
    {
        Debug.Log("单击了项目介绍按钮");             //当单击按钮时，执行输出
        ImgIntroduce.SetActive(true);               //当单击按钮时，显示图片
    }
    void Update()
    {
    }
}
```

保存代码，这时会看到脚本上多了一个 Img Introduce 的插槽，将 ImgProjectIntroduce 拖入插槽中，如图 6.2-8 所示。

运行项目，单击【项目介绍】按钮，这个时候就可以看到图片以弹窗的形式出现了，如图 6.2-9 所示。

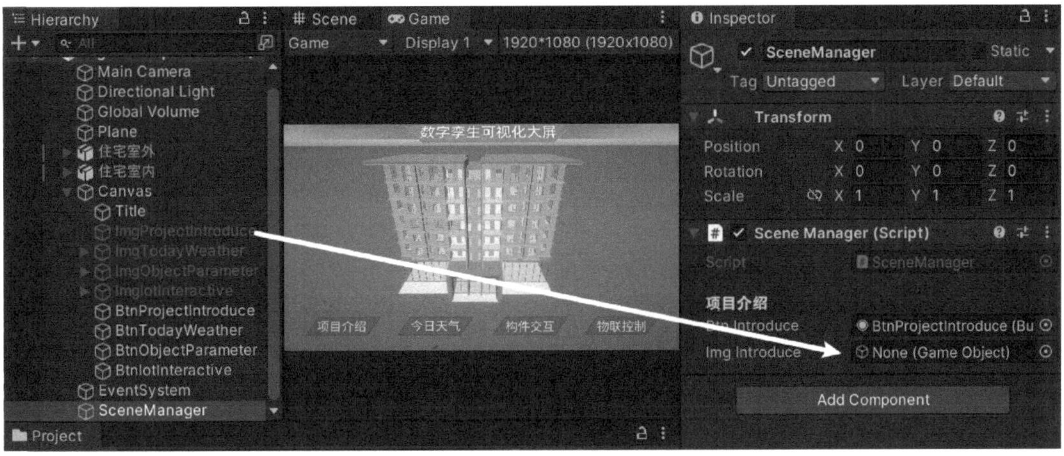

图 6.2－8　拖入插槽

图 6.2－9　弹窗出现

6.3　镜头移动功能的实现

在实际项目开发中，需要单击【项目介绍】按钮时，让 Game 视图中的镜头移动到指定的位置，从而实现视角的切换。Game 视图中镜头的移动可以通过修改摄像机的位置和角度来实现，为了让镜头移动时更加平滑，可以借助 DOTween 动画插件来实现。

6.3.1　摄像机位置确定

在 Scene 视图中，通过 1.1.3 节介绍的场景移动、旋转、缩放功能对当前 Scene 视图的镜头位置和角度进行调整。当出现一个可以展示整个楼房的视角时，选中 Hierarchy 视图中的 MainCamera，选择菜单栏的 GameObject→Align With View，让摄像机自动对齐到当前视角，同时记录下此刻摄像机的 Position 和 Rotation，如图 6.3-1 所示。当用户单击【项目介绍】按钮时，镜头将会移动到此位置。

➤ Position：670，172，－561

➤ Rotation：6，2，0

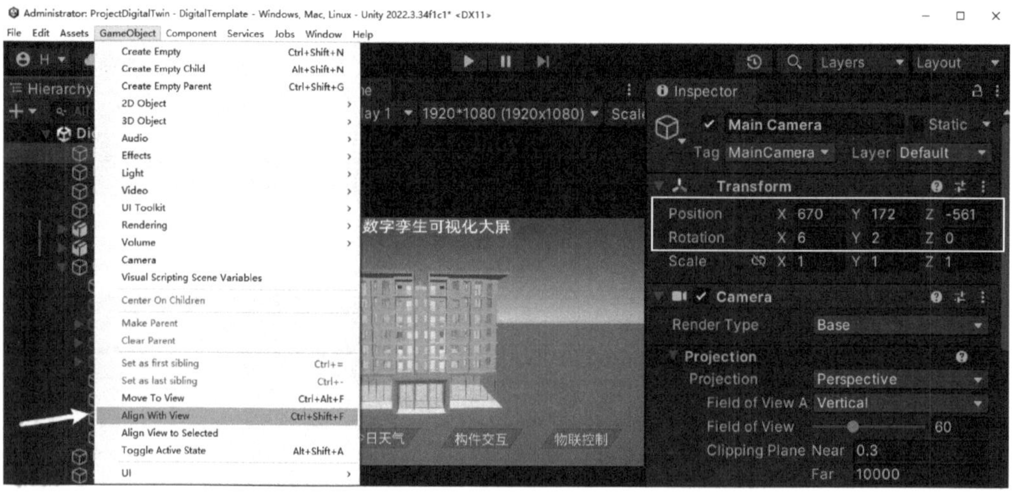

图 6.3-1 摄像机对齐

为了实现镜头移动的效果，还需要设置镜头的初始位置，使单击【项目介绍】按钮时实现镜头从远到近的移动效果。通过 1.1.3 节介绍的场景移动、旋转、缩放功能对镜头的初始位置和角度进行设置，首先找到距离整栋楼房比较远的视角作为镜头初始位置，然后选择菜单栏的 GameObject→Align With View，完成镜头初始位置和角度的设置，如图 6.3-2 所示。

➤ Position：670，231，－1100

➤ Rotation：6，2，0

图 6.3-2 拉远镜头

现在，镜头的初始位置和角度及移动后的位置和角度就确定好了。

6.3.2 DOTween 插件的安装

要实现两个镜头之间移动时的过渡动画效果，可以使用一个非常出名的动画插件 DOTween 来完成，这个插件可以在官方商城中免费获取，如图 6.3-3 所示。

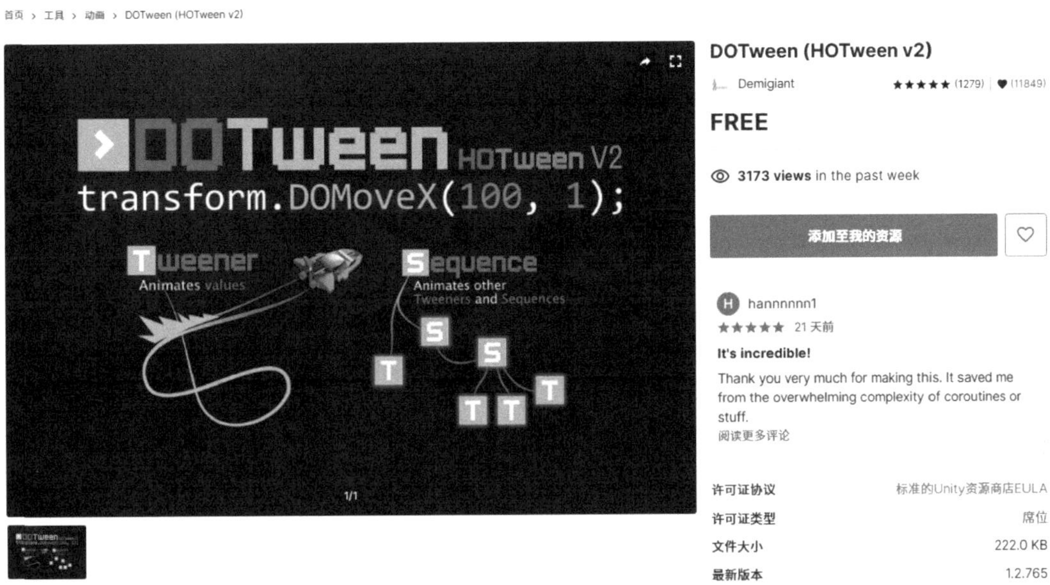

图 6.3-3 DOTween 插件

第一步，按照 2.2.5 节里面介绍的方法，快速将插件导入当前项目中。

第二步，导入后，会出现一个弹窗，单击 Open DOTween Utility Panel 按钮，如图 6.3-4 所示。

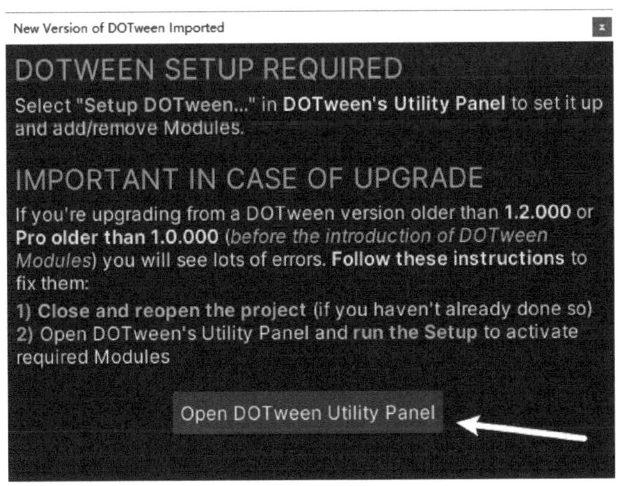

图 6.3-4 打开 DOTween Utility Panel

第三步，在自动弹出的安装界面中单击 Setup DOTween 按钮，如图 6.3-5 所示。

图 6.3-5　安装 DOTween

第四步，安装完之后，单击 Apply 按钮，这样 DOTween 这个工具就安装到了项目中，如图 6.3-6 所示。

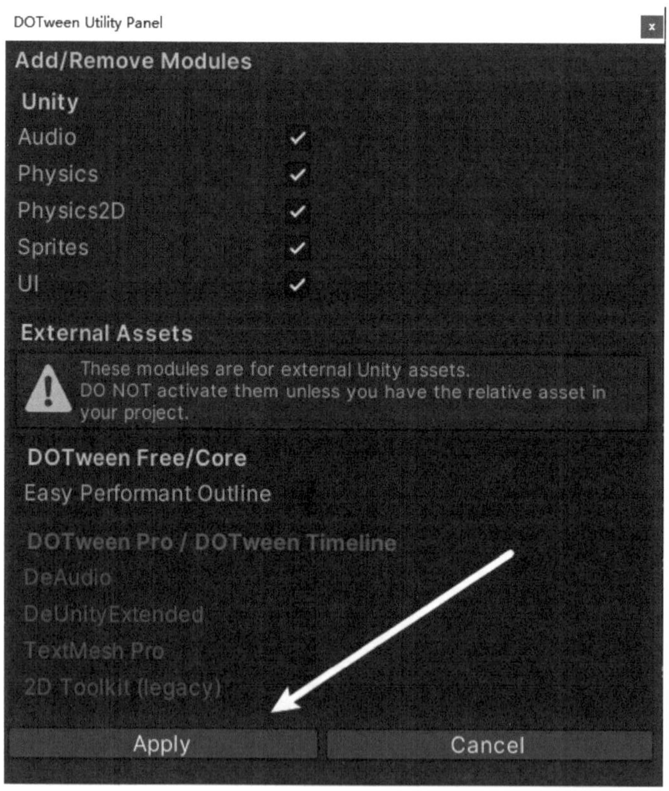

图 6.3-6　应用设置

6.3.3　镜头移动脚本

DOTween 插件安装完成后，将使用它的功能来快速实现镜头移动的动画效果，修改后的 SceneManager 代码如下：

```
using DG.Tweening;                                      //引入 Dotween 命名空间
using System;
using System.Collections;
using System.Collections.Generic;
using UnityEngine;
using UnityEngine.UI;                                   //引入 UI 命名空间
public class SceneManager : MonoBehaviour
{
    [Header("Camera")]
    public Camera MainCamera;                           //创建摄像机变量
    [Header("项目介绍")]
    public Button BtnIntroduce;                         //创建项目介绍按钮变量
    public GameObject ImgIntroduce;                     //创建项目介绍图片变量
    void Start()
    {
        //在项目介绍按钮上绑定点击事件
        BtnIntroduce.onClick.AddListener(BtnIntroduceClick);
    }
    private void BtnIntroduceClick()                    //项目介绍按钮点击事件方法
    {
        Debug.Log("单击了项目介绍按钮");                //当单击按钮时,执行输出
        ImgIntroduce.SetActive(true);                   //当单击按钮时,显示图片
        //移动摄像机到指定的位置和角度
        MainCamera.transform.DOLocalMove(new Vector3(670f,172f,-561f),3);
        MainCamera.transform.DOLocalRotate(new Vector3(6f,2f, 0f),3);
    }
    void Update()
    {
    }
}
```

这里实现镜头移动的原理是修改 MainCamera 的位置和角度，并且通过 DOTween 的使用，让镜头可以平滑的移动。通过 DOTween 的 DOLocalMove 和 DOLocalRotate 方法对 MainCamera 的 transform 属性做了修改，DOLocalMove 和 DOLocalRotate 方法内的 Vector3 (x,y,z)分别代表的是镜头移动到的位置和旋转的角度值，也就是 6.3.1 节中记录的摄像机最终的 Position 和 Rotation 值，数字后的 f，表示浮点型 float 小数，方法中的数字 3 代表这个移动过程和旋转过程需要花费 3 秒。

6.3.4　完成镜头的移动

保存上面修改好的代码，将场景中的 Main Camera 拖入脚本的 Main Camera 插槽中，如图 6.3－7 所示。

单击▶按钮，然后单击【项目介绍】按钮，就可以看到镜头从远飞近的动画效果了，如图 6.3－8 所示。

图 6.3-7　拖入 Main Camera

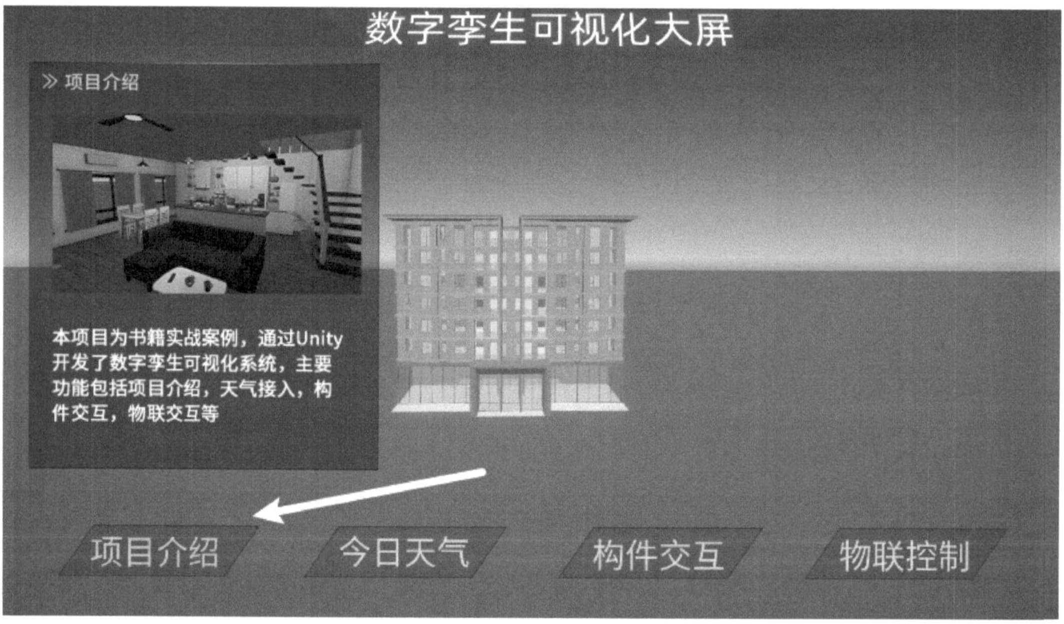

图 6.3-8　项目介绍功能实现

第7章

数字孪生实战之“今日天气”功能的实现

在数字孪生项目中，经常需要接入外部的网络数据(比如当日的天气信息、项目的实时概况等)，并在 Unity 的 UGUI 系统中呈现出来。本章以天气信息的接入为例，来说明如何在 Unity 中对接外部 HTTP 协议的网络数据。

本章首先介绍 HTTP 协议和网络数据的基本知识，然后介绍通过 C# 去解析网络数据，最后将 C# 获取的网络数据通过 UGUI 系统呈现出来，从而实现单击【今日天气】按钮，弹出今日天气相关数据的功能，如图 7.0-1 所示。

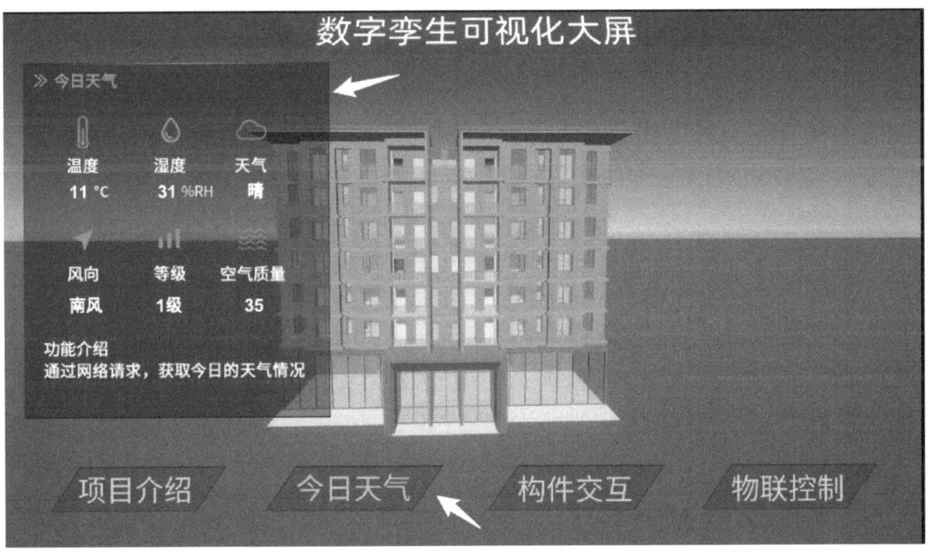

图 7.0-1　今日天气功能示意

7.1　网络的基本组成

网络数据本质是以二进制形式编码的信息，通过网络协议在设备间流动，可被计算机、手机、传感器等终端识别和处理。用户通过网络进行购物、看电影等活动时，本质上就是网络数据的流动。网络通常由客户端(请求数据的一端)、服务端(提供数据的一端)以及网络协议(客户端与服务端之间的交流规则)组成。

7.1.1 客户端

客户端指的是为用户提供本地服务的程序,比如淘宝、微信、Unity 开发的游戏等。在数字孪生项目开发中,开发出来的程序就是客户端,它的数据由服务端提供。

7.1.2 服务端

服务端指的是在网络中提供服务的计算机程序或设备,比如用户在淘宝上购买商品,商品的数据全部由服务端来提供。在数字孪生项目开发中,服务端为客户端提供各式各样的数据。

7.1.3 HTTP 协议

人与人之间通过语言交流,客户端与服务端之间则通过网络协议交流。开发数字孪生项目时,HTTP 协议是常用的一种网络协议。

7.2 Unity 网络编程

接下来将以获取天气数据为例来说明如何在 Unity 中进行网络编程。

7.2.1 天气数据 API 获取

通常采用数据 API(Application Programming Interface,应用程序编程接口)来获取外部数据。数据 API 是一种专门用于获取、处理和管理数据的接口,它允许不同软件系统之间通过标准化的请求和响应进行数据交互。为了获取天气的实时数据,就要使用对应的数据 API。网络上有很多提供数据 API 服务的厂商,这里以聚合数据为例进行讲解,聚合数据的官网页面如图 7.2-1 所示。

图 7.2-1 聚合数据官网

第一步,注册、登录聚合数据的官网。

第二步,在 API 中,搜索天气预报,找到天气预报的 API,如图 7.2-2 所示,这个 API 是免费的，可以直接申请使用。

图 7.2-2　天气预报 API

第三步，申请使用后，选择“我的 API”，就会出现天气预报的信息了，如图 7.2-3 所示。

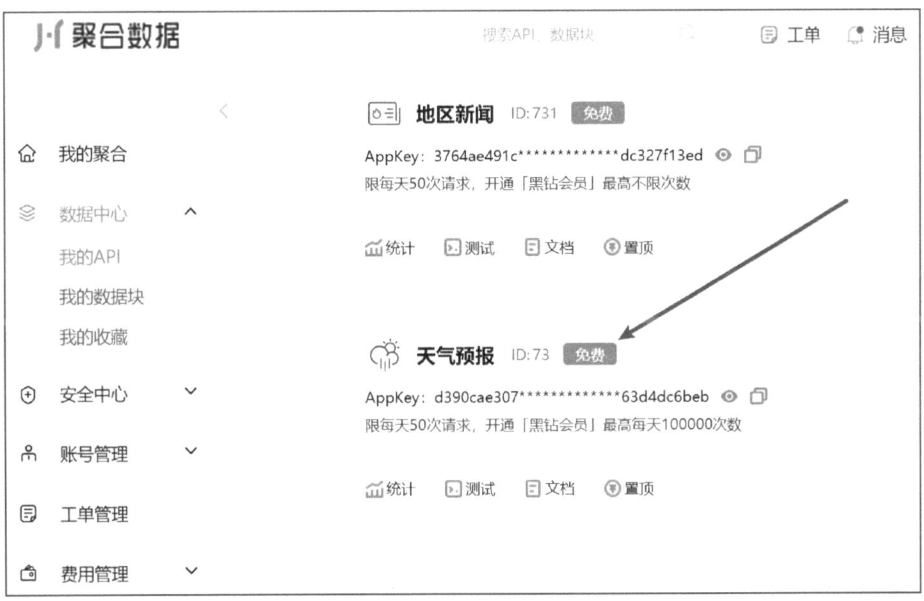

图 7.2-3　我的 API

第四步，单击【天气预报】选项，可以看到接口文档的详细信息，如图 7.2-4 所示。由于天气信息是外部提供的数据，所以需通过 C# 解析数据后，才能呈现到 UGUI 中。

7.2.2　C# 解析天气数据

为了实现 C# 对 JSON 数据的解析，需要先把 JSON 数据格式对应的 C# 类写出来，然后通过 C# 网络编程来获取 JSON 格式的天气数据。

第一步，获取需要解析的完整 JSON 数据，即选中网站上 JSON 返回示例中所有数据并复制，如图 7.2-5 所示。

根据城市查询天气

接口地址： http://apis.juhe.cn/simpleWeather/query

请求方式： http get/post

返回类型： json

接口描述： 通过城市名称或城市ID查询天气预报情况

接口调试： API测试工具

请求Header：

名称	值
Content-Type	application/x-www-form-urlencoded

请求参数说明：

名称	必填	类型	说明
city	是	string	要查询的城市名称/id，城市名称如：温州、上海、京，需要utf8 urlencode
key	是	string	在个人中心->我的数据,接口名称上方查看

图 7.2－4　接口文档

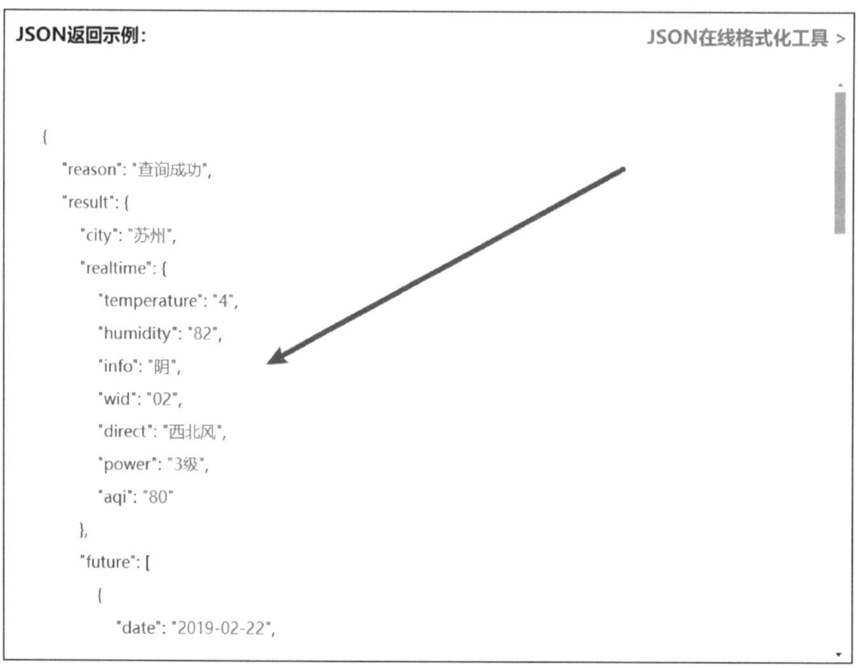

JSON返回示例：　　JSON在线格式化工具 >


```
{
  "reason": "查询成功",
  "result": {
    "city": "苏州",
    "realtime": {
      "temperature": "4",
      "humidity": "82",
      "info": "阴",
      "wid": "02",
      "direct": "西北风",
      "power": "3级",
      "aqi": "80"
    },
    "future": [
      {
        "date": "2019-02-22",
```


图 7.2－5　复制 JSON 数据

第二步，在搜索引擎中搜索：JSON 转 C# 在线转换网站，这里以 Json2CSharp 网站为例，在页面左侧文本框粘贴输入第一步中复制的 JSON 数据，然后单击 Convert 按钮，即可将 JSON 数据转换为页面右侧的 C# 类，如图 7.2－6 所示。

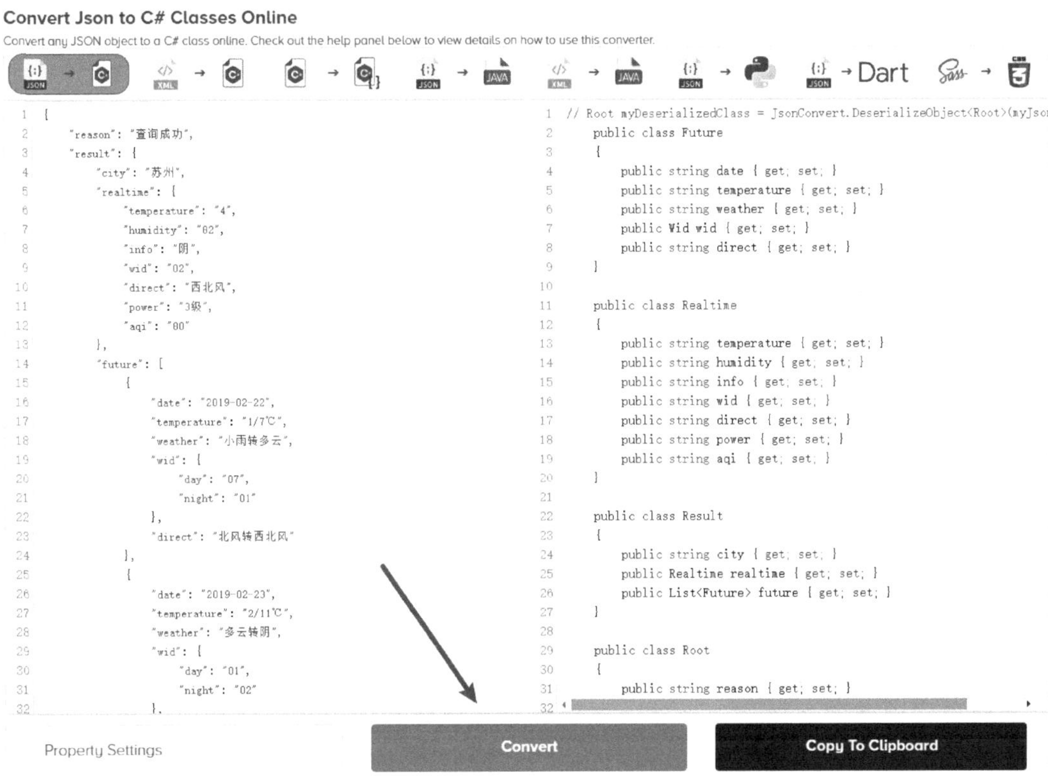

图 7.2－6　JSON 数据转 C# 类

第三步，将每一个解析出来的 C# 类形成 C# 类文件，这里以 Realtime 类举例，解析后得到的类如下：

```
public class Realtime
{
    public string temperature { get; set; }
    public string humidity { get; set; }
    public string info { get; set; }
    public string wid { get; set; }
    public string direct { get; set; }
    public string power { get; set; }
    public string aqi { get; set; }
}
```

第四步，在电脑上新建一个.txt 文件，取名为“Realtime.txt”，将其后缀名改为.cs 以快速创建一个 C# 脚本，如图 7.2－7 所示。

第五步，双击打开 Realtime.cs 文件，一般用 Visual Studio 软件打开该类型文件，如图 7.2－8 所示。

第六步，在文件中输入如下代码，构建与 JSON 数据格式对应的 C# 类。

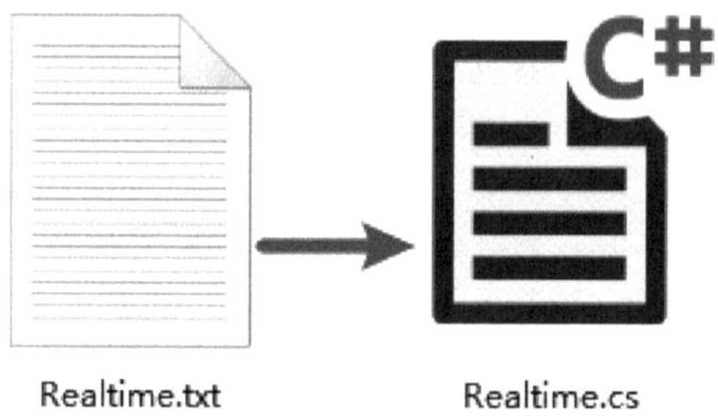

图 7.2-7　修改后缀名

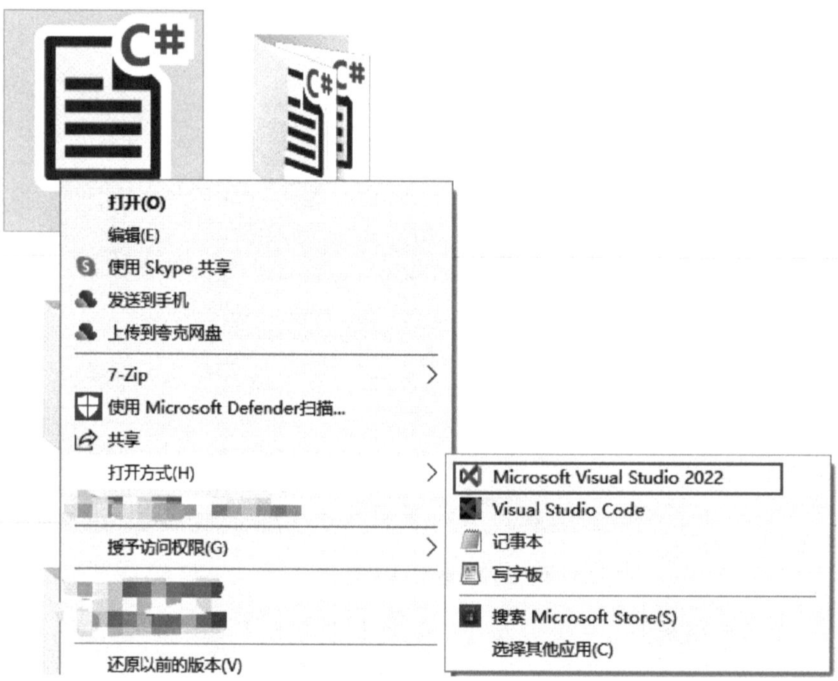

图 7.2-8　用 Visual Studio 打开类文件

```
[System.Serializable]
public class Realtime
{
    public string temperature;          //温度
    public string humidity;             //湿度
    public string info;                 //天气情况
    public string wid;                  //天气标识
    public string direct;               //风向
    public string power;                //风力
    public string aqi;                  //空气质量指数
}
```

注意　通过网站解析的 C# 类代码是不能直接使用的，需要做两个修改：

1. 在类的前面加上[System.Serializable]，用于类的序列化。

2. 去除变量名后的{get;set;}，比如原始是 public string temperature { get; set; }，改后是 public string temperature，若不去除会导致不能在 Unity 中正常获取 JSON 数据。

此外，有时候网站解析会出现一些问题，需要人为再校准一下。

第七步，和第六步一样，分别构建其他的类文件，本书配套资源中已经构建好了，可以直接选中并拖入 Assets→Scripts 文件夹下使用，如图 7.2-9 所示。

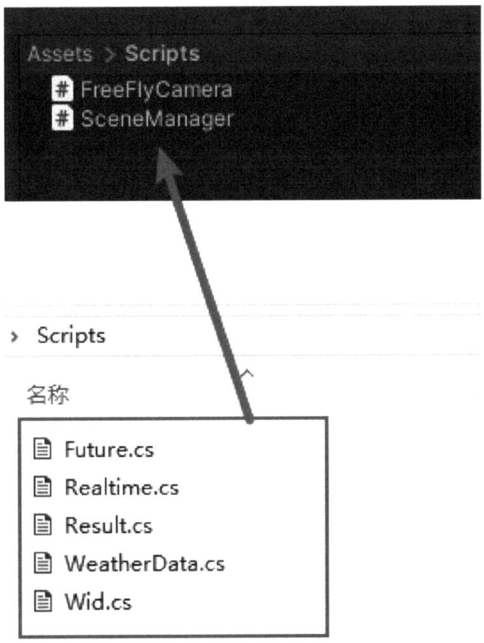

图 7.2-9　拖入类文件

第八步，修改 6.3 节中的 SceneManager 脚本，修改后的代码如下：

```
using DG.Tweening;                      //引入 Dotween 命名空间
using System;
using System.Collections;
using System.Collections.Generic;
using UnityEngine;
using UnityEngine.Networking;
using UnityEngine.UI;                   //引入 UI 命名空间
public class SceneManager : MonoBehaviour
{
    [Header("Camera")]
    public Camera MainCamera;           //创建摄像机变量
    [Header("项目介绍")]
    public Button BtnIntroduce;         //创建项目介绍按钮变量
    public GameObject ImgIntroduce;     //创建项目介绍图片变量
    [Header("今日天气")]
    WeatherData TodayWeather;           //声明今日天气变量
    public Button BtnTodayWeather;      //创建今日天气按钮变量
```

```
    void Start()
    {
        //在项目介绍按钮上绑定点击事件
        BtnIntroduce.onClick.AddListener(BtnIntroduceClick);
        //在今日天气按钮上绑定点击事件
        BtnTodayWeather.onClick.AddListener(BtnTodayWeatherClick);
    }
    private void BtnIntroduceClick()                //项目介绍按钮点击事件方法
    {
        Debug.Log("单击了项目介绍按钮");          //当单击按钮时,执行输出
        ImgIntroduce.SetActive(true);             //当单击按钮时,显示图片
        //移动摄像机到指定的位置和角度
        MainCamera.transform.DOLocalMove(new Vector3(670f, 172f, 561f),3);
        MainCamera.transform.DOLocalRotate(new Vector3(6f, 2f, 0f),3);
    }
    void BtnTodayWeatherClick()                     //今日天气按钮点击事件方法
    {
        //在协程中调用 GetWeatherData 方法
        StartCoroutine(GetWeatherData());
    }
    IEnumerator GetWeatherData()
    {
        string url = "http://apis.juhe.cn/simpleWeather/query?city=上海&key=xxxx";
        //进行网络请求
        using (UnityWebRequest webRequest = UnityWebRequest.Get(url))
        {
            yield return webRequest.SendWebRequest();
            //如果连接失败
            if (webRequest.result == UnityWebRequest.Result.ConnectionError)
            {
                Debug.Log(webRequest.error);  //输出错误原因
            }
            else
            {
                //连接成功的情况下请求数据
                    TodayWeather = JsonUtility.FromJson<WeatherData>(webRequest.downloadHandler.text);
                //如果返回结果有效,为"查询成功"
                if (TodayWeather.reason == "查询成功!")
                {
                    Debug.Log("查询成功");   //输出查询成功
                }
            }
        }
    }
    void HideAll()
    {
        ImgIntroduce.SetActive(false);          //隐藏项目介绍
    }
    void Update()
```

```
67.        {
68.        }
69. }
```

第 40 行的 url 字符串由三部分组成：① 请求地址：http://apis.juhe.cn/simpleWeather/query，这个就是聚合 API 提供的天气接口地址；② 查询参数 city：上海，将需要查询的城市名称写上即可；③ 查询参数 Key：xxxx，这个 key 参数具体的值可以在天气预报的 Appkey 中获取，如图 7.2－10 所示。最后形成的字符串格式就是 http://apis.juhe.cn/simpleWeather/query? city=上海 &key=xxxx 这里用“?”连接 API 与查询条件，用“&”连接查询参数。

图 7.2－10　天气预报 AppKey

在 Unity 中网络请求数据量较大时，Unity 性能会受到影响，为了减小对主程序的影响，让程序更加流畅，第 36 行采用了协程 StartCoroutine 的方式来进行网络请求的调用。

第九步，在较新版本的 Unity 中，HTTP 协议的访问需要使用 https 的格式（网址开头要使用 https），如果网址前面为 http（缺少 s），在 Unity 中会出现“InvalidOperationException: Insecure connection not allowed”的报错信息。为了更加兼容，可以选择菜单栏中的 Eidt→Project Settings→Player，找到 Allow downloads over HTTP，将其设置为 Always allowed，如图 7.2－11 所示。设置之后，以 http 开头的网络地址也能正常解析。

第十步，保存代码后，将 Canvas 下面的 BtnTodayWeather 拖入脚本的 Btn Today Weather 插槽上，如图 7.2－12 所示。

第十一步，单击▶按钮，再次单击【今日天气】按钮时，即可看到控制台的输出结果，如图 7.2－13 所示。

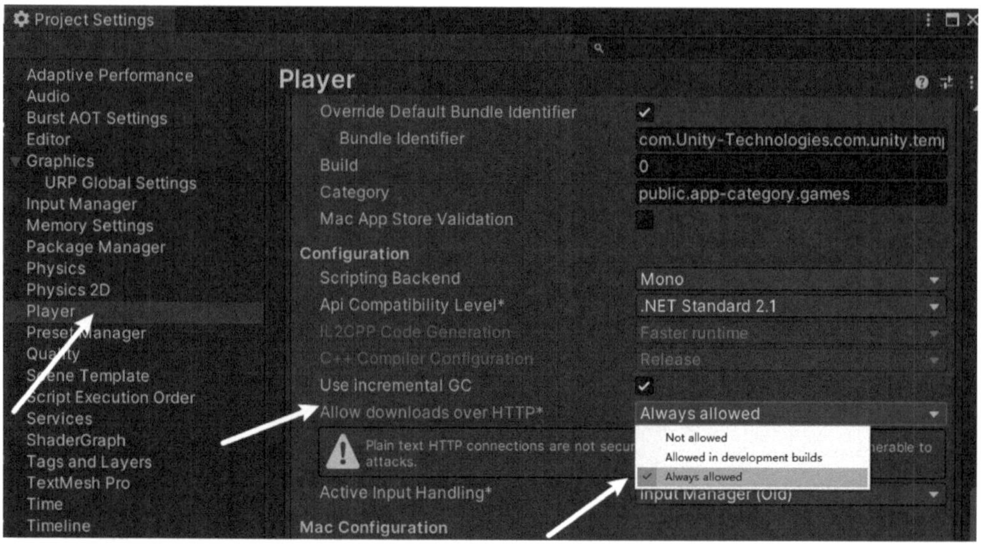

图 7.2-11　设置 HTTP

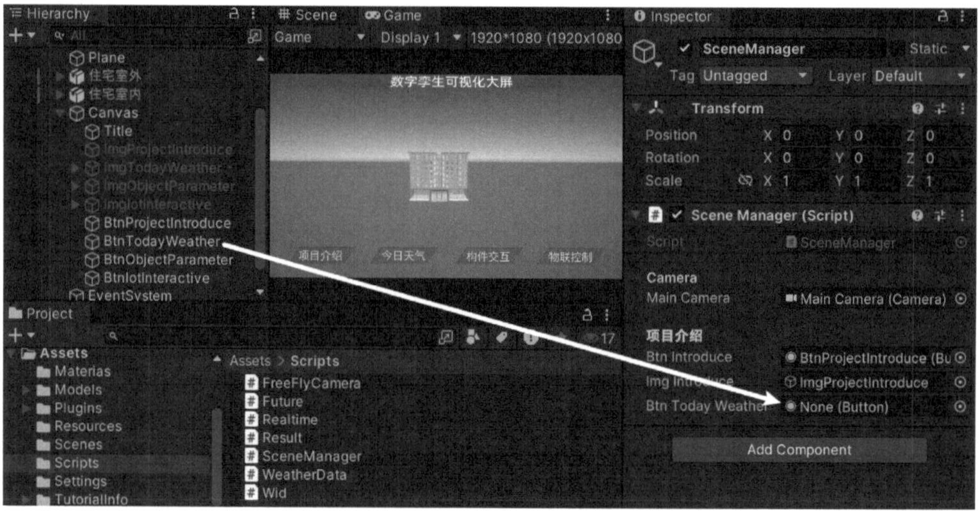

图 7.2-12　拖入今日天气按钮插槽

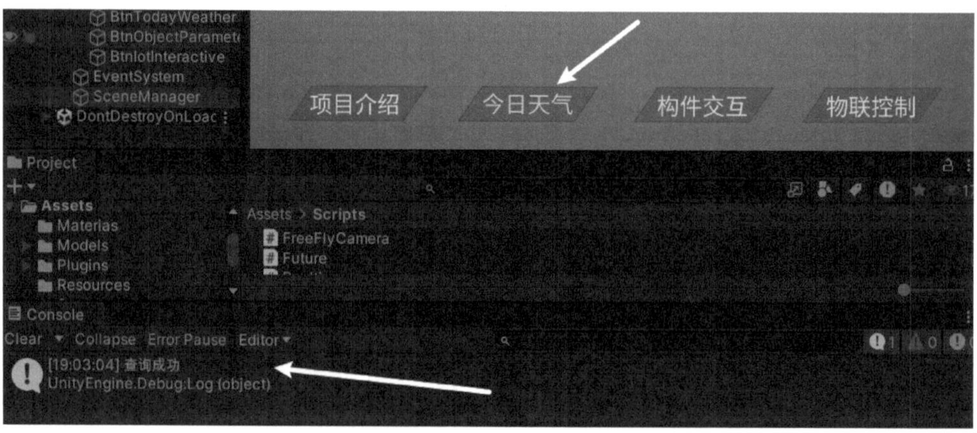

图 7.2-13　输出查询结果

7.2.3　UGUI 呈现解析数据

在 7.2.2 节，通过 C# 获取了今日天气的数据，接下来要将数据填入 UI 界面中。在今日天气 ImgTodayWeather 下有六个文本组件，用来接收 C# 传过来的数据，如图 7.2－14 所示。

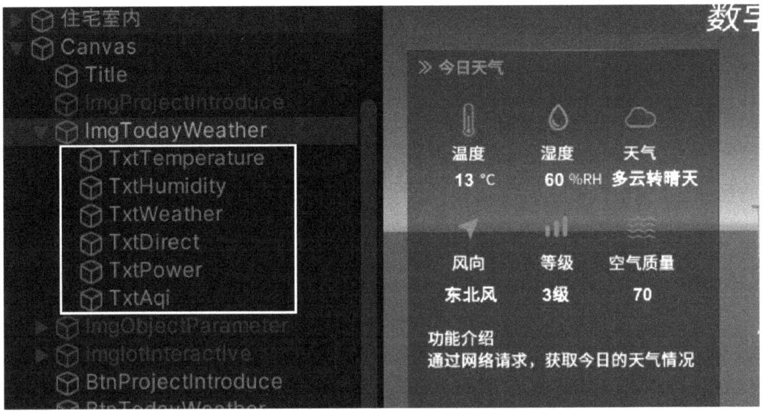

图 7.2－14　接收数据文本组件

第一步，在 7.2.2 节的 SceneManager 脚本的基础上，修改 public Button BtnTodayWeather 部分的代码为：

```
[Header("今日天气")]
WeatherData TodayWeather;                 //声明今日天气变量
public Button BtnTodayWeather;            //创建今日天气按钮变量
public GameObject ImgTodayWeather;        //创建今日天气图片变量
public Text TxtTemperature;               //温度，这里的 Text 变量和 UI 上的进行对应
public Text TxtHumidity;                  //湿度
public Text TxtWeather;                   //天气
public Text TxtDirect;                    //风向
public Text TxtPower;                     //等级
public Text TxtAqi;                       //空气质量
```

第二步，在 Debug.Log("查询成功")下，增加以下代码：

```
Debug.Log("查询成功"); //输出查询成功
TxtTemperature.text = TodayWeather.result.realtime.temperature; //温度
TxtHumidity.text = TodayWeather.result.realtime.humidity;       //湿度
TxtWeather.text = TodayWeather.result.realtime.info;            //天气
TxtDirect.text = TodayWeather.result.realtime.direct;           //风向
TxtPower.text = TodayWeather.result.realtime.power;             //等级
TxtAqi.text = TodayWeather.result.realtime.aqi;                 //空气质量
```

用于将网络请求中获取的值赋予对应的文本组件。

第三步，在 BtnTodayWeatherClick 方法中，增加 HideAll 方法以及 ImgTodayWeather.SetActive 语句。

```
void BtnTodayWeatherClick()
{
    HideAll();                            //先隐藏其他的 UI
```

```
    ImgTodayWeather.SetActive(true);          //展示天气图片
    StartCoroutine(GetWeatherData());         //在协程中调用 GetWeatherData 方法
}
```

在单击【今日天气】按钮时，先通过 HideAll 方法隐藏无关的 UI，比如隐藏单击【项目介绍】按钮时弹出的项目介绍图片，然后再显示今日天气对应的图片。不隐藏之前的 UI，会导致 UI 重叠。

第四步，在 BtnIntroduceClick 方法中，增加 HideAll 方法。

```
private void BtnIntroduceClick()              //项目介绍按钮点击事件方法
{
    Debug.Log("单击了项目介绍按钮");          //当单击按钮时，执行输出
    HideAll();//先隐藏其他的 UI
    ImgIntroduce.SetActive(true);             //当单击按钮时，显示图片
    //移动摄像机到指定的位置和角度
    MainCamera.transform.DOLocalMove(new Vector3(670f, 172f, -561f),3);
    MainCamera.transform.DOLocalRotate(new Vector3(6f, 2f, 0f), 3);
}
```

第五步，修改 HideAll 方法为：

```
void HideAll()
{
    ImgIntroduce.SetActive(false);              //隐藏项目介绍
    ImgTodayWeather.SetActive(false);           //隐藏今日天气
}
```

第六步，保存代码后，把 Canvas 里面的 ImgTodayWeather 拖入脚本中的 ImgTodayWeather 插槽，如图 7.2－15 所示。再把每一个文本组件拖入脚本中对应的插槽。

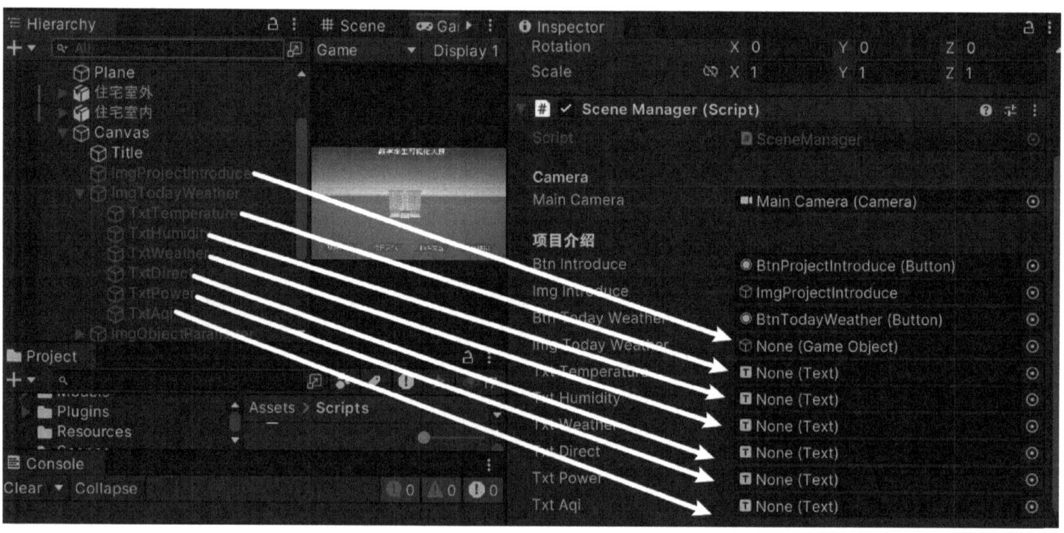

图 7.2－15　拖入今日天气相关组件

第七步，单击▶按钮，再次单击【今日天气】按钮时，即可看到 UI 上已经显示了当前上海的天气情况，如图 7.2－16 所示。不同按钮切换时，UI 图片可以对应出现。

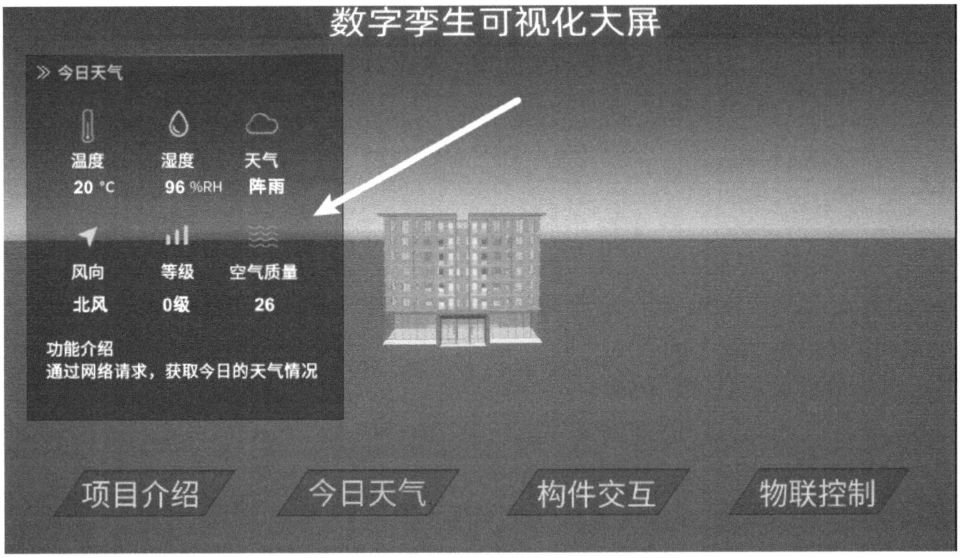

图 7.2-16　今日天气功能实现

7.2.4　注意事项

1. C# 在 Unity 环境下与在常规环境下解析 JSON 的区别

在 Unity 中使用 C# 解析 JSON 时，需要按照 7.2.2 节中提到的类格式来处理，但是在常规环境下用 C# 解析 JSON 时，比如在控制台程序中用 Newtonsoft.Json 库解析 JSON，需要将类做如下定义：

```
public class Realtime
  {
        public string temperature { get; set; }
        public string humidity { get; set; }
        public string info { get; set; }
        public string wid { get; set; }
        public string direct { get; set; }
        public string power { get; set; }
        public string aqi { get; set; }
  }
```

这种类定义在 Unity 环境下是不能直接使用的。

2. JSON 转 C# 数据不准确问题

当 JSON 数据较复杂时，某些网站提供的 JSON 自动转 C# 工具有时候转出来的 C# 代码会与实际 JSON 文件有差异，此时可手动调整 C# 类文件，使 C# 代码与实际 JSON 文件一致。

3. 如何给场景添加更丰富的网络数据

本节只涉及了天气数据的解析，但是这个解析思路对于一般的 HTTP 协议都是通用的，可以通过这种思路去接入更多的网络数据，从而让数字孪生场景更加丰富。

第 8 章 数字孪生实战之“构件交互”功能的实现

在数字孪生项目中，用户经常需要和其中的物体进行互动，比如击中物体、物体高亮显示、弹出物体对应的信息等，如图 8.0-1 所示。本章介绍了单击【构件交互】按钮后，如何通过射线法在 Game 视图中选中目标物体，选中后物体如何高亮显示，以及物体信息弹窗的开启和关闭等。

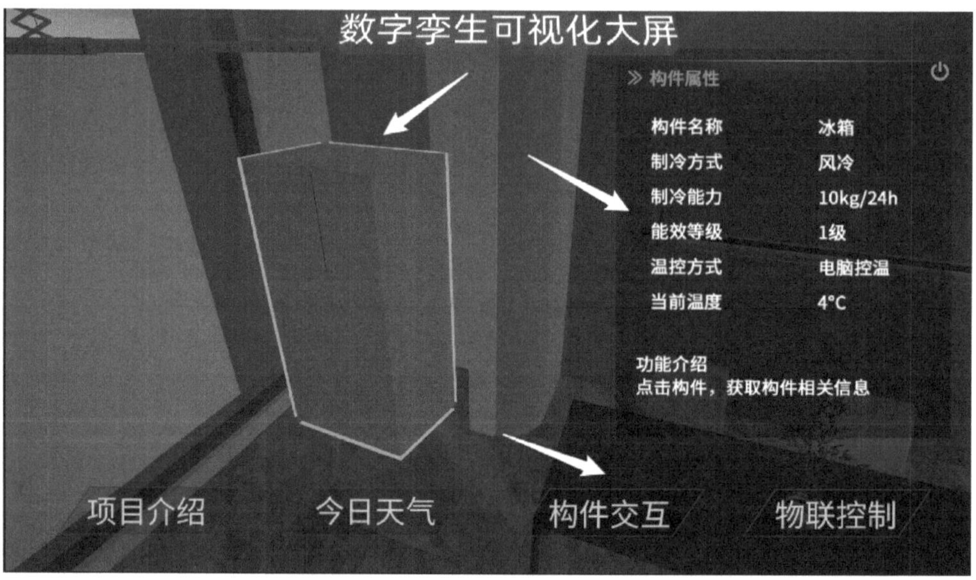

图 8.0-1　构件交互功能示例

8.1　使用射线法击中物体

在 Game 视图中，可以看到当前选中了花瓶，如图 8.1-1 所示，虽然人眼可以看到这一现象，但是计算机是如何知道选中了花瓶的呢？为解决这一问题，业界通常采用射线法来实现碰撞检测。

在 Unity 中，射线法是一种常用的方法，可用于检测射线与场景中的物体是否相交，广泛

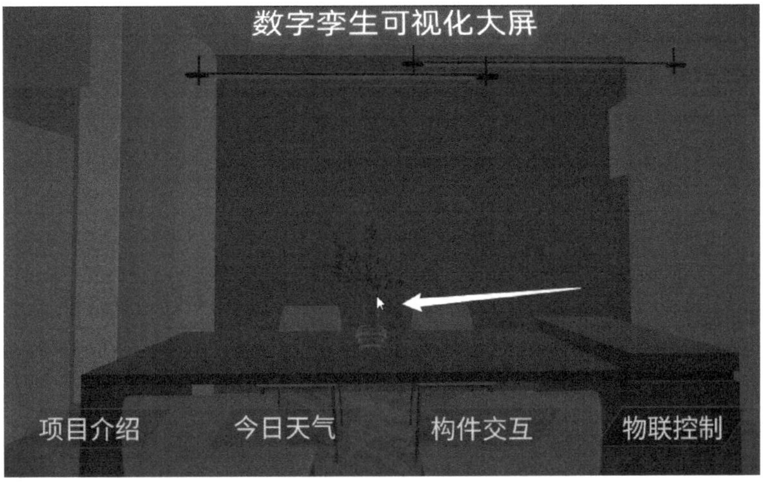

图 8.1－1　选中花瓶

应用于选中物体、拾取物体、碰撞检测等多个方面。

8.1.1　射线法原理

一般将摄像机位置作为射线的起点，将获取的单击屏幕的位置作为射线经过的点，这样就能模拟一条射线了，通过判断射线是否与物体相交，从而判断鼠标是否击中了物体，如图 8.1－2 所示。

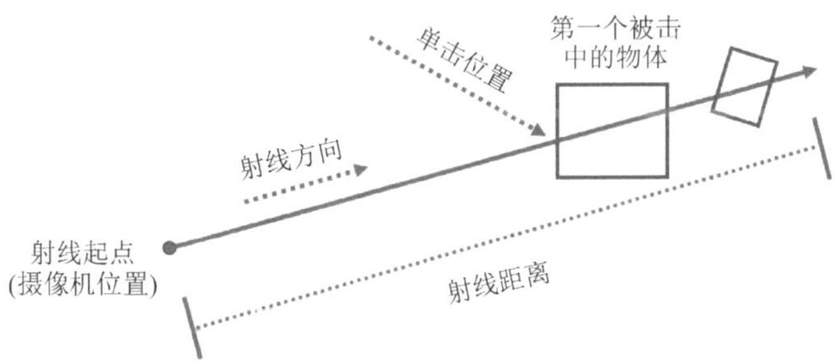

图 8.1－2　射线法示意图

射线起点：将摄像机的位置作为起点。

射线方向：将单击屏幕的位置作为射线上经过的点，连接射线起点与经过的点，即得到射线方向。

射线距离：一般来说，射线距离不能太短，否则即使方向对了，也不能击中需要选中的物体。

被击中物体：场景中可能存在多个物体，通常将被击中的第一个物体作为选中的物体。

8.1.2　射线法脚本的创建

在 7.2.3 节 SceneManager 脚本的 Update 函数中，添加如下代码：

```
1.  void Update()
2.  {
3.      if (Input.GetMouseButtonDown(0))     //如果单击
4.      {
5.          Vector3 mousePosition =  Input.mousePosition;
6.          //从摄像机发射一条经过鼠标单击位置的射线
7.          Ray ray = MainCamera.ScreenPointToRay(mousePosition);
8.          //如果摄像机在 100 m 的范围内击中了物体
9.          if (Physics.Raycast(ray, out RaycastHit hit, 100))
10.         {
11.             //如果击中物体的名称为冰箱
12.             if (hit.transform.gameObject.name == " Mesh1090")
13.             {
14.                 Debug.Log("击中了冰箱");
15.             }
16.         }
17.     }
18. }
```

因为单击操作随时可能发生，所以将单击后发送射线的功能放在 Update 函数中，当监测到单击的时候，就发射射线，Physics. Raycast 方法将会返回射线击中的第一个物体，100 m 指的是射线距离(Unity 中长度单位默认为 m)。不同的位置，不同的方向，射线可能会击中不同的物体，所以为了判断是否击中了指定的物体，需要使用第 12 行代码对击中物体的名称进行判断。

8.1.3　添加碰撞器

根据 Unity 的规则，只有添加了碰撞器的物体才会被射线击中。碰撞器最主要的作用就是检测物体之间是否发生了碰撞，给物体添加碰撞器后，当射线穿过物体时，被穿过的物体才能被检测到。

常见的碰撞器类型如下：

(1) Box Collider(盒形碰撞器)

特点：是一种长方体形状的碰撞器，由三个参数(长、宽、高)定义其大小。该类型碰撞器计算量小，性能开销较小。

应用场景：适用于模拟各种近似长方体的物体，如箱子、建筑等。

(2) Sphere Collider(球形碰撞器)

特点：是一种球体形状的碰撞器，由一个中心点和半径来确定其大小。

应用场景：常用于模拟球体形状的物体，如足球、篮球等。

(3) Capsule Collider(胶囊形碰撞器)

特点：是一种胶囊形状的碰撞器，可通过调整半径和高度来改变其大小。

应用场景：常用于模拟人的碰撞，因为其形状比较符合人体的轮廓。

(4) Mesh Collider(网格碰撞器)

特点：可以根据物体的网格模型精准地定义碰撞区域，从而实现非常精确的碰撞检测。

应用场景：常用于模拟对复杂形状物体的碰撞检测，网格碰撞器的检测效果更好，但占用的资源也更多。

在数字孪生项目中，通常采用 Box Collider 和 Capsule Collider。

导入到 Unity 中的第三方模型，一般是没有碰撞器的，需要手动添加。为什么不让所有物体都默认添加碰撞器呢？这是因为碰撞器本身是一种几何形状，如果所有的物体都添加碰撞器，会增加引擎的性能消耗，影响流畅性。接下来将演示如何给物体添加碰撞器。

第一步，在箭头所示位置搜索：Mesh1090，这个构件代表了冰箱，然后可在界面的左下角看到它所在的位置，如图 8.1-3 所示。

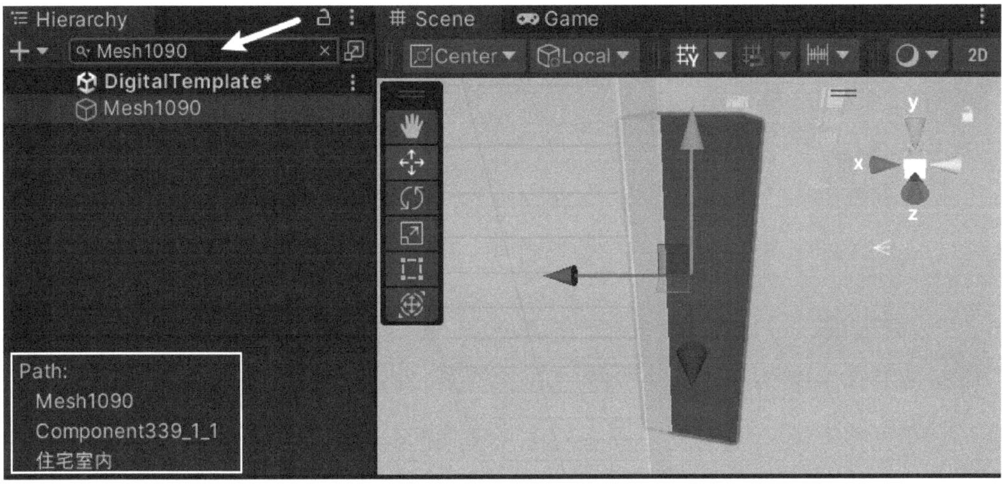

图 8.1-3　搜索冰箱

第二步，取消搜索，系统一般会默认定位到物体的位置，若没有则根据图 8.1-3 左下角的位置提示，在住宅室内的树状结构中找到这个冰箱构件并选中，如图 8.1-4 所示。

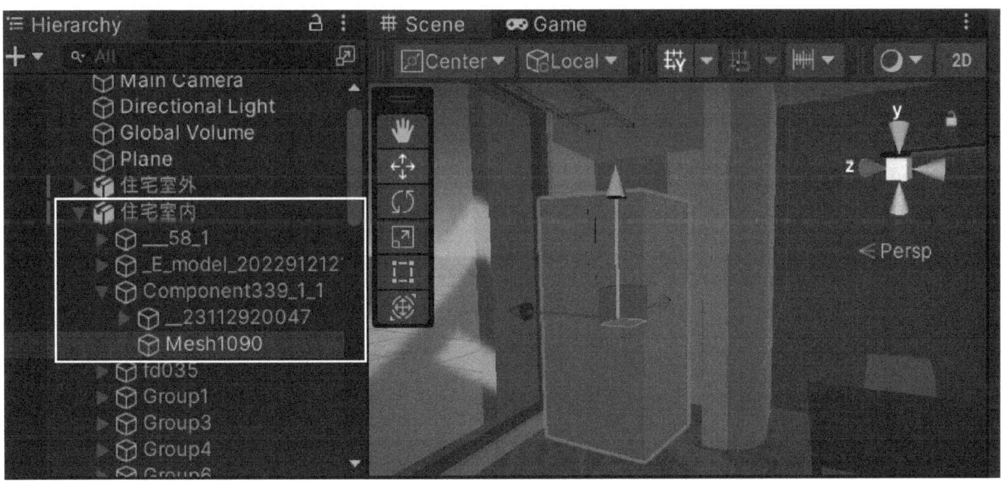

图 8.1-4　选中冰箱

第三步，在 Inspector 视图的属性面板单击 Add Component 按钮，在搜索栏中输入 Collider，并添加 Box Collider，即采用盒形碰撞器模拟冰箱的形状，如图 8.1-5 所示。

第四步，碰撞器添加完成之后，可以看到场景中，除了原始高亮的效果，还多出了一个绿色

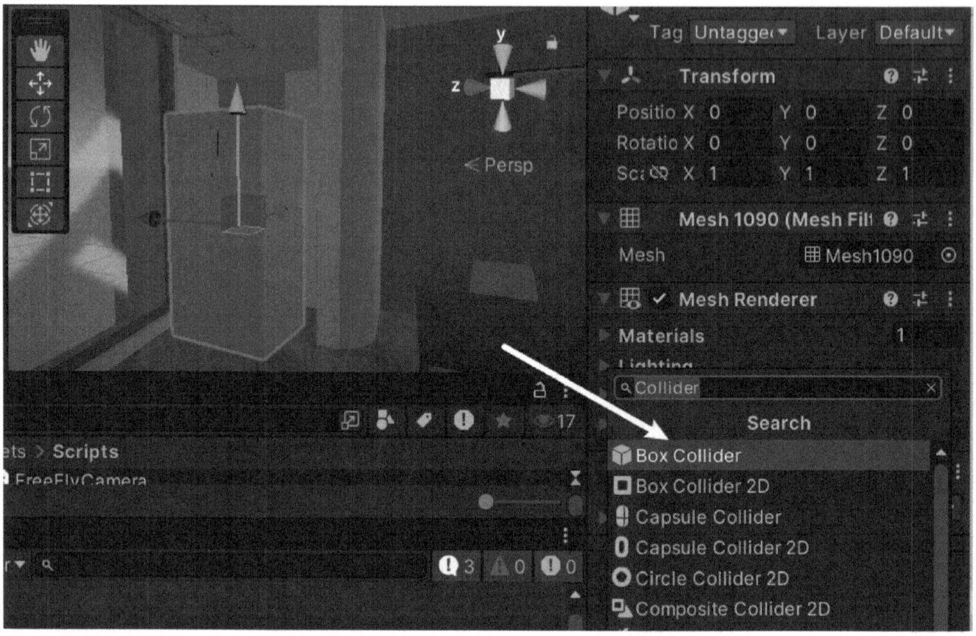

图 8.1－5　添加碰撞器

的立方体框，如图 8.1－6 所示。绿色的轮廓边线是碰撞器的几何显示，同时这个立方体框内也是射线法可以击中的范围，通常默认添加的碰撞器就可以对物体有比较好的覆盖，如果需要进一步调整碰撞器的几何轮廓，可以单击图 8.1－6 中 Box Collider 下的 Edit Collider 按钮进行调整。

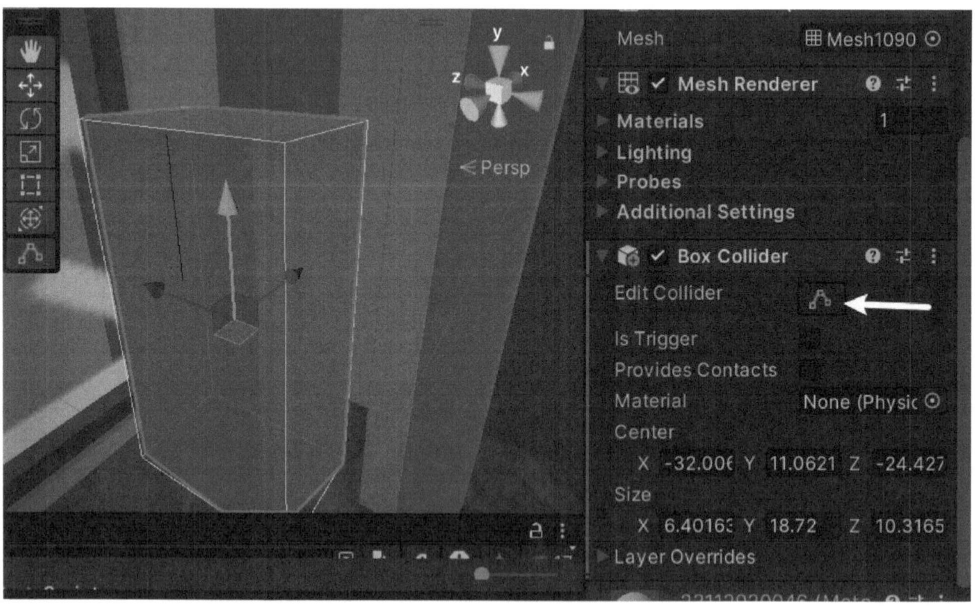

图 8.1－6　编辑碰撞器

8.1.4　物体击中测试

在 Scene 视图中，将冰箱调整到可以看到的位置后，通过 Align With View 将摄像机视图对齐到当前位置，记录下此刻摄像机的位置和旋转，如图 8.1－7 所示。

➢ 位置：608，136，－33

➢ 旋转：2，95，0

图 8.1－7　对齐摄像机

单击▶按钮，在 Game 视图中单击冰箱，当击中时控制台就会输出“击中了冰箱”，如图 8.1－8 所示。

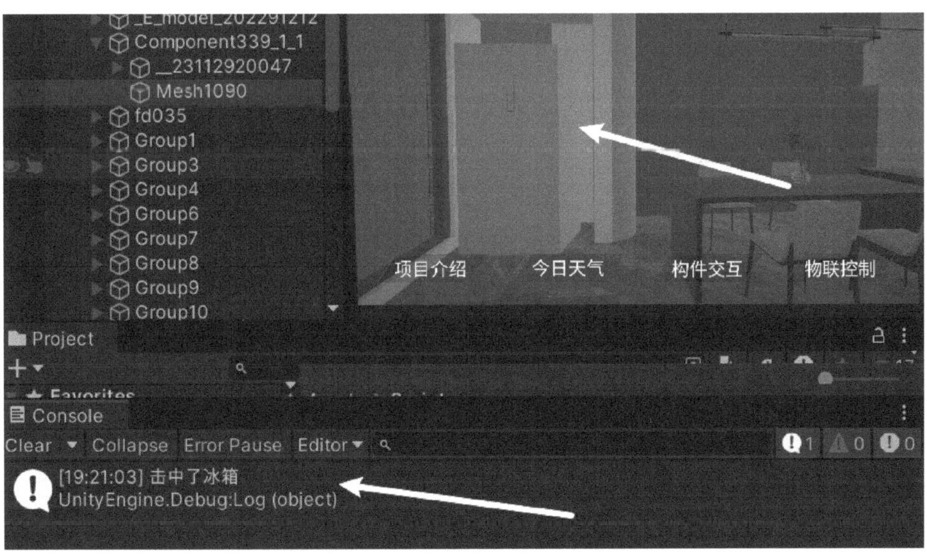

图 8.1－8　控制台输出击中信息

8.1.5 注意事项

射线法不起作用，通常有三个原因：① 射线距离不够长；② 物体没有添加碰撞器；③ 物体名称没有判断对。

1. 射线距离

当射线距离不够长时，应延长射线的长度，并重新测试。

2. 碰撞器的添加

对于需要被射线击中的物体，一定不要忘记添加碰撞器，并在添加碰撞器后，还要检查碰撞器的几何轮廓是否把物体全部覆盖到了，避免出现只有单击物体局部时才能击中的情况，可以根据实际物体的形状选择对应的碰撞器。

3. 物体名称

保证在代码 if (hit. transform. gameObject. name == " Mesh1090")中，击中物体的名称是构件的名称，这里要注意空格之类的特殊字符，建议直接复制粘贴构件的名称。

8.2 物体高亮效果的实现

物体被击中后，可以通过物体高亮的效果，更加直观地看到物体被击中了，如图 8.2 - 1 所示。

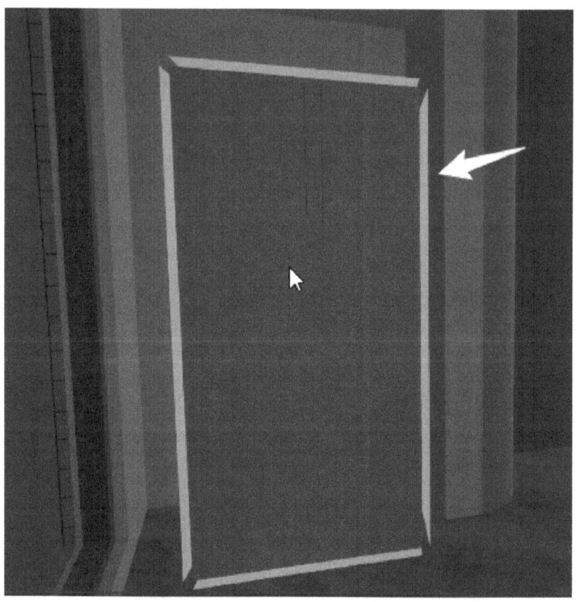

图 8.2 - 1 物体高亮效果

8.2.1 导入高亮材质

第一步，将本书配套资源中 Material 文件夹下的 OutLineShader. shadergraph 文件拖入 Assets→Materias 文件夹，如图 8.2 - 2 所示。

第二步，右击 OutLineShader，选择 Create→Material，将创建的材料命名为“OutLine”，如

图 8.2－3 所示。

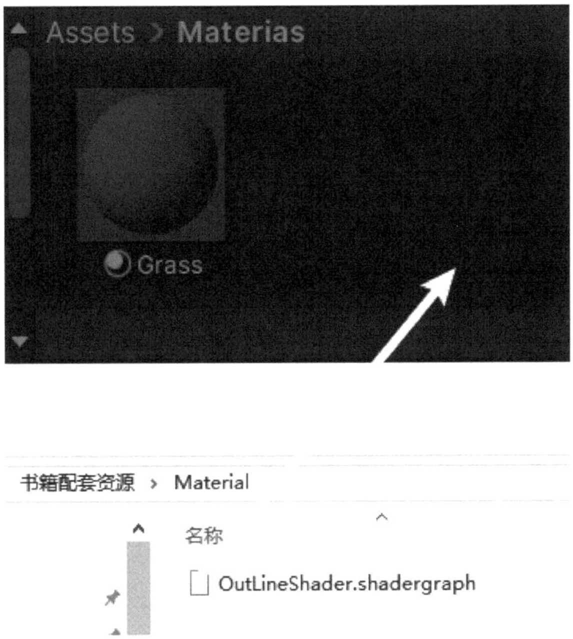

图 8.2－2　将 OutLineShader 文件拖入

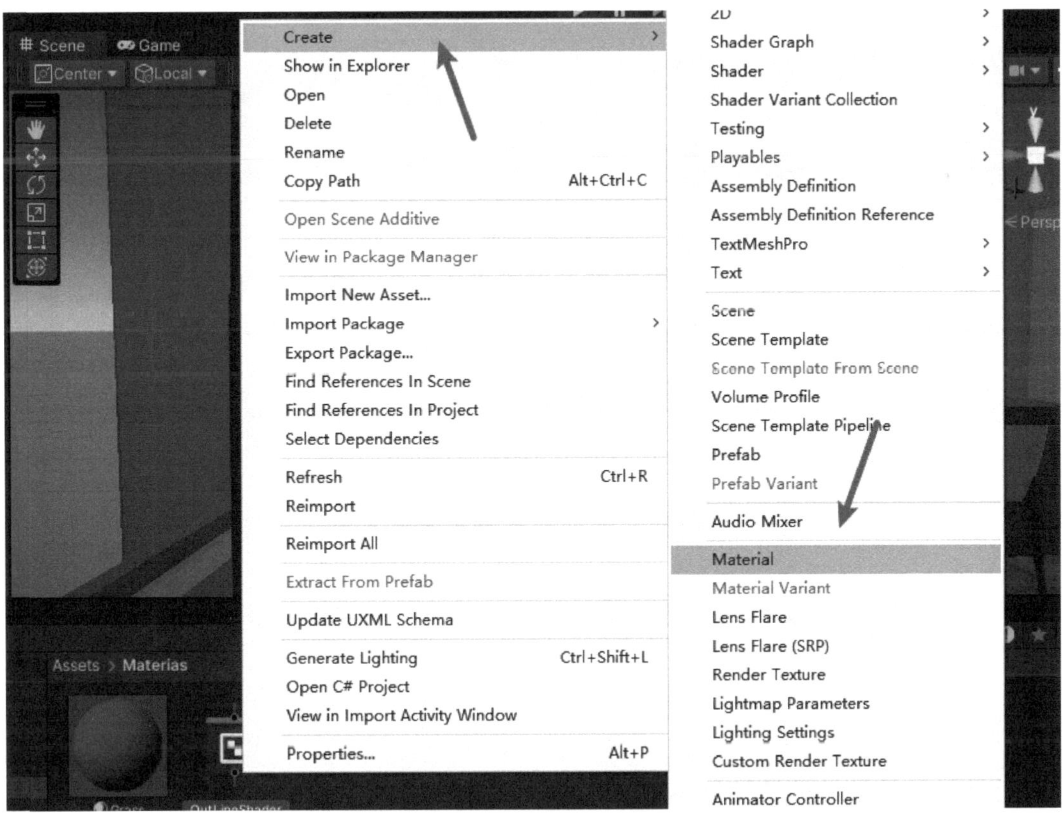

图 8.2－3　创建材质

第三步，选择创建好的 OutLine 材质，在 Inspector 视图中可以调整高亮边缘的厚度以及颜色，将厚度设为 0.01，边缘颜色设置为 CDFF0B，这里的 Distance 指的是距离物体多远以内可以看到高亮的效果，如图 8.2-4 所示。

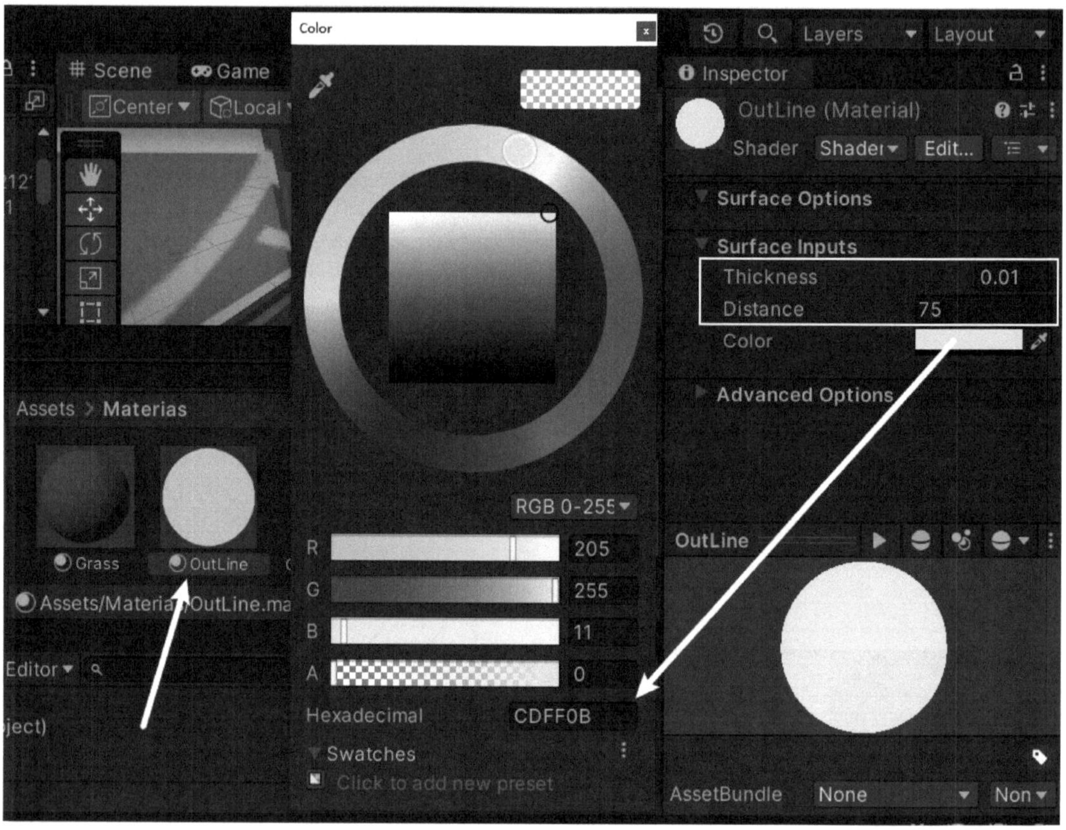

图 8.2-4　调整材质

第四步，选中冰箱，在属性面板中的 Materials 选项中单击⊞按钮，新增一个材质插槽，然后将刚才创建好的 OutLine 材质拖入该插槽中，就可以看到冰箱上多了一个高亮的效果，如图 8.2-5 所示。

第五步，单击⊞右边的⊕按钮，移除高亮材质，移除后的界面如图 8.2-6 所示。

8.2.2　单击后显示高亮效果

在 8.2.1 节，已经创建了高亮材质，接下来，通过程序实现在 Game 视图中单击物体时，物体高亮显示。

第一步，修改 8.1.2 节的 SceneManager 脚本，在今日天气中的 public Text TxtAqi 下，新增以下代码：

```
public Text TxtAqi;                  //空气质量
[Header("构件点击")]
public Material HighLightMaterial; //创建高亮材质变量
private GameObject Refrigerator;   //创建冰箱变量
```

第二步，在 SceneManager 脚本的 if (hit. transform. gameObject. name == "Mesh1090")

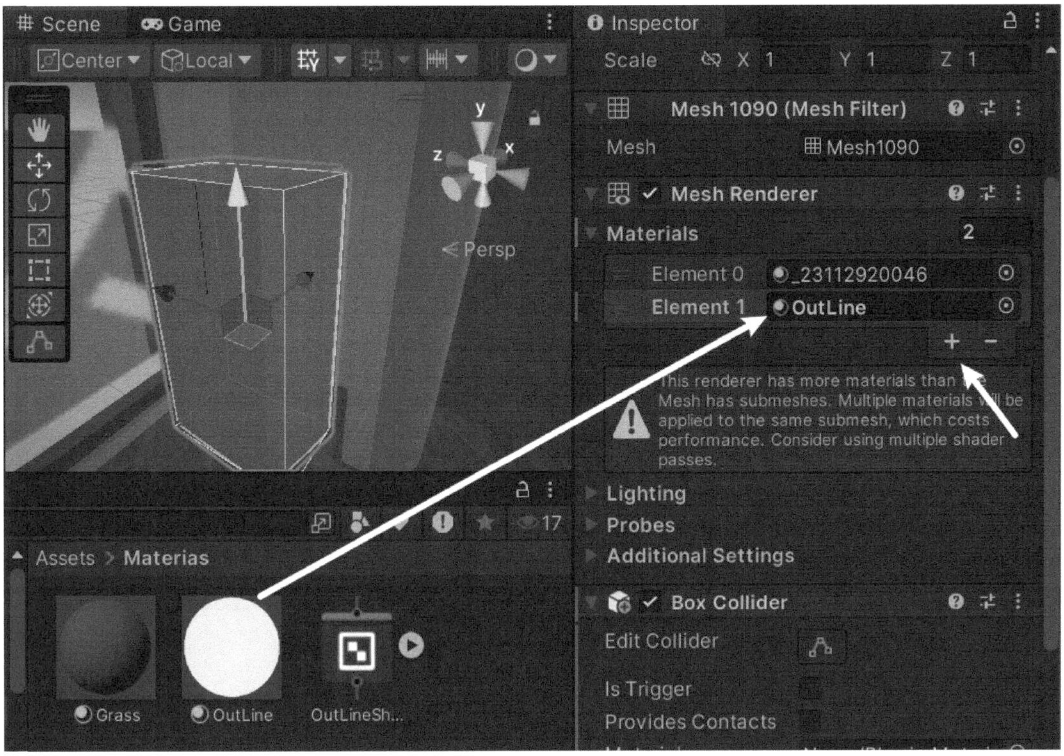

图 8.2－5　添加高亮材质

图 8.2－6　移除高亮材质

语句中，新增如下代码：

```
if (hit.transform.gameObject.name == "Mesh1090")
{
    Debug.Log("击中了冰箱");
    //将冰箱赋予 Refrigerator 变量
    Refrigerator = hit.transform.gameObject;
    //获取当前冰箱对象上的渲染设置
    Renderer rend = Refrigerator.GetComponent<Renderer>();
    //从渲染设置中获取材质数组,因为有的构件可能不止有一个材质,所以这里用数组
    Material[] mats = rend.materials;
    //新建一个比原来长度多 1 的材质数组
    Material[] matsNew = new Material[mats.Length + 1];
    //如果当前的材质数组中的元素不包含 OutLine,则添加高亮材质
    //对于已经高亮选中过的,不再重复增加高亮材质
    if (! mats[mats.Length - 1].name.Contains("OutLine"))
    {
        //先把原始材质复制到新建的材质数组中
        for (int i = 0; i <mats.Length; i++)
        {
            matsNew[i] = mats[i];
        }
        //把高亮材质赋到新建材质数组的最后一个元素中
        matsNew[mats.Length] = HighLightMaterial;
        //将新建的高亮材质重新赋给冰箱对象
        rend.materials = matsNew;
    }
}
```

上述代码的编写思路是：单击冰箱后，在原始的材质上新增一个高亮的材质，若之前已经有高亮材质，则不再重复增加。

第三步，保存代码，将 OutLine 材质拖入 High Light Material 插槽中，如图 8.2-7 所示。

图 8.2-7　拖入 OutLine 材质

第四步，单击▶按钮，然后单击冰箱，就可以看到高亮效果了，如图 8.2－8 所示。

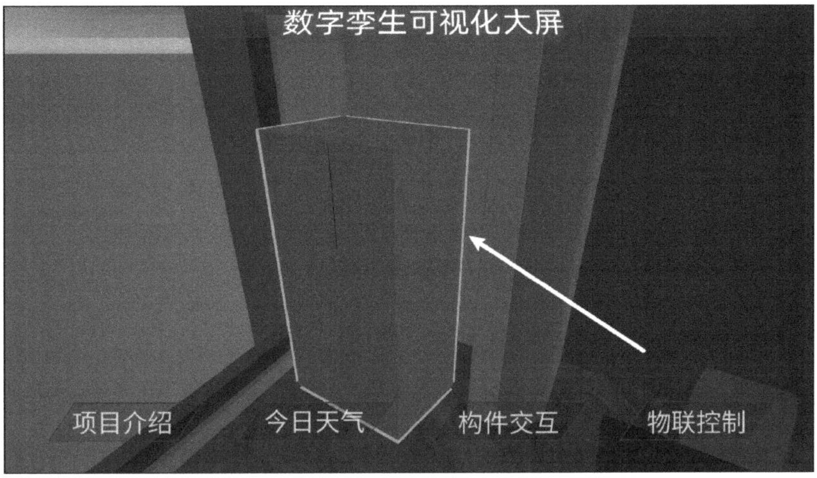

图 8.2－8　高亮效果

8.3　弹窗的显示与关闭

8.3.1　摄像机视角移动

因为冰箱在房子内部，所以需要对代码作如下修改，实现单击【构件交互】按钮时，摄像机视角从外部移动到冰箱的位置。

第一步，修改 8.2.2 节的 SceneManager 脚本，在 Start 函数中，加入如下代码：

```
void Start()
{
    BtnIntroduce.onClick.AddListener(BtnIntroduceClick);
    BtnTodayWeather.onClick.AddListener(BtnTodayWeatherClick);
    BtnObjectParameter.onClick.AddListener(BtnObjectParameterClick);
}
```

第二步，新增 BtnObjectParameterClick 函数，其中的 DOLocalMove 和 DOLocalRotate 方法的位置和角度用的是 8.1.4 节中设置的摄像机参数，具体代码如下：

```
void BtnObjectParameterClick()
{
    HideAll();
    MainCamera.transform.DOLocalMove(new Vector3(608f, 136f, -33f), 3);
    MainCamera.transform.DOLocalRotate(new Vector3(2f, 95f, 0f), 3);
}
```

8.3.2　单击物体后弹出物体信息

第一步，修改 8.3.1 节的 SceneManager 脚本，在[Header("构件点击")]下新增代码，修改后的代码如下：

```
[Header("构件点击")]
public Material HighLightMaterial;                    //创建高亮材质变量
private GameObject Refrigerator;                      //创建冰箱变量
public Button BtnObjectParameter;                     //创建构件参数按钮变量
public Button BtnClose;                               //创建关闭按钮变量
public GameObject ImgObjectParameter;                 //创建构件参数图片变量
```

第二步，在 Debug.Log("击中了冰箱")下新增代码，修改后的代码如下：

```
if (hit.transform.gameObject.name == "Mesh1090")
{
    Debug.Log("击中了冰箱");
    //展示冰箱图片
    ImgObjectParameter.SetActive(true);
    //将冰箱对象赋予 Refrigerator 变量
    Refrigerator = hit.transform.gameObject;
    //获取当前冰箱对象上的渲染设置
    Renderer rend = Refrigerator.GetComponent<Renderer>();
```

第三步，保存代码，将 ImgObjectParameter、BtnExit、BtnObjectParameter 分别拖入 SceneManager 脚本中的 Img Object Parameter 插槽、Btn Close 插槽、Btn Object Parameter 插槽中，如图 8.3-1 所示。

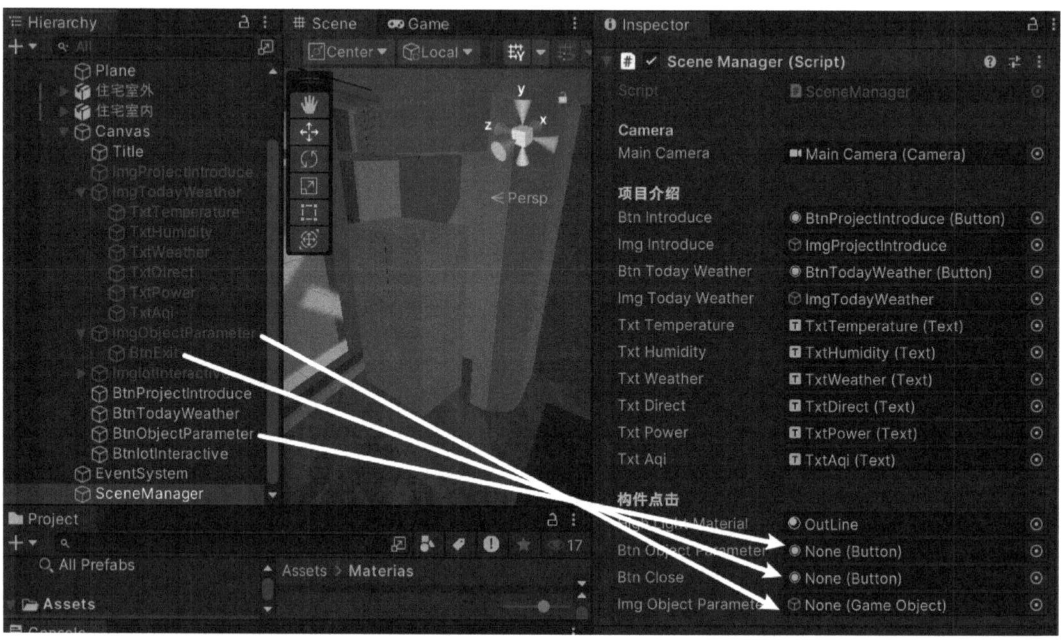

图 8.3-1　拖入插槽

第四步，单击▶按钮，选中冰箱时，就可以看到冰箱参数图片的展示了，如图 8.3-2 所示。

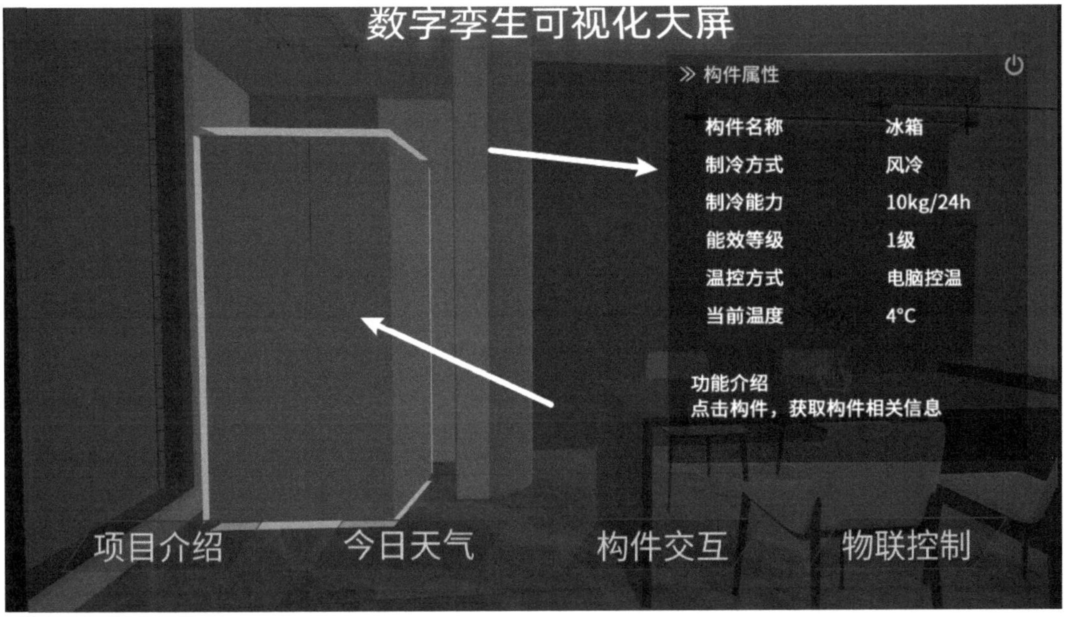

图 8.3-2　展示冰箱参数

8.3.3　单击退出按钮关闭弹窗与高亮

第一步，修改 8.3.2 节的 SceneManager 脚本，在 Start 函数中添加以下代码：

```
void Start()
{
    BtnIntroduce.onClick.AddListener(BtnIntroduceClick);
    BtnTodayWeather.onClick.AddListener(BtnTodayWeatherClick);
    BtnObjectParameter.onClick.AddListener(BtnObjectParameterClick);
    BtnClose.onClick.AddListener(BtnBtnCloseClick);
}
```

第二步，增加 BtnBtnCloseClick 函数：

```
private void BtnBtnCloseClick()
{
    //关闭弹窗
    ImgObjectParameter.SetActive(false);
    //获取当前冰箱渲染设置
    Renderer rend = Refrigerator.GetComponent<Renderer>();
    //获取当前冰箱渲染设置的材质数组
    Material[] mats = rend.materials;
    //新建材质数组,比当前冰箱渲染的材质数组长度少1,用于恢复默认材质
    Material[] matsNew = new Material[mats.Length - 1];
    //将冰箱原始材质中除了高亮的材质全部赋给新建的材质
    for (int i = 0; i <matsNew.Length; i++)
    {
        matsNew[i] = mats[i];
    }
```

```
    //将新建的材质赋给冰箱的渲染设置
    rend.materials = matsNew;
}
```

第三步，在 HideAll 方法里添加代码，修改后的代码如下：

```
void HideAll()
{
    ImgIntroduce.SetActive(false);                //隐藏项目介绍
    ImgTodayWeather.SetActive(false);             //隐藏今日天气
    ImgObjectParameter.SetActive(false);          //隐藏构件属性
}
```

第四步，保存代码，单击按钮，这个时候就可以通过单击按钮关闭弹窗了，关闭弹窗的同时，物体的高亮效果也会消失。如图 8.3－3 所示。

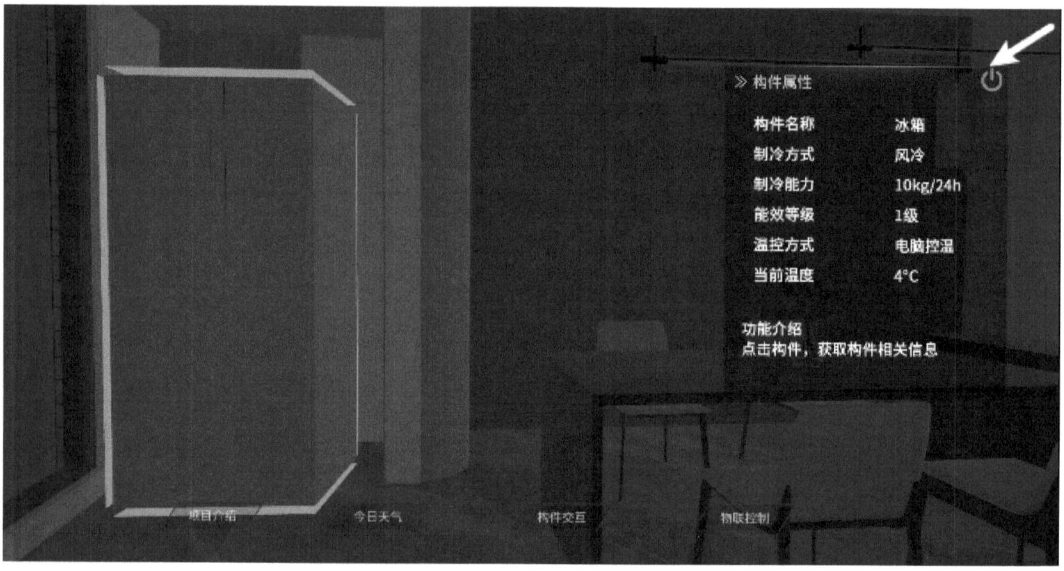

图 8.3－3　关闭弹窗

8.3.4 构件交互完整代码示意

为了方便读者学习，这里把 Scene Manager 完整的程序展示出来。

```
using DG.Tweening;                           //引入 Dotween 命名空间
using System;
using System.Collections;
using System.Collections.Generic;
using UnityEngine;
using UnityEngine.Networking;
using UnityEngine.UI;                        //引入 UI 命名空间
public class SceneManager : MonoBehaviour
{
    [Header("Camera")]
    public Camera MainCamera;                //创建摄像机变量
    [Header("项目介绍")]
```

```
    public Button BtnIntroduce;                 //创建项目介绍按钮变量
    public GameObject ImgIntroduce;             //创建项目介绍图片变量
    [Header("今日天气")]
    WeatherData TodayWeather;                   //声明今日天气变量
    public Button BtnTodayWeather;              //创建今日天气按钮变量
    public GameObject ImgTodayWeather;          //创建今日天气图片变量
    public Text TxtTemperature;                 //温度,这里的 Text 变量和 UI 上的进行对应
    public Text TxtHumidity;                    //湿度
    public Text TxtWeather;                     //天气
    public Text TxtDirect;                      //风向
    public Text TxtPower;                       //等级
    public Text TxtAqi;                         //空气质量
    [Header("构件点击")]
    public Material HighLightMaterial;          //创建高亮材质变量
    private GameObject Refrigerator;            //创建冰箱变量
    public Button BtnObjectParameter;           //创建构件参数按钮变量
    public Button BtnClose;                     //创建关闭按钮变量
    public GameObject ImgObjectParameter;       //创建构件参数图片变量
    void Start()
    {
        BtnIntroduce.onClick.AddListener(BtnIntroduceClick);
        BtnTodayWeather.onClick.AddListener(BtnTodayWeatherClick);
        BtnObjectParameter.onClick.AddListener(BtnObjectParameterClick);
        BtnClose.onClick.AddListener(BtnBtnCloseClick);
    }
    private void BtnIntroduceClick()            //项目介绍按钮点击事件方法
    {
        Debug.Log("单击了项目介绍按钮");        //当单击按钮时,执行输出
        HideAll();//先隐藏其他出现的 UI
        ImgIntroduce.SetActive(true);           //当单击按钮时,显示图片
        //移动摄像机到指定的位置和角度
        MainCamera.transform.DOLocalMove(new Vector3(670f, 172f, -561f),3);
        MainCamera.transform.DOLocalRotate(new Vector3(6f, 2f, 0f),3);
    }
    void BtnTodayWeatherClick()
    {
        HideAll();
        ImgTodayWeather.SetActive(true);
        StartCoroutine(GetWeatherData());       //在协程中调用 GetWeatherData 方法
    }
    void BtnObjectParameterClick()
    {
        HideAll();
        MainCamera.transform.DOLocalMove(new Vector3(608f, 136f, -33f),3);
        MainCamera.transform.DOLocalRotate(new Vector3(2f, 95f, 0f),3);
    }
    private void BtnBtnCloseClick()
    {
        //关闭弹窗
        ImgObjectParameter.SetActive(false);
        //获取当前冰箱渲染设置
```

```
        Renderer rend = Refrigerator.GetComponent<Renderer>();
        //获取当前冰箱渲染设置的材质数组
        Material[] mats = rend.materials;
        //新建材质数组,比当前冰箱渲染的材质数组长度少1,用于恢复默认材质
        Material[] matsNew = new Material[mats.Length - 1];
        //将冰箱原始材质中除了高亮的材质全部赋给新建的材质
        for (int i = 0; i < matsNew.Length; i++)
        {
            matsNew[i] = mats[i];
        }
        //将新建的材质赋给冰箱的渲染设置
        rend.materials = matsNew;
    }
    IEnumerator GetWeatherData()
    {
        string url = "http://apis.juhe.cn/simpleWeather/query?city=上海&key=xxxx";
        using (UnityWebRequest webRequest = UnityWebRequest.Get(url))
        {
            yield return webRequest.SendWebRequest();
            if (webRequest.result == UnityWebRequest.Result.ConnectionError)
            {
                Debug.Log(webRequest.error);        //输出错误原因
            }
            else
            {
                TodayWeather = JsonUtility.FromJson<WeatherData>(webRequest.downloadHandler.text);
                if (TodayWeather.reason == "查询成功!")
                {
                    Debug.Log("查询成功");        //输出查询成功
                    TxtTemperature.text = TodayWeather.result.realtime.temperature;
                    TxtHumidity.text = TodayWeather.result.realtime.humidity;
                    TxtWeather.text = TodayWeather.result.realtime.info;
                    TxtDirect.text = TodayWeather.result.realtime.direct;
                    TxtPower.text = TodayWeather.result.realtime.power;
                    TxtAqi.text = TodayWeather.result.realtime.aqi;
                }
            }
        }
    }
    void HideAll()
    {
        ImgIntroduce.SetActive(false);                //隐藏项目介绍
        ImgTodayWeather.SetActive(false);             //隐藏今日天气
        ImgObjectParameter.SetActive(false);          //隐藏构件属性
    }
    void Update()
    {
        if (Input.GetMouseButtonDown(0))              //如果鼠标左键按下
        {
            Vector3 mousePosition = Input.mousePosition;
```

```
                //从摄像机发射一条经过单击位置的射线
                Ray ray = MainCamera.ScreenPointToRay(mousePosition);
                //如果摄像机在 100 m 的范围内击中了物体
                if (Physics.Raycast(ray, out RaycastHit hit, 100))
                {
                    //如果击中物体的名称为冰箱
                    if (hit.transform.gameObject.name == "Mesh1090")
                    {
                        Debug.Log("击中了冰箱");
                        //展示冰箱图片
                        ImgObjectParameter.SetActive(true);
                        //将冰箱对象赋予 Refrigerator 变量
                        Refrigerator = hit.transform.gameObject;
                        //获取当前冰箱对象上的渲染设置
                        Renderer rend = Refrigerator.GetComponent<Renderer>();
    //从渲染设置中获取材质数组,因为有的构件可能不止有一个材质,所以这里用的是数组
                        Material[] mats = rend.materials;
                        //新建一个比原来长度多 1 的材质数组
                        Material[] matsNew = new Material[mats.Length + 1];
          //如果当前的材质数组中的元素不包含 OutLine,则添加高亮材质
                        //对于已经高亮选中过的,不再重复增加高亮材质
                        if (! mats[mats.Length - 1].name.Contains("OutLine"))
                        {
                            //先把原始材质复制到新建的材质数组中
                            for (int i = 0; i < mats.Length; i++)
                            {
                                matsNew[i] = mats[i];
                            }
                            //把高亮材质赋到新建材质数组的最后一个元素中
                            matsNew[mats.Length] = HighLightMaterial;
                            //将新建的高亮材质重新赋给冰箱对象
                            rend.materials = matsNew;
                        }
                    }
                }
            }
        }
}
```

第 9 章

数字孪生实战之“物联控制”功能的实现

在数字孪生项目开发过程中，常常需要接入物联网设备的数据及控制物联网设备的状态，比如呈现各种各样的监测数据，控制设备开关等。本章将会以物联网硬件 Arduino 举例，介绍 Unity 与物联网硬件的交互方法，包括 Unity 读取物联网硬件数据后呈现到 UGUI 中及通过 Unity 的 UGUI 界面来控制物联网硬件的状态。本章首先介绍 Arduino 硬件（开发板）和软件（编程环境）的使用，通过 Arduino 可以很方便地接入现实生活中的传感器并收集传感器的数据；接着介绍 Unity 对 Arduino 的开发支持情况；最后介绍 Unity 与 Arduino 的双向交互，即让 Unity 可以与现实世界中的灯泡进行双向交互，如图 9.0－1 所示。

图 9.0－1　物联控制功能示意

9.1　Arduino 的认识与使用

9.1.1　Arduino 基本介绍

Arduino 开发板可用于读取物联网传感器的数据，也可用于控制传感器行为。使用

Arduino 无须深入了解底层硬件，通过图形化界面或代码即可控制传感器、电机等外设，适合学生、创客和小型项目开发使用。

9.1.2　Arduino 硬件选择

在 Arduino 官网，可以看到各种各样的开发板，如图 9.1－1 所示。本书将基于 Arduino UNO R3 开发板进行讲解，UNO 型号是最常见且易于使用的 Arduino 开发板，也是最适合初学者的开发板，如图 9.1－2 所示。

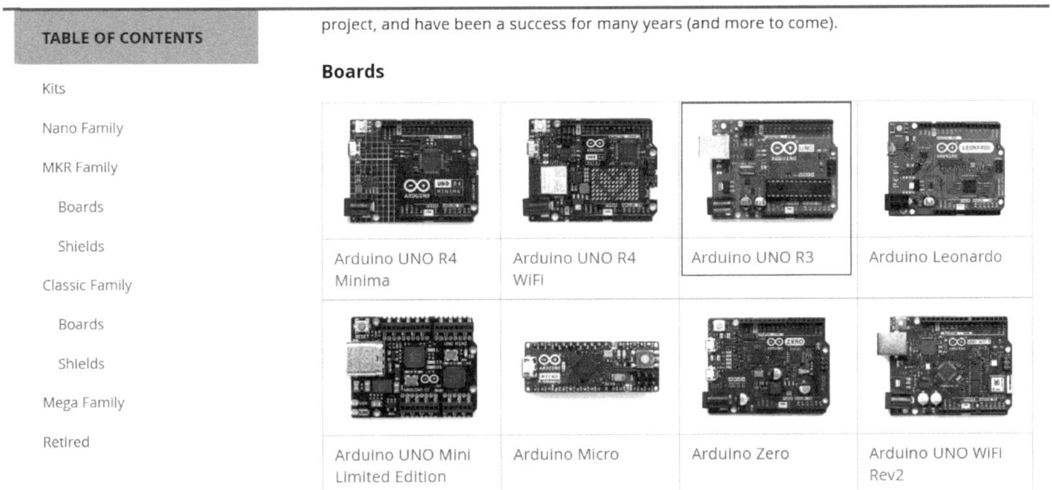

图 9.1－1　Arduino 官网

图 9.1－2　Arduino UNO R3 开发板示意图

建议购买包含 Arduino UNO R3 的套装版本，即除了开发板本身，还包括 LED 灯泡、开关按键、杜邦线(公对公)以及面包板等。

9.1.3 Arduino 开发软件

Arduino 开发板需要使用软件来进行控制，笔者推荐使用官方软件 Arduino IDE，其可以在官网中免费下载获取，本书采用的是 1.8.18 版本的 Arduino，如图 9.1－3 所示。读者还可以在本书配套资源中获取对应安装包。

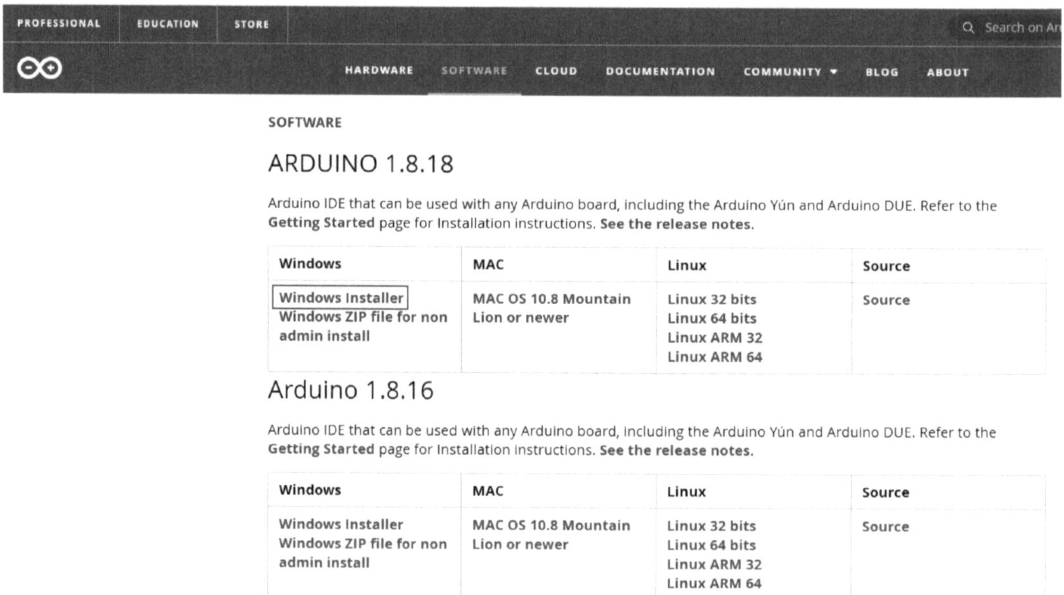

图 9.1－3 Arduino 软件下载页面

安装步骤如下：

第一步，双击安装包，在弹出的安装页面勾选所有安装项，如图 9.1－4 所示，然后单击 Next 按钮。

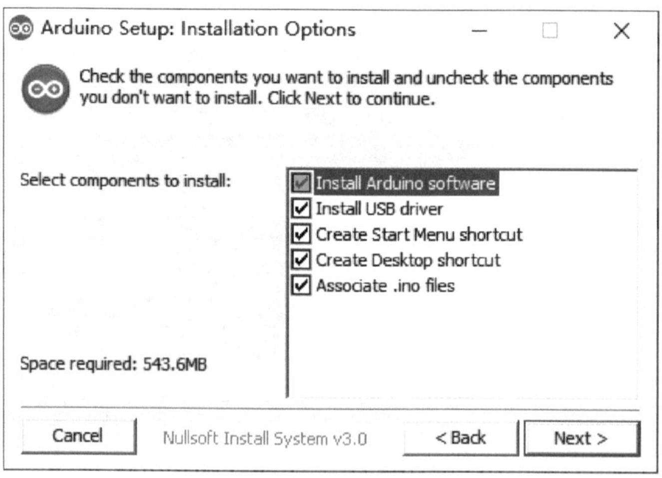

图 9.1－4 勾选全部组件

第二步，在自动弹出的驱动安装界面单击【安装】按钮，安装驱动程序。这里弹出来的驱动程序都要安装，如图 9.1-5 所示。

图 9.1-5　安装驱动程序

第三步，计算机连接上 Arduino 硬件后，选择菜单栏中的【工具】→【开发板】→Arduino Uno，进行 Arduino 开发板的配置，如图 9.1-6 所示。

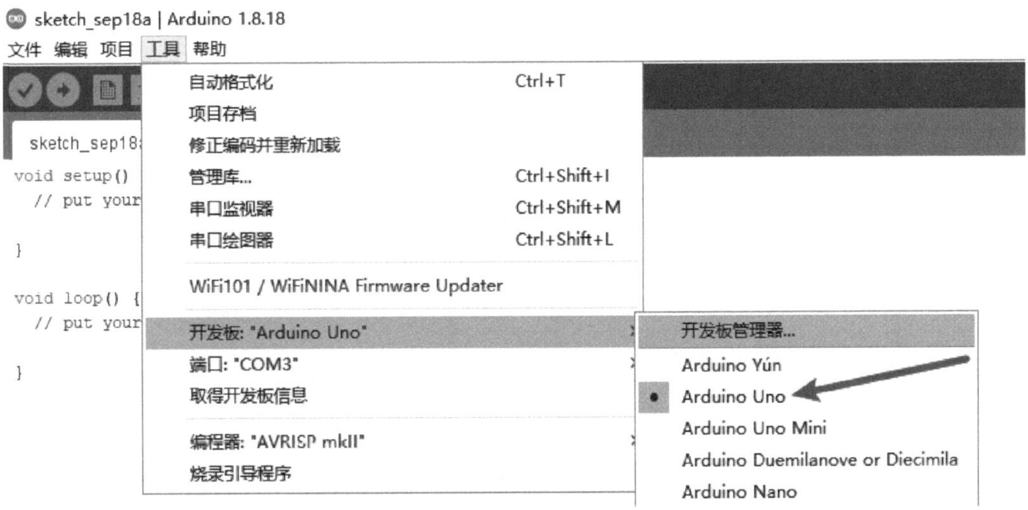

图 9.1-6　选择 Uno 开发板

第四步，选择菜单栏中的【工具】→【端口】→COM3，如图 9.1-7 所示，从而实现计算机与 Arduino 的端口通信。当插上 Arduino 硬件后，这个端口选项会出现，可以通过对硬件的插拔来判断对应的计算机端口是哪一个，不同计算机端口可能不一样。

9.1.4　实例：Arduino 对灯泡的控制

通过本实例，将实现 Arduino 对灯泡的开关控制。

第一步，按照图 9.1-8 连接好电路板。

实物连接如图 9.1-9 所示，图中采用的是国产的 Arduino R3 开发板，其连接点位与官方的一致。

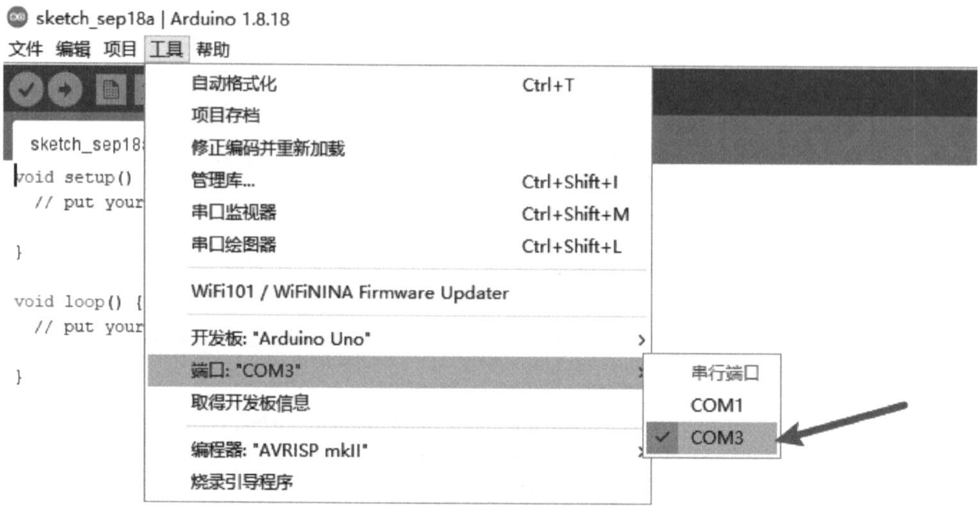

图 9.1-7 选择端口

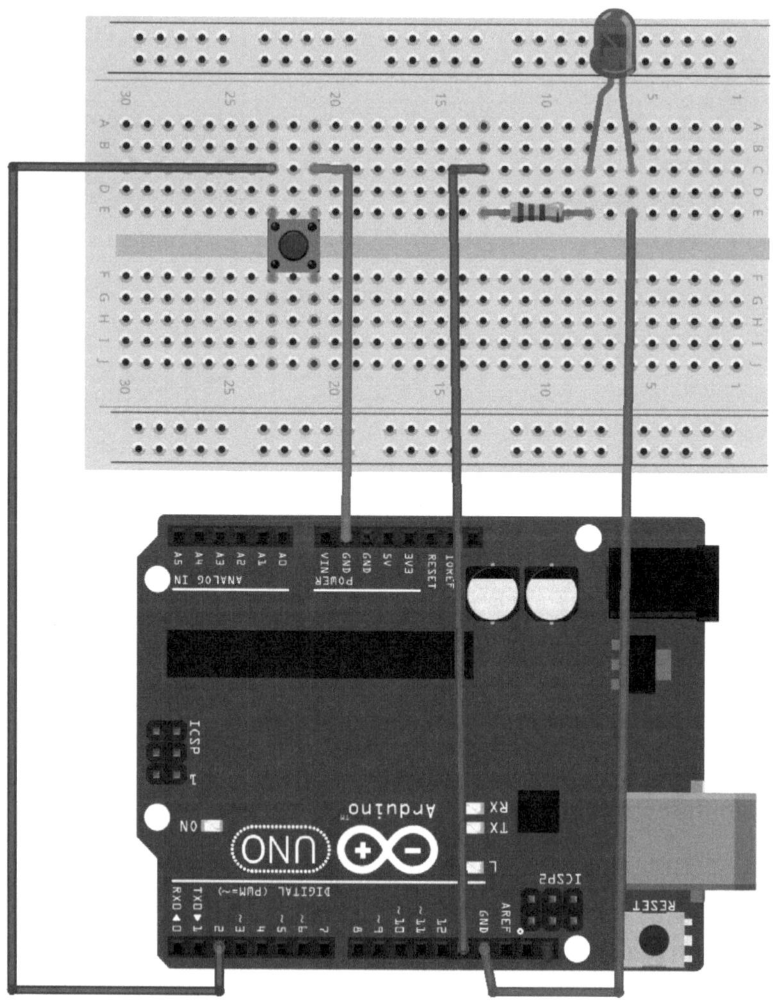

图 9.1-8 电路连接图

图 9.1－9　实物连接图

第二步，将开发板通过连接线插在计算机上。

第三步，选择开发板为 Arduino Uno，端口为 COM3，如图 9.1－10 所示。

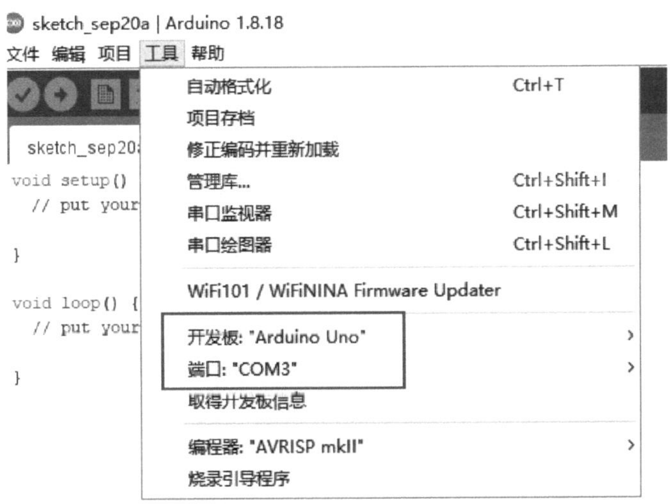

图 9.1－10　配置开发板

第四步，在 Arduino 的菜单栏中选择【文件】→【新建】，创建一个新文档，如图 9.1－11 所示。

第五步，在新建的文档中，输入以下代码：

```
//上一次按钮的状态设置为 LOW,表示开关按钮按下来
byte lastButtonState = LOW;
//上一次灯泡的状态设置为 LOW,LOW 表示灯灭
byte ledState = LOW;
//初始化函数
```

```
void setup() {
  //串口通信初始化,每秒 9600 次
  Serial.begin(9600);
  //设置引脚 2 为下拉输入模式
  pinMode(2, INPUT_PULLUP);
  //设置引脚 13 为输出模式
  pinMode(13, OUTPUT);
}
void loop() {
  //读取引脚 2 的按钮状态
  byte buttonState = digitalRead(2);
  //当按钮状态发生变化的时候,切换灯泡的状态
  //这里的模式为按一次灯泡亮,再按一次灯泡熄灭
  //每按一次按钮,灯泡的状态和上一次相反
  if (buttonState != lastButtonState) {
    lastButtonState = buttonState;
    //按钮按下来的时候
    if (buttonState == LOW) {
      //反转灯泡状态
      ledState = (ledState == HIGH) ? LOW : HIGH;
      //将当前灯泡状态写入 13 号引脚
      digitalWrite(13, ledState);
      //向 Unity 发送灯泡当前状态,调整 Unity 场景中的灯泡状态
      if(ledState == HIGH){
          Serial.println("Light On");
      }else{
          Serial.println("Light Off");
      }
    }
  }
  //读取 Unity 中传递过来的值,控制 Arduino 中的灯泡状态
  switch (Serial.read())
  {
    case 'O':
      //打开灯泡
      digitalWrite(13, HIGH);
      ledState = HIGH;
      Serial.println("Light On");
      break;
    case 'C':
      //关闭灯泡
      digitalWrite(13, LOW);
      ledState = LOW;
      Serial.println("Light Off");
      break;
  }
}
```

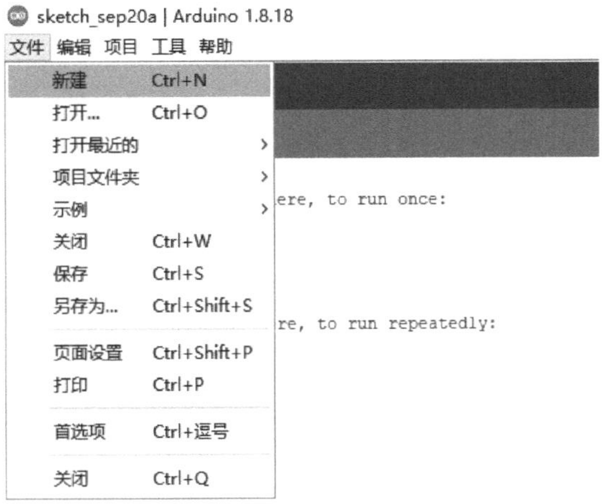

图 9.1 - 11　新建文档

将文档另存为 UnityInteractiveArduino. ino，图 9.1 - 12 所示。

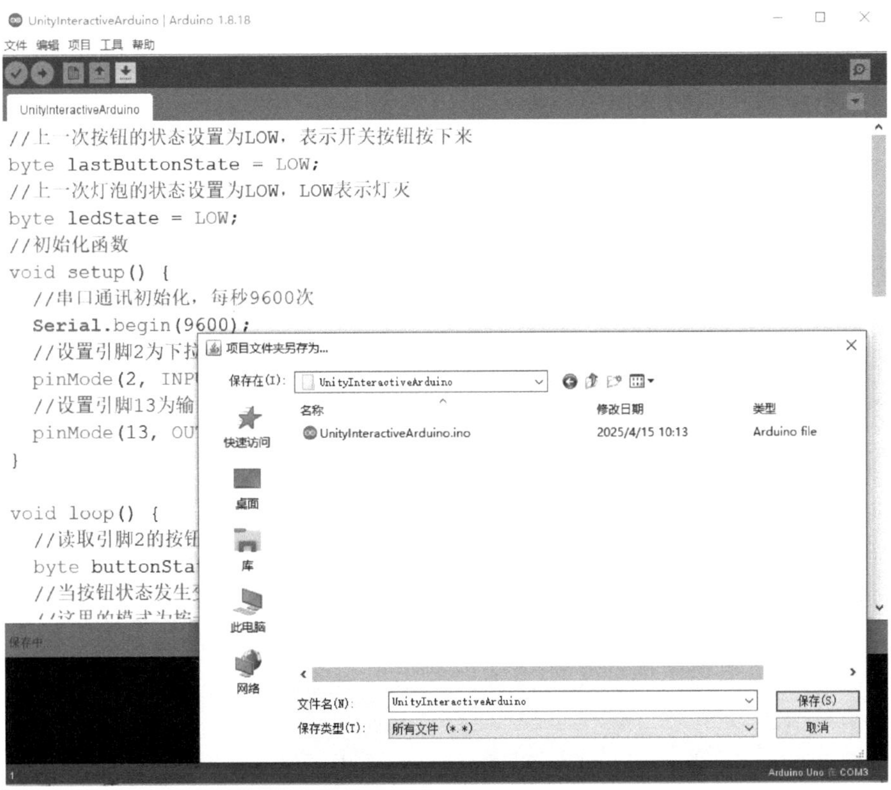

图 9.1 - 12　保存 Arduino 代码

第六步，单击按钮，对代码进行编译，如图 9.1 - 13 所示。

第七步，上传代码，单击按钮，将编译好的代码上传到开发板中，如图 9.1 - 14 所示。

第八步，按面包板上的按钮，按一下点亮灯泡，再按一下灯泡熄灭，再按一次灯泡又亮了，如此循环往复，如图 9.1 - 15 所示。

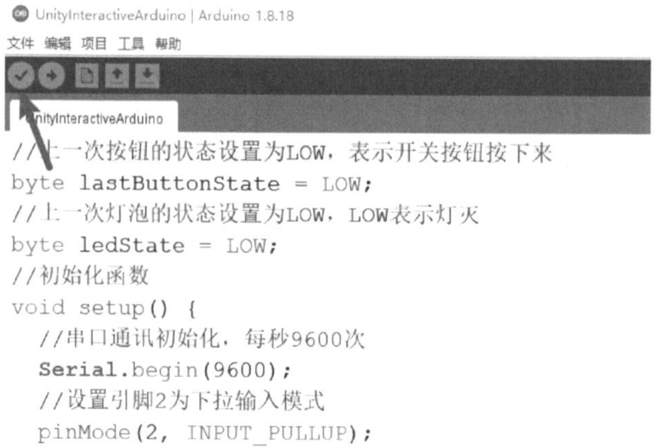

图 9.1-13　编译代码

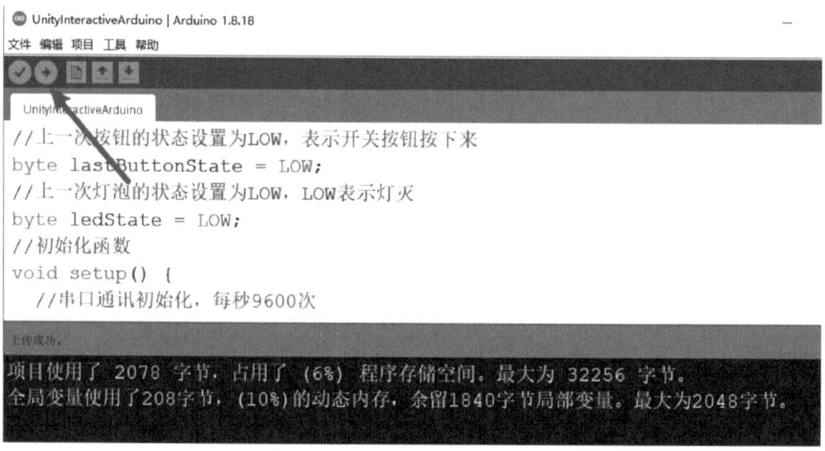

图 9.1-14　上传代码

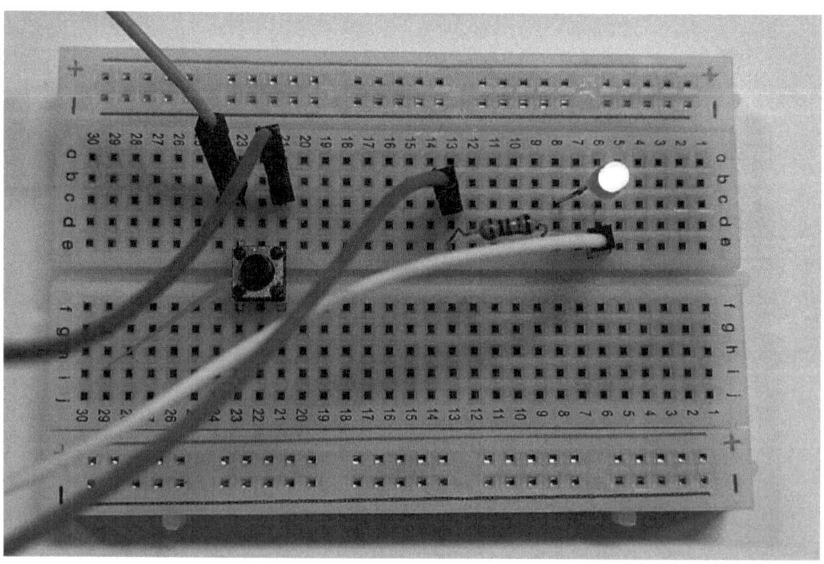

图 9.1-15　按钮控制

9.2　Unity 对 Arduino 的开发支持

9.1 节已经通过 Arduino 实现了对灯泡开关的控制，如何实现 Unity 和 Arduino 的双向控制呢，接下来将进行说明。

9.2.1　Ardity 插件介绍

在 Unity 官方商城可以找到多个支持 Arduino 的插件，本节推荐一款免费的插件 Ardity，如图 9.2-1 所示。它的用法比较简单，可以帮助读者快速完成 Arduino 与 Unity 的交互。

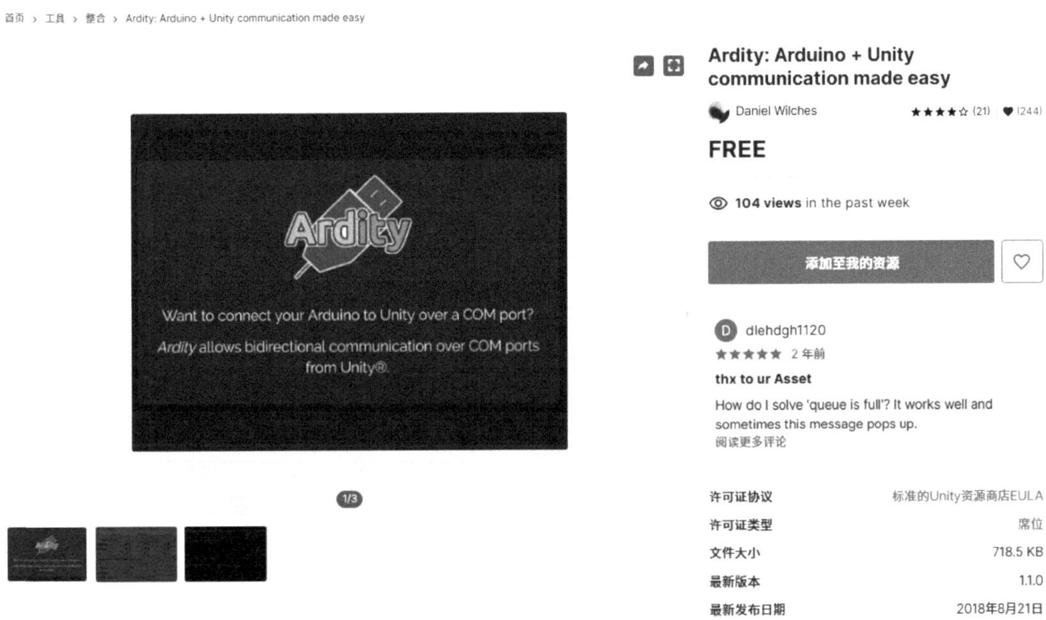

图 9.2-1　Ardity 插件

9.2.2　Ardity 的安装与配置

第一步，按照 2.2.5 节的方法，快速将该插件导入项目中，如图 9.2-2 所示。

第二步，导入完成后，若出现以下错误提示：“The type or namespace name 'SerialPort' could not be found (are you missing a using directive or an assembly reference?)”则选择菜单栏中的 Edit→Project Settings→Player，将 Api Compatibility Level 改为.NET Framework 框架即可，如图 9.2-3 所示。等待重新编译完成，上述错误即可自动消失。

第三步，若编译后还有图 9.2-4 所示的错误提示，则在 Console 视图中单击 Clear 按钮将之清除即可。

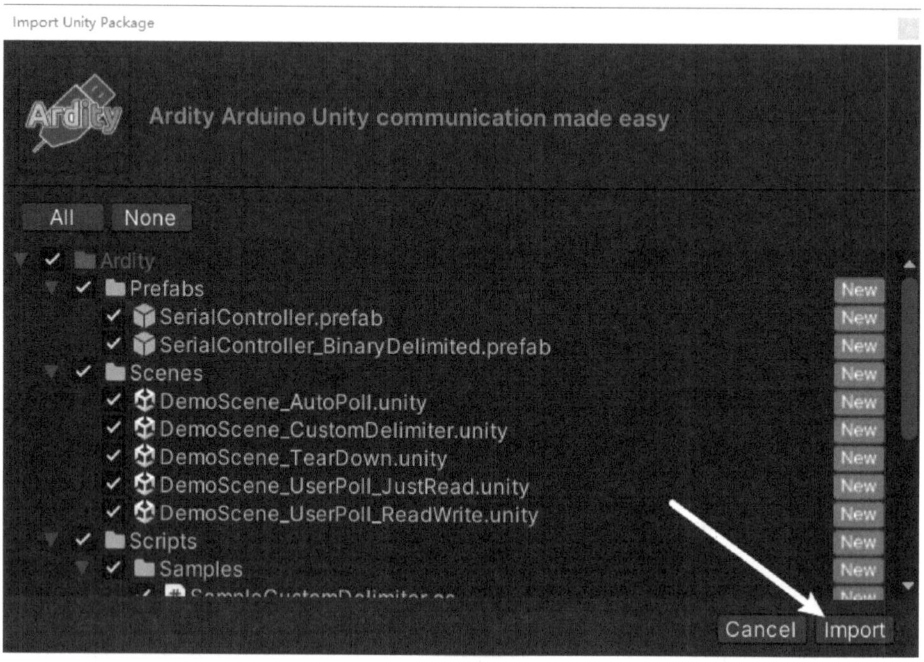

图 9.2-2　导入 Ardity 插件

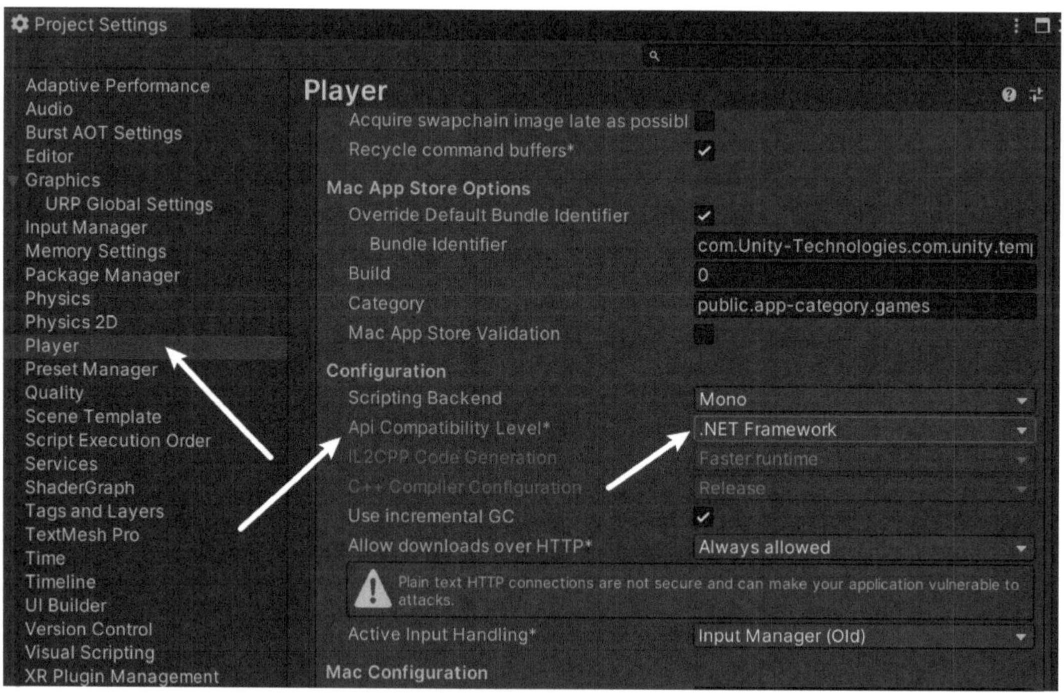

图 9.2-3　设置 Api Compatibility Level

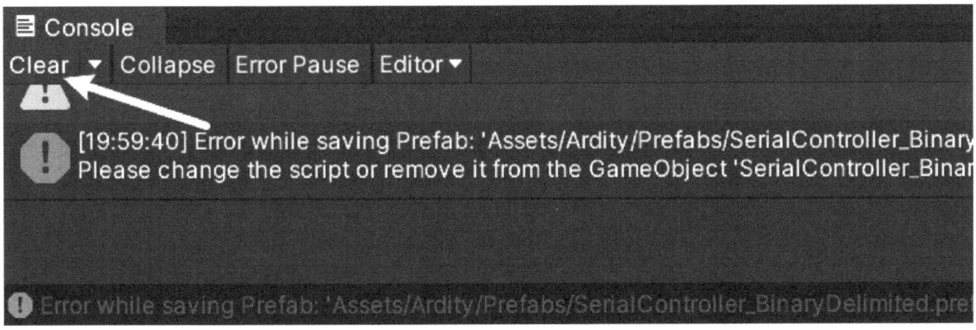

图 9.2-4　清除错误

9.3　Arduino 控制 Unity 灯泡状态

本节将实现当 Arduino 开发板上的按钮控制灯泡亮灭时，灯泡状态同步到 Unity 的场景中来。

9.3.1　在 Unity 中添加灯泡

第一步，在 Hierarchy 视图中右击，选择 Light→Point Light，如图 9.3-1 所示，在场景中添加一个 Point Light。

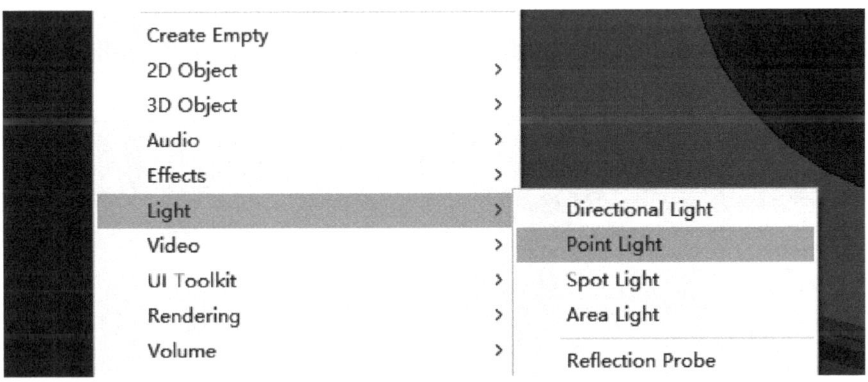

图 9.3-1　新建 Point Light

第二步，将新创建的 Point Light 拖入场景中的台灯中心，来模拟灯泡的照明，如图 9.3-2 所示。

第三步，在 Inspector 视图的属性面板中调整 Point Light 参数，将强度调整为 100，即可看到如图 9.3-3 所示的效果，在实际开发中具体强度和照明范围可根据实际场景需求做调整。

9.3.2　Unity 连接 Arduino 开发板

第一步，将 Assets→Ardity→Prefabs 文件夹下的 SerialController 拖入 Hierarchy 视图中，通过 SerialController 来实现 Unity 与 Arduino 的通信，如图 9.3-4 所示。

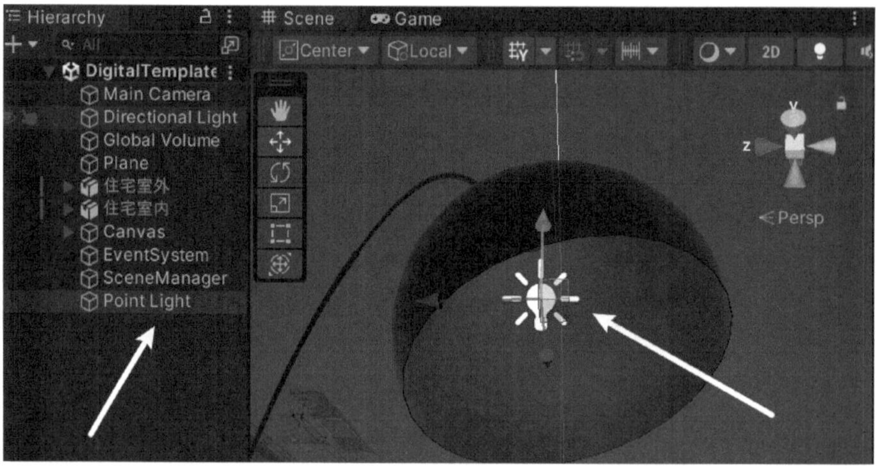

图 9.3-2　移动到台灯中心

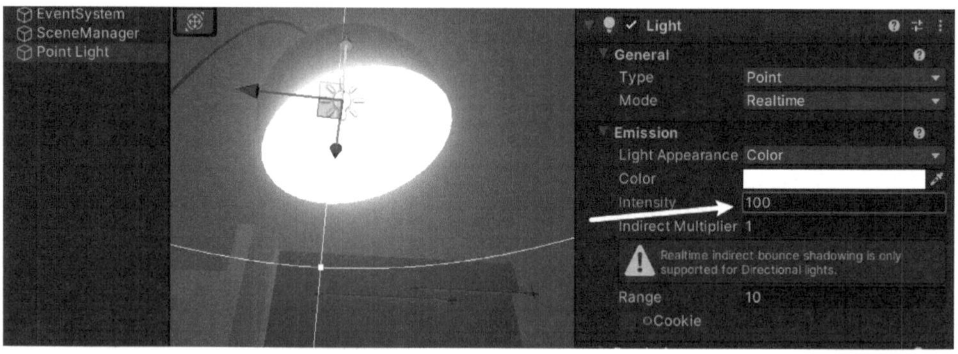

图 9.3-3　调整 Point Light 参数

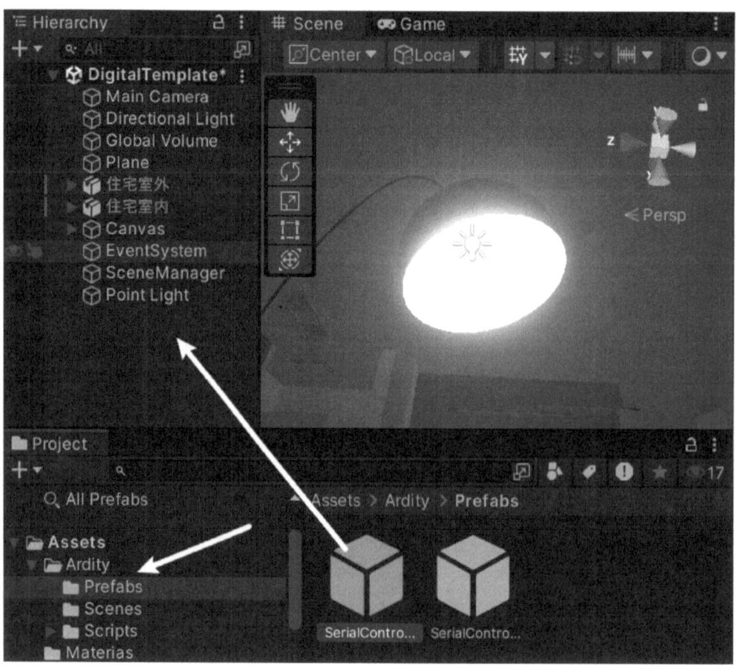

图 9.3-4　拖入 SerialController

第二步，将 Port Name 设置为 COM3，也就是 Arduino 上选择的端口名称，如图 9.3 - 5 所示。

第三步，将 Baud Rate 设置为 9600，也就是 Arduino 代码中的串口通信次数，如图 9.3 - 5 所示。

第四步，将 Hierarchy 视图中的 SerialController 拖入 Message Listener 插槽中，如图 9.3 - 5 所示。

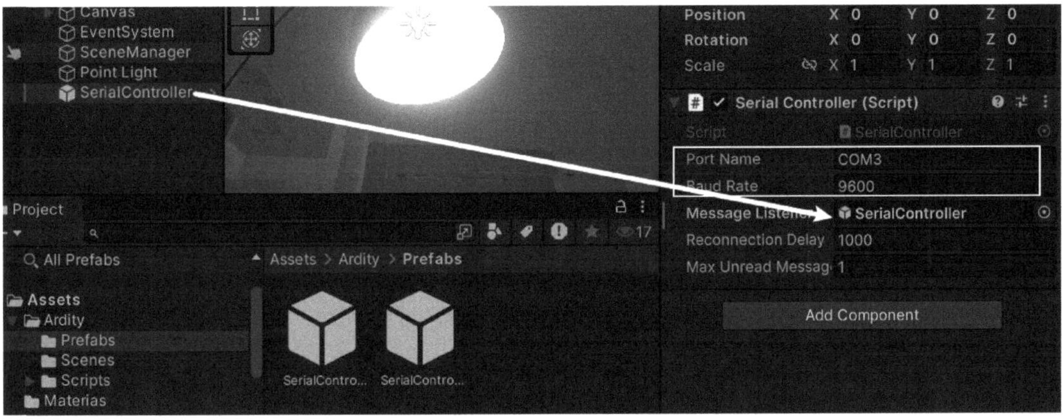

图 9.3 - 5　调整 SerialController

第五步，在 Assets→Scripts 文件夹下新建一个脚本文件，取名为“IOTConnect”。

第六步，在脚本中输入以下代码：

```
using System.Collections;
using System.Collections.Generic;
using UnityEngine;
public class IOTConnect : MonoBehaviour
{
    public SerialController serialController;//获取串口脚本文件
    void Start()
    {
        //获取串口控制器上的 SerialController 脚本
        //serialController = GameObject.Find("SerialController").GetComponent<SerialController>();
}
    void Update()
    {
    }
    //连接 Arduino 时触发
    void OnConnectionEvent(bool success)
    {
        Debug.Log(success ? "设备连接了" : "设备未连接");
    }
}
```

第七步，保存脚本代码，将其拖入 Hierarchy 视图的 SerialController 上，如图 9.3 - 6 所示。

第八步，将 Hierarchy 视图的 SerialController 拖入 IOTConnect 脚本的 Serial Controller 插槽中，如图 9.3 - 7 所示。

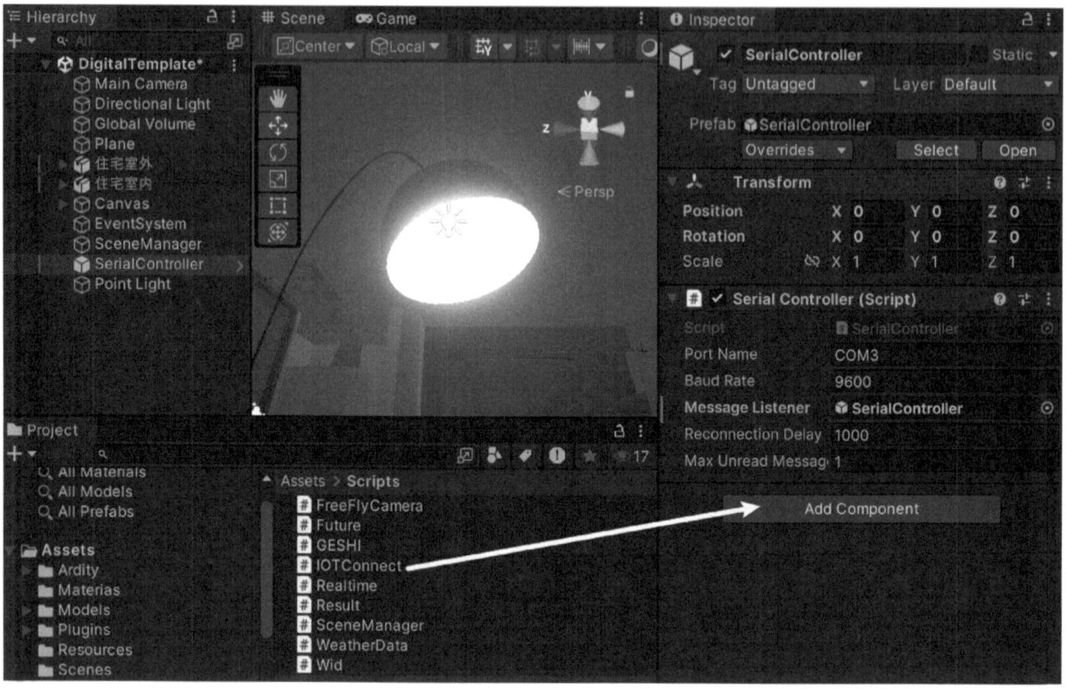

图 9.3-6　拖入脚本

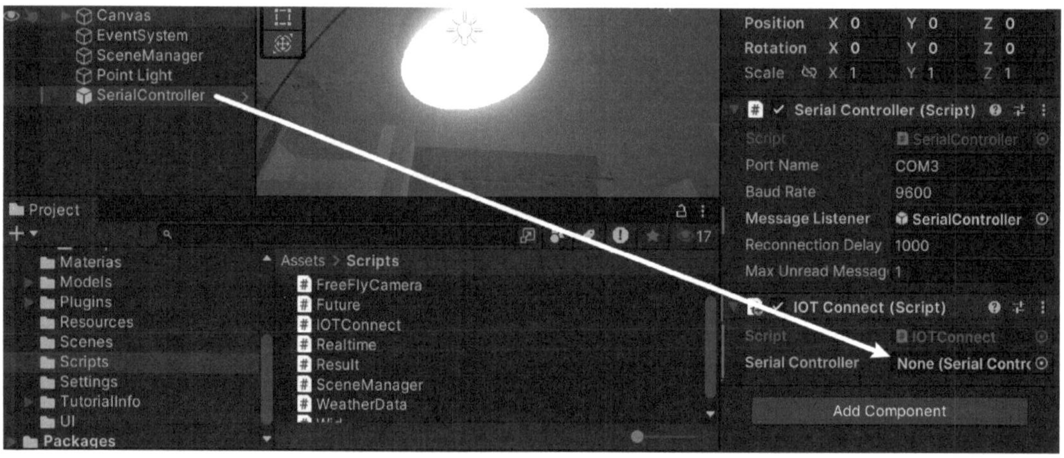

图 9.3-7　拖入 Serial Controller

第九步，单击▶按钮，即可看到控制台输出“设备连接了”，如图 9.3-8 所示。

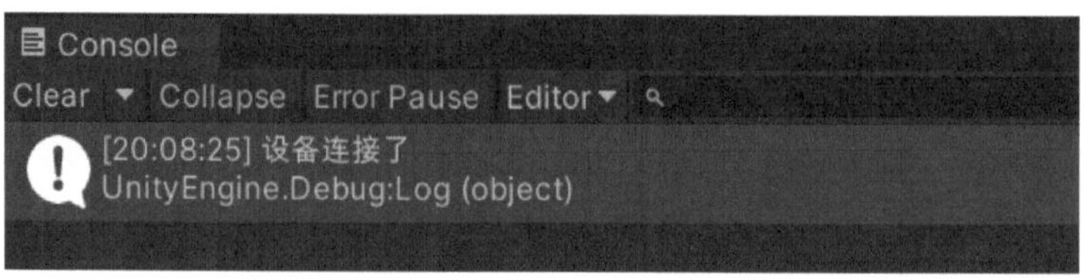

图 9.3-8　控制台输出设备连接信息

9.3.3 灯泡同步 Arduino 数据

接下来，将把 Arduino 开发板上灯泡的状态同步到 Unity 中。

第一步，修改 9.3.2 节的 IOTConnect 脚本文件，在 public SerialController serialController 下增加代码，修改后的代码如下：

```
public SerialController serialController;      //获取串口脚本文件
public GameObject Light;                       //创建灯泡变量
```

第二步，在 IOTConnect 脚本文件中，增加 OnMessageArrived 方法：

```
// 接收到 Arduino 消息时触发
void OnMessageArrived(string msg)
{
        Debug.Log("Arrived: " + msg);
        if (msg == "Light On")
        {
            Light.SetActive(true);
        }
        else if (msg == "Light Off")
        {
            Light.SetActive(false);
        }
}
```

上述代码的编写思路是：当收到 Light On 时，激活 Light，也就是打开 Unity 中的灯泡；当收到 Light Off 时，关闭 Unity 中的灯泡。这里的 msg 对应的就是 Arduino 中的代码部分：

```
if(ledState == HIGH){
        Serial.println("Light On");
    }else{
        Serial.println("Light Off");
    }
```

如果硬件上的灯泡亮了，则向 Unity 发送 Light On；如果硬件上的灯泡灭了，则向 Unity 发送 Light Off。

第三步，保存代码，将 Point Light 拖入 Light 插槽上，如图 9.3－9 所示。

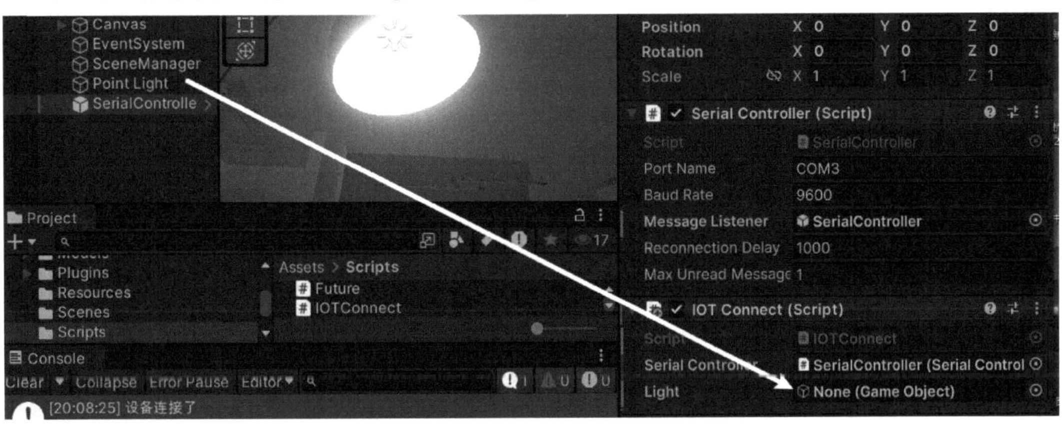

图 9.3－9　拖入 Point Light

第四步，选中 Hierarchy 视图中的 Point Light，在 Inspector 视图中取消勾选，将其默认设置为关闭，如图 9.3-10 所示。

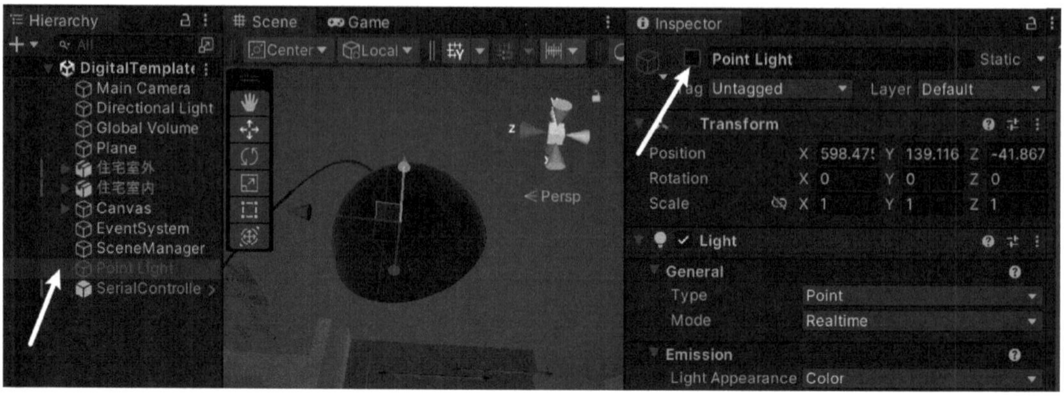

图 9.3-10　关闭 Point Light

第五步，单击▶按钮，当用 Arduino 开发板上的按钮控制灯泡亮灭时，可以看到场景中的灯泡同步发生变化。

9.4　Unity 控制 Arduino 灯泡状态

9.4.1　Unity 控制 Arduino 灯泡状态脚本

9.3 节介绍了如何将 Arduino 开发板上的灯泡状态同步到 Unity 中，本节将介绍如何通过 Unity 来控制 Arduino 开发板上的灯泡亮灭。

第一步，修改 9.3 节中的 IOTConnect 脚本文件，在 using UnityEngine 下，增加如下代码：

```
using UnityEngine.UI;//引入 Unity UI 命名空间
```

第二步，在 GameObject Light 下，增加如下代码：

```
public GameObject Light;           //创建灯泡变量
public Button BtnOpenLight;        //创建开灯按钮变量
public Button BtnCloseLight;       //创建关灯按钮变量
```

第三步，在 Start 方法中，增加如下代码：

```
//获取串口控制器上的 SerialController 脚本
//serialController = GameObject.Find("SerialController").GetComponent<SerialController>();
BtnOpenLight.onClick.AddListener(BtnOpenLightClick);        //增加开灯按钮事件
BtnCloseLight.onClick.AddListener(BtnCloseLightClick);      //增加关灯按钮事件
```

第四步，在类中新增两个按钮事件的方法：

```
private void BtnOpenLightClick()
{
    serialController.SendSerialMessage("0");     //开灯时，向 Arduino 发送"0"
}
private void BtnCloseLightClick()
```

```
{
    serialController.SendSerialMessage("C");    //关灯时，向 Arduino 发送"C"
}
```

上述代码和下方 Arduino 中的代码对应，当 Unity 发送开关命令时，Arduino 接收，从而控制灯泡的状态。

```
switch (Serial.read())
  {
    case '0':
      //打开灯泡
      digitalWrite(13, HIGH);
      ledState = HIGH;
      Serial.println("Light On");
      break;
    case 'C':
      //关闭灯泡
      digitalWrite(13, LOW);
      ledState = LOW;
      Serial.println("Light Off");
      break;
  }
```

第五步，保存代码，将 Canvas 中的 BtnOpenLight 和 BtnCloseLight 分别拖入 IOTConnect 脚本文件的对应插槽上，如图 9.4-1 所示。从而实现脚本对开关的引用。

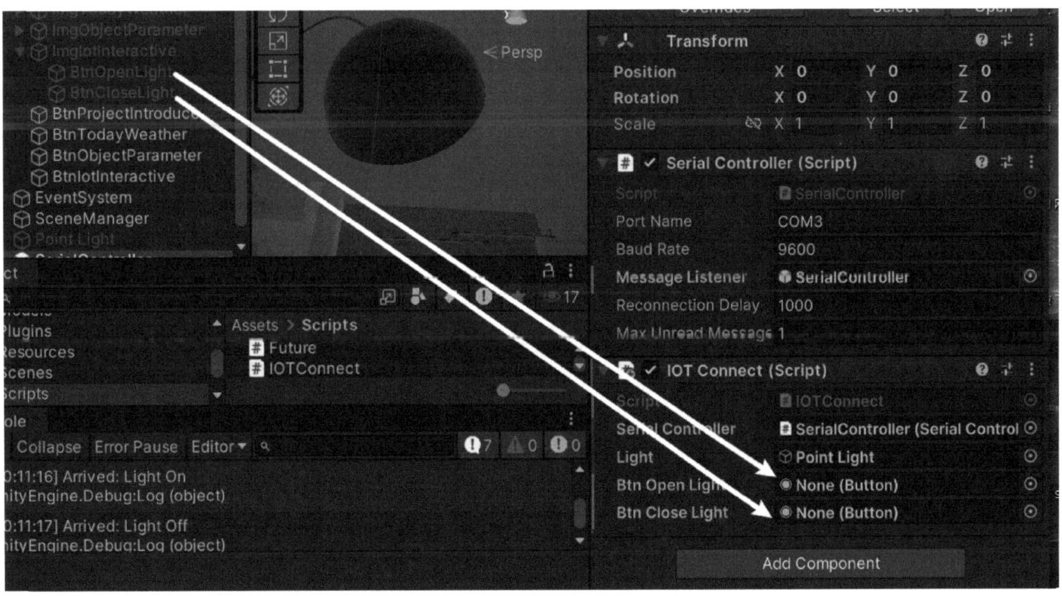

图 9.4-1　拖入插槽

9.4.2　物联网控制完整代码示意

为了方便读者学习，这里把完整的 IOTConnect 脚本程序展示出来。

```
using UnityEngine.UI;                                       //引入 Unity UI 命名空间
using System.Collections;
using System.Collections.Generic;
using UnityEngine;
public class IOTConnect : MonoBehaviour
{
    public SerialController serialController;             //获取串口脚本文件
    public GameObject Light;                              //创建灯泡变量
    public Button BtnOpenLight;                           //创建开灯按钮变量
    public Button BtnCloseLight;                          //创建关灯按钮变量
    void Start()
    {
        //获取串口控制器上的 SerialController 脚本
        //serialController = GameObject.Find("SerialController").GetComponent<SerialController>();
        BtnOpenLight.onClick.AddListener(BtnOpenLightClick);
        BtnCloseLight.onClick.AddListener(BtnCloseLightClick);
    }
    void Update()
    {
    }
    private void BtnOpenLightClick()
    {
        serialController.SendSerialMessage("O");     //开灯时,向 Arduino 发送"O"
    }
    private void BtnCloseLightClick()
    {
        serialController.SendSerialMessage("C");     //关灯时,向 Arduino 发送"C"
    }
    void OnMessageArrived(string msg)
    {
        Debug.Log("Arrived: " + msg);
        if (msg == "Light On")
        {
            Light.SetActive(true);
        }
        else if (msg == "Light Off")
        {
            Light.SetActive(false);
        }
    }
    //连接 Arduino 时触发
    void OnConnectionEvent(bool success)
    {
        Debug.Log(success ? "设备连接了" : "设备未连接");
    }
}
```

9.4.3 Unity 物联网 UI 界面控制

在 Unity 中控制现实中灯泡的开关时，需要先添加一个控制灯泡的 UI，接下来将实现当单击场景中的【物联控制】按钮时，弹出灯泡控制界面，然后通过界面来控制 Arduino 的灯泡状态。

第一步，修改 8.3.4 节的 SceneManager 脚本，增加如下代码：

```
[Header("物联控制")]
public Button BtnIotInteractive;            //创建物联控制按钮变量
public GameObject ImgIotInteractive;        //创建物联控制图片变量
```

第二步，在 Start 函数中，在 BtnClose.onClick 下，增加如下代码：

```
//在物联控制按钮上绑定点击事件
BtnIotInteractive.onClick.AddListener(BtnIotInteractiveClick);
```

第三步，增加 BtnIotInteractiveClick 方法：

```
private void BtnIotInteractiveClick()
{
    HideAll();
    ImgIotInteractive.SetActive(true);
    MainCamera.transform.DOLocalMove(new Vector3(588f, 134f, -45f),3);
    MainCamera.transform.DOLocalRotate(new Vector3(-15f, 98f, 0f),3);
}
```

第四步，在 HideAll 方法中，增加如下代码：

```
ImgIotInteractive.SetActive(false); //隐藏物联控制
```

第五步，保存代码，将 ImgIotInteractive 和 BtnIotInteractive 分别拖入 SceneManager 脚本中对应的 Img Iot Interactive 和 Btn Iot Interactive 插槽上，如图 9.4-2 所示。

图 9.4-2　拖入插槽

第六步，单击▶按钮，当单击【物联控制】按钮时，即可通过弹出 UI 上的开关按钮控制 Arduino 灯泡的状态了，如图 9.4-3 所示。

图 9.4-3　UI 控制 Arduino 灯泡状态

至此，就完成了整个项目的制作，但是当前项目需要在 Unity 编辑器中才能执行，如何让其脱离 Unity 编辑器环境也可以执行呢？接下来将介绍如何通过项目打包的方式，将做好的项目生成为可以执行的 EXE 文件，以实现脱离 Unity 编辑器环境也可以运行。

9.5　Unity 项目打包

ProjectDigitalTwin 项目做完之后，需要将项目打包生成在特定平台上运行的文件，目前 Unity 支持的打包平台主要有：Windows，Android，IOS，Webgl，VisionOS 等。接下来将介绍如何把最后完成的项目打包成可以在 Windows 平台上执行的 EXE 文件。

9.5.1　Windows 平台打包设置

第一步，选择菜单栏中的 File→Build Settings 打开打包设置，如图 9.5-1 所示。

第二步，在打包页面中，单击 Add Open Scenes 按钮，将当前的 DigitalTemplate 场景添加到打包设置中并勾选，同时取消 SampleScene 场景的勾选。这里的原则是勾选哪个场景，最后就打包哪个场景，若不勾选对应场景，则打包后不能执行该场景。Platform 选择 Windows，Mac，Linux；Target Platform 选择 Windows；Architecture 选择 Intel 64-bit，完成设置之后，再单击 Build 按钮执行打包操作，如图 9.5-2 所示。

第三步，给打包输出的文件选择一个文件夹，这里不能直接用默认弹出的文件夹进行输出，否则会报“Invaild build path”的错误，须在 ProjectDigitalTwin 下新建一个文件夹并命名为“WindowsOutPut”，选择此文件夹作为打包输出的目标文件夹，如图 9.5-3 所示。

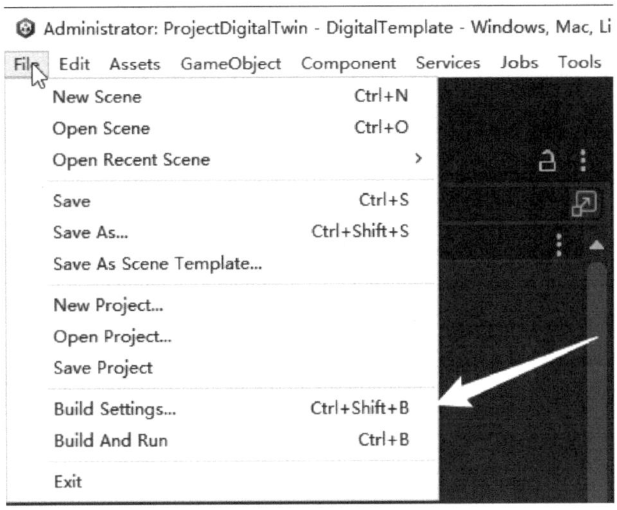

图 9.5-1　打开打包设置

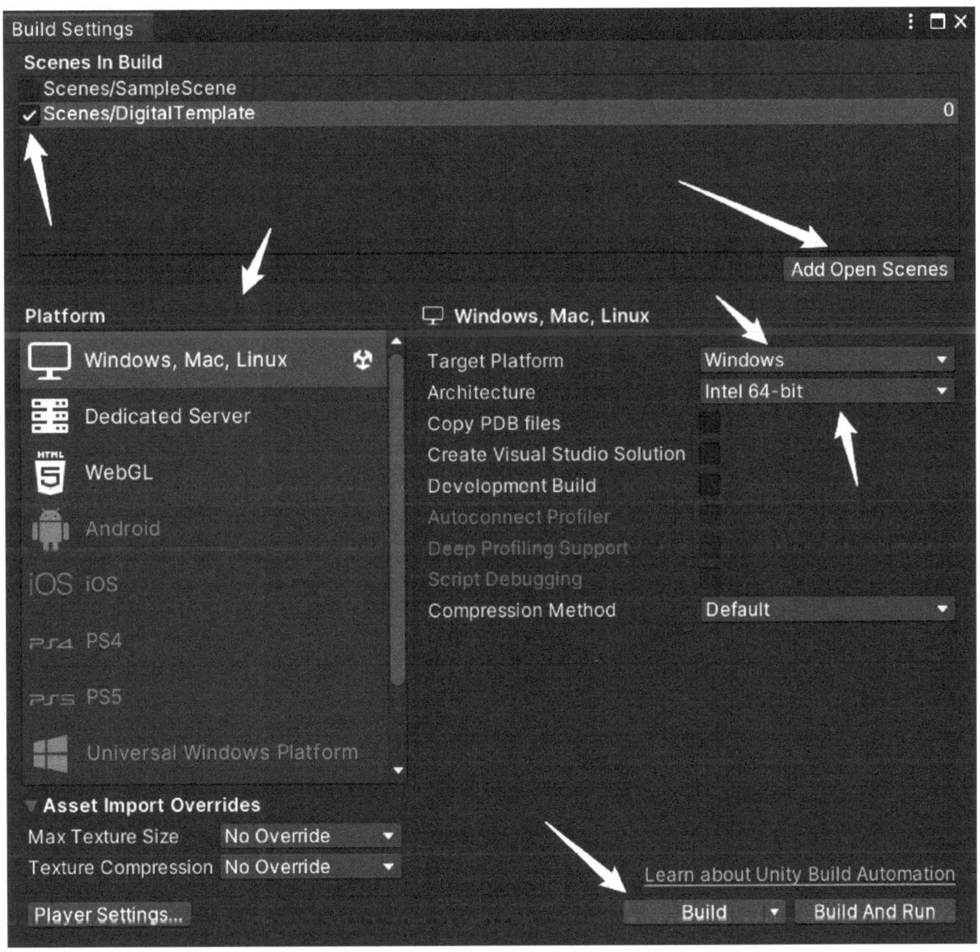

图 9.5-2　项目打包

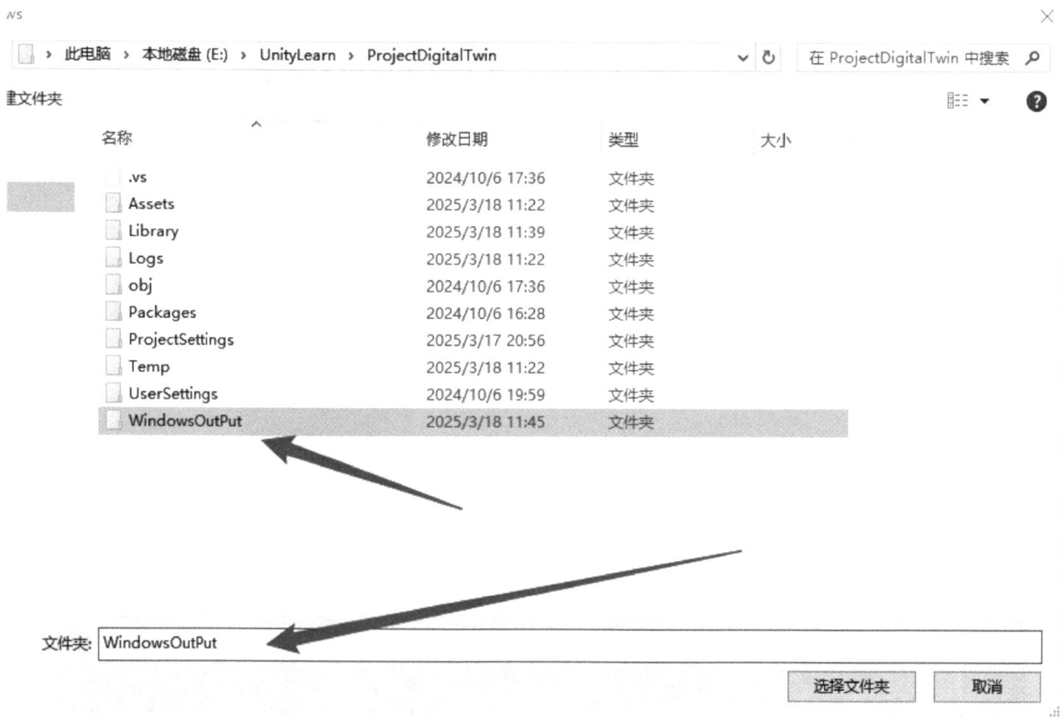

图 9.5-3　创建打包文件夹

第四步，等待打包完成，打包过程如图 9.5-4 所示。最后在 WindowsOutPut 文件夹下，就可以得到打包后的文件，如图 9.5-5 所示。

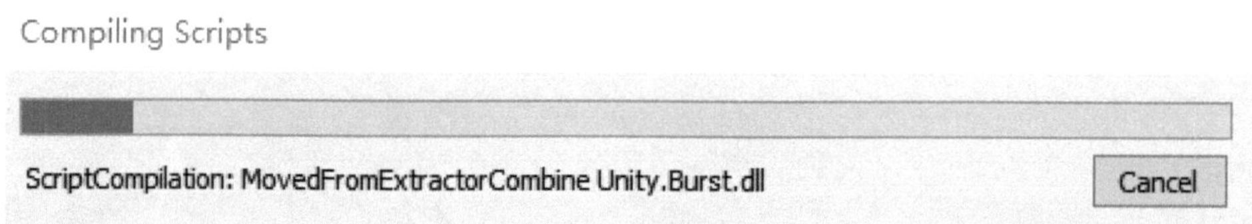

图 9.5-4　打包过程

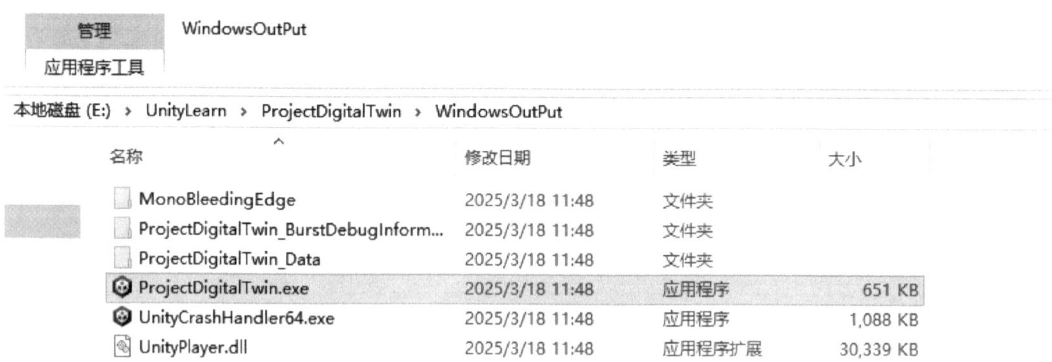

图 9.5-5　打包后的文件